高等院校信息技术系列教材

深入浅出C语言程序设计

（第3版·微课版）

李俊萩　强振平　荣　剑　主编
张晴晖　赵毅力　钟丽辉　副主编

清华大学出版社
北京

内 容 简 介

本书通过大量实例,深入浅出地介绍了C语言的基础知识,以及用C语言解决实际问题的程序设计方法与技巧。对于初学者常见错误进行重点剖析,引入计算思维教学方法,例题解析体现提出问题、分析问题、解决问题的思维模式;大量采用比较式教学方法,对初学者易混知识点、重点难点问题进行分析,帮助初学者快速掌握C语言的语法知识及编程技巧。书中所有实例都在Code::Blocks环境下验证通过并有运行结果的截图。

本书以提高编程能力为主线,循序渐进,知识结构合理,具有一定深度,针对大学教学要求进行编写,涵盖了全国计算机二级C语言考试的全部知识点。本书适合高等院校本科、专科、成人教育、高职高专计算机及相关专业教学使用,也可作为各类认证考试的参考书,还可作为计算机工程技术人员的参考书。

图书在版编目(CIP)数据

深入浅出C语言程序设计:微课版/李俊萩,强振平,荣剑主编. —3版. —北京:清华大学出版社,2023.8(2024.8重印)

高等院校信息技术系列教材

ISBN 978-7-302-63997-8

Ⅰ.①深… Ⅱ.①李…②强…③荣… Ⅲ.①C语言—程序设计—高等学校—教材 Ⅳ.①TP312.8

中国国家版本馆CIP数据核字(2023)第117616号

责任编辑:白立军 杨 帆
封面设计:常雪影
责任校对:申晓焕
责任印制:沈 露

出版发行:清华大学出版社
   网 址:https://www.tup.com.cn,https://www.wqxuetang.com
   地 址:北京清华大学学研大厦A座   邮 编:100084
   社 总 机:010-83470000   邮 购:010-62786544
   投稿与读者服务:010-62776969,c-service@tup.tsinghua.edu.cn
   质量反馈:010-62772015,zhiliang@tup.tsinghua.edu.cn
   课件下载:https://www.tup.com.cn,010-83470236
印 装 者:三河市龙大印装有限公司
经 销:全国新华书店
开 本:185mm×260mm   印 张:22   字 数:525千字
版 次:2010年8月第1版 2023年8月第3版 印 次:2024年8月第2次印刷
定 价:59.80元

产品编号:094162-01

前言 Foreword

C语言既有高级语言的强大功能,又有很多直接操作计算机硬件的功能。因此,C语言通常又称中级语言。学习和掌握C语言,既可增进对计算机底层工作机制的了解,又可为进一步学习其他高级语言打下坚实基础。

本书以初学者的视角,讲解C语言基本语法及使用C语言解决实际问题的编程方法,内容深入浅出、循序渐进,在锻炼学生逻辑思维的同时,引导学生思考难度逐渐加深的问题,并学习编写规模逐渐加大的程序。

本书按知识结构分为三部分。第一部分(第1~4章)为基础入门,主要介绍C语言的发展及特点、编译环境及程序开发步骤、数据类型、常量和变量、运算符和表达式、顺序结构、选择结构、循环结构等内容,讲述时结合大量的流程图、例题、表格、视频,帮助初学者对C语言语法及结构化程序设计方法快速入门,为后续编程奠定基础。第二部分(第5~8章)为进阶提高,主要介绍数组、函数、指针、字符串等内容,通过这部分的学习,读者将掌握更深一层的C语言开发技术,锻炼使用计算思维的方法分析和解决问题。第三部分(第9~12章)为高级应用,主要介绍构造类型、文件、位运算、指针高级应用等内容,通过这部分的学习,读者可掌握更多C程序设计的编程手段,促进创新思维能力的培养。

本书与国内同类教材的一个重要区别是,对初学者各类常见的易错及易混问题进行重点剖析。很多同类教材只讲对的,不讲错的,对初学者来说,如果不能了解和认识错误,就不可能真正懂得编程。实践表明,人们从错误中学到的东西往往要比从正确中学到的东西多得多。因此,本书大量采用对比实例及表格,在"比较"中让初学者明晰各种易混概念及易错知识点,从而帮助读者更深入地理解和掌握C语言。

本书在编写时注重突出以下特色。

1. 易混问题多比较

C语言的很多易混知识点常引起初学者编程中出现各类语法错

误和逻辑错误，使得编写的程序难以达到预期结果，严重影响学习的兴趣与信心。编者根据多年的教学经验，将这些易混易错知识点总结为大量表格，或以对比型实例形式呈现。读者在阅读本书时，能体会到"比较式教学法"贯穿全书。多比较，才能将知识理解得更透，掌握得更牢。

2. 重点问题多强调

深刻理解各章的重要知识点是培养 C 语言编程技能的基础，为了让初学者对重点问题提高警觉、加深印象，本书将重点问题的描述设置为彩色字体，或以"敲重点""注意"等字样进行标示。重点问题的讲解配以实例代码和微课视频，以及各种归纳性的表格，包括课后习题也围绕对重点难点的考查进行编排。

3. 难点问题浅入深

对于容易使初学者产生畏难情绪的难点问题，本书特别注重采用图文结合、循序渐进的方式进行讲解。例如，讲解循环嵌套时，通过依次输出难度递增的图形，让读者逐渐体会循环嵌套的执行过程；讲解级数求和问题时，通过建立数学表达式与语句之间的对应关系，总结级数求和问题的解题"套路"，让初学者能够对同类问题举一反三；讲解函数参数传地址问题时，先给出错误程序，借助抛砖引玉的手法，最终引出参数传地址方式解决问题。书中处处体现深入浅出的内容设计，让读者学得轻松，让难点问题在潜移默化中得到突破。

4. 抽象问题形象化

C 语言属于偏底层的高级语言，对初学者来说，底层逻辑通常较为抽象，不易理解。俗话说"一图胜千言"，简洁明了的图表往往能够让抽象的问题形象化。选择、循环如何执行？指针如何访问内存？结构体各成员如何存放数值？链表操作时指针如何移动？对于这些抽象问题，书中绘制了大量的流程图、结构图、过程图等，图文并茂的解说让抽象的 C 语言底层逻辑变得形象化，易于理解。

5. 一题多解展思路

为了帮助初学者融会贯通新旧知识、拓展编程思维，书中对很多例题提供了一题多解的思路。使用终值变量法或标记变量法求解素数问题，使用一维数组或函数递归求斐波那契数列，使用下标法或指针法引用数组元素，使用多种方法定义函数，等等。分析问题的多角度、程序设计的多样化，在启发读者思维的同时，又夯实了基础。

6. 配套资源立体化

本书配套电子课件、教学大纲、习题答案及详细解析、实例源代码、微课视频等教学资源。

书中的所有实例及各章知识点小结配套了微课视频，之所以为这两部分内容配微课视频，基于以下考虑：实例是理论与应用的结合，且实例中包含了各章最重要的知识点，对实例代码的讲解以提出问题、分析问题、解决问题、归纳总结为主线，能够很好地培养初学者的计算思维和编程能力；结合思维导图对各章知识点进行小结，层层展开的思维导图能够帮助初学者对各章重点难点问题建立清晰的知识脉络和认知框架。另外，教学资源中还提供了各章课后习题的详细解析及参考程序，方便读者自学。

　　本书由李俊荻、强振平、荣剑任主编,张晴晖、赵毅力、钟丽辉任副主编。第 7、9、12 章由李俊荻编写,第 1、8 章由强振平编写,第 4、5 章由荣剑编写,第 10、11 章由张晴晖编写,第 6 章由赵毅力编写,第 2、3 章由钟丽辉编写。全书由李俊荻统稿。

　　由于编者水平有限,书中难免有不当之处,恳请广大读者提出宝贵意见和建议。

编　者

2023 年 5 月

目录

Contents

第一部分 基础入门

第1章 C语言程序设计入门 ·········· 3

1.1 计算机、算法与程序 ·········· 3
  1.1.1 计算机的基本原理简介 ·········· 3
  1.1.2 计算机语言 ·········· 4
  1.1.3 算法与程序 ·········· 6
1.2 结构化程序设计描述方法 ·········· 7
  1.2.1 结构化程序设计描述方法简介 ·········· 7
  1.2.2 简单程序分析 ·········· 10
1.3 C语言的优缺点及程序设计原理 ·········· 12
  1.3.1 C语言的发展历史 ·········· 12
  1.3.2 C语言的优缺点 ·········· 14
  1.3.3 C语言程序设计的工作原理 ·········· 14
  1.3.4 简单的C语言实例 ·········· 15
1.4 C语言开发环境介绍 ·········· 18
  1.4.1 Code∶∶Blocks ·········· 18
  1.4.2 Dev-C++ ·········· 24
  1.4.3 GCC ·········· 26
  1.4.4 调试程序综合实例 ·········· 27
1.5 本章小结 ·········· 33
1.6 习题 ·········· 34

第2章 C语言基础知识 ·········· 36

2.1 C语言标识符 ·········· 36
2.2 C语言的数据类型 ·········· 37
2.3 输入输出函数 ·········· 39
  2.3.1 格式化屏幕输出函数 printf() ·········· 39
  2.3.2 格式化键盘输入函数 scanf() ·········· 42

　　　　2.3.3　printf()和 scanf()函数常见错误 ……………………………………… 44

　　　　2.3.4　其他输入输出函数 ……………………………………………………… 45

　　2.4　常量和变量 ………………………………………………………………………… 46

　　　　2.4.1　常量 ……………………………………………………………………… 46

　　　　2.4.2　变量 ……………………………………………………………………… 50

　　2.5　运算符和表达式 …………………………………………………………………… 52

　　　　2.5.1　运算符和表达式简介 …………………………………………………… 52

　　　　2.5.2　算术运算符及表达式 …………………………………………………… 53

　　　　2.5.3　赋值运算符及表达式 …………………………………………………… 54

　　　　2.5.4　自增、自减运算符及表达式 …………………………………………… 55

　　　　2.5.5　求字节运算符 sizeof …………………………………………………… 56

　　　　2.5.6　逗号运算符及表达式 …………………………………………………… 56

　　2.6　本章小结 …………………………………………………………………………… 57

　　2.7　习题 ………………………………………………………………………………… 59

第 3 章　选择结构 …………………………………………………………………………… 65

　　3.1　C 语言语句分类 …………………………………………………………………… 65

　　3.2　条件判断表达式的设计 …………………………………………………………… 67

　　　　3.2.1　关系运算符及表达式 …………………………………………………… 67

　　　　3.2.2　逻辑运算符及表达式 …………………………………………………… 68

　　　　3.2.3　关系表达式和逻辑表达式常见错误 …………………………………… 69

　　3.3　if 语句 ……………………………………………………………………………… 70

　　　　3.3.1　单分支 if 语句 …………………………………………………………… 70

　　　　3.3.2　双分支 if 语句 …………………………………………………………… 72

　　　　3.3.3　多分支 if 语句 …………………………………………………………… 76

　　　　3.3.4　if 语句的嵌套结构 ……………………………………………………… 78

　　3.4　switch 语句 ………………………………………………………………………… 81

　　3.5　条件运算符及表达式 ……………………………………………………………… 84

　　3.6　选择结构综合实例 ………………………………………………………………… 86

　　3.7　本章小结 …………………………………………………………………………… 90

　　3.8　习题 ………………………………………………………………………………… 92

第 4 章　循环结构 …………………………………………………………………………… 96

　　4.1　while 语句 ………………………………………………………………………… 96

　　　　4.1.1　while 语句的一般形式 ………………………………………………… 96

　　　　4.1.2　while 语句常见错误 …………………………………………………… 99

　　4.2　do-while 语句 …………………………………………………………………… 101

　　4.3　for 语句 …………………………………………………………………………… 103

4.3.1　for 语句的一般形式 ·· 103

4.3.2　for 语句缺省表达式的形式 ·································· 104

4.3.3　比较三种循环语句 ·· 106

4.4　循环嵌套 ··· 107

4.5　break 语句 ·· 111

4.6　continue 语句 ·· 114

4.7　goto 语句 ·· 116

4.8　循环结构综合实例 ·· 117

4.9　本章小结 ··· 119

4.10　习题 ··· 120

第二部分　进 阶 提 高

第 5 章　数组 ··· 127

5.1　为何要使用数组 ·· 127

5.2　一维数组 ··· 127

5.2.1　一维数组定义 ·· 127

5.2.2　一维数组元素引用 ·· 128

5.2.3　一维数组初始化 ·· 129

5.2.4　一维数组常见错误 ·· 130

5.2.5　一维数组应用举例 ·· 131

5.3　二维数组 ··· 133

5.3.1　二维数组定义 ·· 133

5.3.2　二维数组元素引用 ·· 134

5.3.3　二维数组初始化 ·· 134

5.3.4　二维数组应用举例 ·· 135

5.4　数组综合实例 ··· 138

5.5　本章小结 ··· 141

5.6　习题 ··· 142

第 6 章　函数 ··· 146

6.1　为何要使用函数 ·· 146

6.2　函数定义 ··· 147

6.2.1　函数的分类 ··· 147

6.2.2　用户自定义函数 ·· 148

6.2.3　函数定义的格式 ·· 149

6.2.4　函数定义的四种形式 ·· 151

6.3　函数调用 ··· 151

6.3.1 函数调用的格式 ……………………………………… 151
6.3.2 参数传值 ……………………………………… 154
6.3.3 函数调用的三种形式 ……………………………… 155
6.3.4 函数常见错误 ……………………………… 156
6.4 函数声明 …………………………………………………… 157
6.5 函数嵌套调用 …………………………………………… 158
6.6 变量的作用范围和存储类别 ………………………………… 160
6.6.1 变量的作用范围 ……………………………… 160
6.6.2 变量的存储类别 ……………………………… 162
6.7 函数递归调用 …………………………………………… 166
6.8 编译预处理命令 …………………………………………… 168
6.8.1 文件包含 ……………………………………… 168
6.8.2 宏定义 ……………………………………… 169
6.8.3 条件编译命令 ……………………………… 172
6.9 函数综合实例 …………………………………………… 173
6.10 本章小结 ………………………………………………… 175
6.11 习题 ……………………………………………………… 176

第7章 指针 …………………………………………………………… 180
7.1 为何要使用指针 …………………………………………… 180
7.2 指针变量 …………………………………………………… 182
7.2.1 指针变量定义 ………………………………… 182
7.2.2 指针变量赋值 ………………………………… 183
7.2.3 指针变量间接引用 …………………………… 184
7.2.4 指针变量常见错误 …………………………… 186
7.3 指针与函数 ………………………………………………… 187
7.3.1 指针作为函数参数（参数传地址） ………… 187
7.3.2 指针作为函数返回值 ………………………… 191
7.4 指针与一维数组 …………………………………………… 192
7.4.1 指针的算术运算和关系运算 ………………… 192
7.4.2 指针指向一维数组 …………………………… 193
7.4.3 函数与一维数组 ……………………………… 196
7.5 指针与二维数组 …………………………………………… 200
7.5.1 指向指针的指针 ……………………………… 200
7.5.2 指针数组与二维数组 ………………………… 200
7.5.3 行指针与二维数组 …………………………… 202
7.5.4 函数与二维数组 ……………………………… 204
7.6 指针综合实例 …………………………………………… 204
7.7 本章小结 ………………………………………………… 206

7.8　习题 ……………………………………………………………… 208

第 8 章　字符串 ……………………………………………………… 213

8.1　字符串的概念 …………………………………………………… 213

8.2　字符数组与字符串 ……………………………………………… 214

8.2.1　字符数组初始化字符串 …………………………………… 214

8.2.2　字符串的输入输出 ………………………………………… 215

8.2.3　字符数组与字符串编程实例 ……………………………… 217

8.2.4　字符数组与字符串常见错误 ……………………………… 218

8.3　字符指针与字符串 ……………………………………………… 218

8.3.1　字符指针指向字符串 ……………………………………… 219

8.3.2　字符指针与字符串编程实例 ……………………………… 220

8.3.3　比较字符数组与字符指针 ………………………………… 222

8.4　字符串处理函数 ………………………………………………… 222

8.4.1　求字符串长度函数 ………………………………………… 222

8.4.2　字符串复制函数 …………………………………………… 224

8.4.3　字符串连接函数 …………………………………………… 226

8.4.4　字符串比较函数 …………………………………………… 227

8.5　字符串数组 ……………………………………………………… 228

8.5.1　二维数组构造字符串数组 ………………………………… 228

8.5.2　指针数组构造字符串数组 ………………………………… 229

8.5.3　比较二维数组和指针数组 ………………………………… 230

8.6　字符串综合实例 ………………………………………………… 230

8.7　本章小结 ………………………………………………………… 231

8.8　习题 ……………………………………………………………… 233

第三部分　高级应用

第 9 章　构造类型 …………………………………………………… 241

9.1　为何要使用构造类型 …………………………………………… 241

9.2　结构体 …………………………………………………………… 242

9.2.1　定义结构体类型 …………………………………………… 242

9.2.2　使用 typedef 命名结构体类型 …………………………… 243

9.2.3　结构体变量 ………………………………………………… 244

9.2.4　结构体指针 ………………………………………………… 248

9.2.5　结构体数组 ………………………………………………… 250

9.2.6　结构体与函数 ……………………………………………… 253

9.3　共用体 …………………………………………………………… 258

9.3.1　定义共用体类型 ……………………………………………………… 258

9.3.2　共用体变量 …………………………………………………………… 260

9.4　枚举类型 ………………………………………………………………………… 263

9.5　构造类型综合实例 ……………………………………………………………… 264

9.6　本章小结 ………………………………………………………………………… 265

9.7　习题 ……………………………………………………………………………… 266

第 10 章　文件 …………………………………………………………………………… 270

10.1　文件概述 ……………………………………………………………………… 270

10.1.1　为什么要使用文件 …………………………………………………… 270

10.1.2　文件分类 ……………………………………………………………… 270

10.1.3　文件指针 ……………………………………………………………… 271

10.1.4　文件操作步骤 ………………………………………………………… 272

10.2　文件的打开与关闭 …………………………………………………………… 272

10.2.1　文件打开 ……………………………………………………………… 273

10.2.2　文件关闭 ……………………………………………………………… 275

10.3　文件读写函数 ………………………………………………………………… 275

10.3.1　文件的格式化读写 …………………………………………………… 276

10.3.2　文件的字符读写 ……………………………………………………… 278

10.3.3　文件的字符串读写 …………………………………………………… 279

10.3.4　文件的数据块读写 …………………………………………………… 281

10.3.5　文件结束判断 ………………………………………………………… 283

10.4　文件的定位 …………………………………………………………………… 283

10.4.1　文件定位函数 ………………………………………………………… 283

10.4.2　获取位置函数 ………………………………………………………… 284

10.4.3　反绕函数 ……………………………………………………………… 285

10.5　文件综合实例 ………………………………………………………………… 286

10.6　本章小结 ……………………………………………………………………… 288

10.7　习题 …………………………………………………………………………… 289

第 11 章　位运算 …………………………………………………………………………… 292

11.1　位运算符 ……………………………………………………………………… 292

11.1.1　为什么需要位运算 …………………………………………………… 292

11.1.2　位运算符分类 ………………………………………………………… 292

11.1.3　按位逻辑运算 ………………………………………………………… 293

11.1.4　移位运算 ……………………………………………………………… 295

11.2　位运算综合实例 ……………………………………………………………… 297

11.3　本章小结 ……………………………………………………………………… 299

11.4 习题 ……………………………………………………………… 300

第 12 章 指针高级应用 ………………………………………… 302

12.1 指针的动态存储分配 ………………………………………… 302

 12.1.1 为何要使用动态存储分配 ……………………………… 302

 12.1.2 动态存储分配与释放 …………………………………… 303

 12.1.3 动态一维数组 …………………………………………… 305

 12.1.4 动态二维数组 …………………………………………… 306

12.2 链表 …………………………………………………………… 307

 12.2.1 链表概述 ………………………………………………… 307

 12.2.2 链表的创建与输出 ……………………………………… 308

 12.2.3 链表的插入操作 ………………………………………… 310

 12.2.4 链表的删除操作 ………………………………………… 311

12.3 函数指针 ……………………………………………………… 313

12.4 main()函数的参数 …………………………………………… 315

12.5 本章小结 ……………………………………………………… 316

12.6 习题 …………………………………………………………… 317

附录 A 常用字符及 ASCII 码表 ………………………………… 322

附录 B C 语言关键字 …………………………………………… 324

附录 C C 语言运算符优先级和结合性 ………………………… 326

附录 D C 语言常用库函数 ……………………………………… 328

附录 E 部分习题参考答案 ……………………………………… 333

参考文献 …………………………………………………………… 338

第一部分

基础入门

第1章

C 语言程序设计入门

相对于很多程序设计语言,C 语言可能算是"老古董"了,它往往是学习编程的第一站。通过 C 语言的学习,我们不仅需要叩开程序设计的大门,还需要理解程序是如何跑起来的,计算机的各个部件是如何进行交互的,程序在内存中是一种怎样的状态,操作系统和用户程序之间是怎么运作的等知识。

内容导读:

- 理解计算机工作的基本原理。
- 理解计算机三类编程语言的特点。
- 掌握结构化程序设计描述方法。
- 掌握 C 语言程序设计的编译运行过程。
- 掌握 C 语言程序设计的开发环境。
- 了解 C 语言历史和优缺点。

1.1 计算机、算法与程序

随着计算机的普及,其应用已经渗入社会中的方方面面,人们的工作、学习、生活越来越离不开计算机,对计算机的依赖越来越强。人们要使用计算机解决实际问题,必须先对解决实际问题的策略机制进行分析,这就对应到解决问题的算法;进一步,基于解决问题的算法编写计算机可以执行的指令序列,这就是程序。

1.1.1 计算机的基本原理简介

计算机(computer)俗称电脑,是一种用于高速计算的电子计算机器,可以进行数值计算,又可以进行逻辑计算,还具有存储记忆功能。

在"时间就是胜利"的战争年代,为了满足美国军方对导弹的研制进行技术鉴定,美国陆军军械部在马里兰州的阿伯丁设立了弹道研究实验室,该实验室每天为陆军炮弹部队提供 6 张火力表。事实上每张火力表都要计算几百条弹道,每条弹道都是一组非常复杂的非线性方程组,按当时的计算工具,实验室即使雇用 200 多名计算员加班加点工作也需要两个多月才能算完一张火力表。为了改变这种不利的状况,当时任职宾夕法尼亚大学莫尔电机工程学院的莫希利(John Mauchly)于 1942 年提出了试制第一台电子计算机的初始设想——高速电子管计算装置的使用，期望用电子管代替继电器以提高机器的计算速度。当时任弹道研究实验室顾问，正在参加美国第一颗原子弹研制工作的数学家冯·诺依曼（von Neumann，见图 1-1）带着原子弹研制（1944 年）过程中遇到的大量计算问题，在研制过程中期加入了研制小组。原本的 ENIAC（electronic numerical integrator and computer，电子数字积分计算机）存在两个问题：没有存储器且用布线接板进行控制，甚至要搭接几天，计算速度也就被这一工作抵消了。1945 年，冯·诺依曼和他的研制小组在共同讨论的基础上，提出了一个全新的"存储程序通用电子计算机方案"，在此过程中他对计算机的许多关键性问题的解决做出了重要贡献，特别是确定计算机的结构，采用存储程序及二进制编码等，至今仍被电子计算机设计者遵循。

图 1-1　冯·诺依曼和第一台电子计算机 ENIAC

按照冯·诺依曼原理，计算机在运行时，先从内存中取出第一条指令，通过控制器的译码，按指令的要求，从存储器中取出数据进行指定的运算和逻辑操作等加工，然后再按地址把结果送到内存。接下来，再取出第二条指令，在控制器的指挥下完成规定操作。以此类推，直至遇到停止指令。程序与数据一样存储，按程序编排的顺序，一步一步地取出指令，自动地完成指令规定的操作。这一过程即是计算机最基本的工作原理。

1.1.2　计算机语言

计算机语言是指用于人与计算机之间通信的语言，是人与计算机之间传递信息的媒介。计算机系统的最大特征是指令通过一种语言传达给机器。为了使电子计算机进行各种工作，就需要有一套用以编写计算机程序的数字、字符和语法规则，由这些字符和语法规则组成计算机各种指令（或各种语句），这些就是计算机能接受的语言。

计算机语言的种类非常多，从其发展过程，经历了机器语言、汇编语言到高级语言的过程。

1. 机器语言

机器语言（machine language）是使用数字表示的机器代码来进行操作的，也就是 0 和 1。在计算机发展的早期，程序员们使用机器语言来编写程序。

用机器语言编写程序，编程人员必须要熟记所用计算机的全部指令代码和代码的含义。程序员需独自处理每条指令和每个数据的存储分配和输入输出，还需记住编程过程中每步所使用的工作单元处在何种状态，这是一件十分烦琐的工作。编写程序花费的时间往往是实际运行时间的几十倍甚至几百倍。而且,编出的程序全是 0 和 1 的指令代码,直观性差,容易出错。除了计算机生产厂家的专业人员外,目前绝大多数的程序员已经不再学习机器语言了。

2. 汇编语言

汇编语言(assembly language)是面向机器的程序设计语言。在汇编语言中,用助记符(mnemonic)代替机器指令的操作码,用地址符号(symbol)或标号(label)代替指令或操作数的地址,如此就增强了程序的可读性,且降低了编写难度,这样符号化的程序设计语言就是汇编语言,因此亦称符号语言。使用汇编语言编写的程序,机器不能直接识别,还要由汇编程序(或称汇编语言编译器)转换成机器指令。汇编语言的目标代码简短,占用内存少,执行速度快,是高效的程序设计语言,经常与高级语言配合使用,以改善程序的执行速度和效率,弥补高级语言在硬件控制方面的不足,应用十分广泛。

3. 高级语言

由于汇编语言依赖硬件体系,且助记符量大难记,于是人们又发明了更加易用的高级语言(high-level language)。在这种语言下,其语法和结构更类似汉字或者普通英文,且由于远离对硬件的直接操作,使得一般人经过学习之后都可以编程。

高级语言并不是特指的某种具体的语言,而是包括很多编程语言,如我们的这门课程所讲授的 C 语言就是其中之一,此外还包括目前流行的 Java、C++、C♯、Pascal、Python、Lisp、Prolog 和 FoxPro 等,这些语言的语法、命令格式都不相同。

高级语言与计算机的硬件结构及指令系统无关,它有更强的表达能力,可方便地表示数据的运算和程序的控制结构,能更好地描述各种算法,而且容易学习掌握。但高级语言编译生成的程序代码一般比用汇编程序语言设计的程序代码长,执行速度也慢。所以汇编语言适合编写一些对速度和代码长度要求高的、无须直接控制硬件的程序。

机器语言、汇编语言和高级语言的特点如表 1-1 所示,举例说明如表 1-2 所示。

表 1-1　三类编程语言特点的比较

语言类别		特　　点	优　缺　点
低级语言	机器语言	机器指令(由 0 和 1 组成),机器可直接执行	难学、难记;依赖计算机类型
	汇编语言	用助记符代替机器指令,用地址符号代替各类地址	克服记忆的难点;依赖计算机类型
高级语言		类似数学语言,接近自然语言	具有通用性和可移植性;不依赖具体的计算机类型

表 1-2　三类编程语言程序举例

机器指令	汇编语言指令	指　令　功　能	高级语言(C 语言)

10110000
00001000
	MOV　AL,3	把 3 送到累加器 AL 中	`#include <stdio.h>`
			`int main()`　　//完成 3+2 的运算
			`{`

00000100
00000001
	ADD　AL,2	2 与累加器 AL 中的内容相加(即完成 2+3 的运算),结果仍存在 AL 中	`int a = 3, b = 2, c;`
			　`c = a + b;`
			　`printf("a + b = %d\n", c);`
			　`return 0;`

11110100	HLT	停止操作	`}`

1.1.3　算法与程序

1. 算法

计算机能够为人们提供许许多多的服务，表现出了强大的运算、存储能力，同时计算机已经可以很好地思考、分析、解决很多问题，这其中起到关键作用的就是**算法**（**algorithm**）。甚至可以说，"计算机科学就是关于算法的科学"。

算法，其中文名称出自《周髀算经》（成书年代至今没有统一的说法，有人认为是周公所作，也有人认为是在西汉末年写成）、《九章算术》（一般认为它是经历代各家的增补修订逐渐定本）中；而英文名称 algorithm 来自 9 世纪波斯数学家 Al-Khwarizmi，因为 Al-Khwarizmi 在数学上提出了算法这个概念。算法原为 algorism，意思是阿拉伯数字的运算法则，在 18 世纪演变为 algorithm。欧几里得算法被人们认为是史上第一个算法。第一次编写程序的是 Ada Byron，她于 1842 年为巴贝奇分析机编写求解伯努利方程的程序，因此 Ada Byron 被大多数人认为是世界上第一位程序员。由于查尔斯·巴贝奇（Charles Babbage）未能完成他的巴贝奇分析机，因此这个算法未能在巴贝奇分析机上执行。因为 well-defined procedure 缺少数学上精确的定义，19 世纪和 20 世纪早期的数学家、逻辑学家在定义算法上出现了困难。20 世纪的英国数学家图灵（Turing）提出了著名的图灵论题，并提出一种假想的计算机的抽象模型，这个模型被称为图灵机。图灵机的出现解决了算法定义的难题，图灵的思想对算法的发展起到了重要作用。

算法常被定义为是对特定问题求解步骤的一种描述，包含操作的有限规则和序列。通俗一点讲，算法就是一个解决问题的公式（数学手册上的公式都是经典算法）、规则、思路、方法和步骤。算法既可以用自然语言、伪代码描述，也可以用流程图描述，但最终要用计算机语言编程，上机实现。

程序是操作计算机完成特定任务的指令的集合，由程序设计语言来具体实现。程序设计中的算法可以定义为用来描述程序的实现步骤。实际中，程序是用来解决特定问题的，而算法是对解决问题步骤的描述。算法是程序设计的基础。例如，红、蓝 2 个墨水瓶中的墨水被装反了，要把它们分别按颜色归位，这就是一个交换算法。解答该算法的关键在于引入第三个瓶子，假设为白瓶子。过程如下：首先将蓝瓶子的墨水倒入白瓶子；其次将红瓶子的墨水倒入蓝瓶子；最后将白瓶子的墨水倒入蓝瓶子。可以看出，正确的算法可以很好地指导我们完成程序的设计实现，如果没有算法，计算机也无能为力。算法错了，计算机将误入歧途。

著名的计算机科学家沃思（Wirth）提出了一个经典的公式：

$$程序 ＝ 数据结构 ＋ 算法$$

数据结构描述的是数据的类型和组织形式，算法解决计算机"做什么"和"怎么做"的问题。每个程序都要依赖数据结构和算法，采用不同的数据结构和算法会带来不同质量和效率的程序。实际上，编写程序的大部分时间还是用在算法的设计上。

一个算法应该具有如下特点。

（1）**有穷性**。算法仅有有限的操作步骤（空间有穷），并且在有限的时间内完成（时间有穷）。如果一个算法需执行 10 年才能完成，虽然是有穷的，但超过了人们可以接受的限度，不能算是一个有效的算法。

（2）**确定性**。算法的每个步骤都是确定的，无二义性。例如，a 大于或等于 b，则输出 1；a 小于或等于 b，则输出 0。在算法执行时，如果 a 等于 b，算法的结果就不确定了。因此，该算法是一个错误的算法。

（3）**有效性**。算法的每个步骤都能得到有效的执行，并得到确定的结果。例如，如果一个算法将 0 作为除数，则该算法无效。

（4）**有 0 个或多个输入**。输入用以刻画运算对象的初始情况，0 个输入是指算法本身定出了初始条件。

（5）**有 1 个或多个输出**。用于反映对输入数据加工后的结果。没有输出的算法没有任何意义。

2. 程序

计算机语言按照其所提供的指令能否被计算机直接执行，可将其分为机器语言、汇编语言和高级语言。其实，正像人与人之间的交流是从手势逐渐进化到语言，人们与计算机之间的交流也是从简单的机械开关开始逐渐发展到**程序设计语言**（program design language，PDL）——计算机语言。按照计算机语言的发展过程，最初为面向机器的语言，再到面向结构过程的语言，以及到今天的面向对象的语言。

其中，**结构化程序设计**（structured programming）是进行以模块功能和处理过程设计为主的详细设计的基本原则。C 语言属于结构化语言的代表。面向对象语言（object-oriented language）是一类以对象作为基本程序结构单位的程序设计语言，指用于描述的设计是以对象为核心，而对象是程序运行时刻的基本成分。语言中提供了类、继承等成分。

1.2　结构化程序设计描述方法

1.2.1　结构化程序设计描述方法简介

结构化程序设计的概念最早由迪杰斯特拉（Dijikstra）在 1965 年提出，是软件发展的一个重要里程碑。它的主要观点是采用自顶向下、逐步求精及模块化的程序设计方法；使用三种基本控制结构构造程序，即任何程序都可由顺序、选择、循环三种基本控制结构构造。

结构化程序设计中的结构可以方便地通过图形、表格、语言进行详细描述。其中，图形描述方法主要有程序流程图、N-S 图、PAD 图，表格主要用判定表，语言的方法主要有 PDL。结构化程序设计方法的要点如下。

（1）主张使用顺序、选择、循环三种基本结构嵌套连接成具有复杂层次的结构化程序，严格控制 goto 语句的使用。用这样的方法编出的程序在结构上具有以下效果。

- 以控制结构为单位，每个模块只有一个入口、一个出口。
- 能够以控制结构为单位，从上到下顺序地阅读程序文本。
- 由于程序的静态描述与执行时的控制流程容易对应，所以能够方便正确地理解程序的动作。

（2）"自顶而下，逐步求精"的设计思想，其出发点是从问题的总体目标开始，抽象低层的细节,先专心构造高层的结构,然后再一层一层地分解和细化。这使设计者能把握主题,高屋建瓴,避免一开始就陷入复杂的细节中,使复杂的设计过程变得简单明了。

（3）"独立功能,单出、入口"的模块结构,减少模块间相互联系,使模块可作为插件或积木使用,降低程序的复杂性,提高可靠性。程序编写时,所有模块的功能通过相应的子程序（函数或过程）代码来实现。

编写程序的目的是实现某种算法解决特定的问题,而编写程序的过程必须按照算法的描述进行,因此这里的描述既是算法的描述,也是结构化程序的结构描述。其最常用的方法有伪代码和流程图。

伪代码（pseudocode）介于自然语言与编程语言之间。是一种近似于高级程序设计语言但是又不受语法约束的描述方式,相比高级程序设计语言,它更类似自然语言。可以帮助程序编写者制定算法的智能化语言,它不能在计算机上运行,但是使用起来比较灵活,无固定格式和规范,只要写出来自己或别人能看懂即可,由于它与计算机语言比较接近,因此易于转换为计算机程序。

【例 1.1】 输入 3 个数,输出其中最大的数。可用如下的伪代码表示：

```
1.  算法开始
2.      输入 3 个数 A,B,C
3.      如果 A 大于 B 则   记录最大数 Max 值为 A
4.      否则记录最大数 Max 值为 B
5.      如果 C 大于 Max 则   记录最大数 Max 值为 C
6.      输出 Max
7.  算法结束
```

简单程序可以方便地采用伪代码描述,但是复杂算法（程序）,由于伪代码相对比较随意,对算法的描述不够严谨,容易出现推理漏洞,而且伪代码描述过程因人而异,对问题的描述往往不够直观。

"一图胜千言",使用图形表示算法思路是一种极好的方法,一般采用流程图（flow chart）描述。图 1-2 为一般流程图的基本图形元素。

开始或终止框　　处理框　　输入输出框　　判断框　　流程线　　连接点

图 1-2　一般流程图的基本图形元素

随着结构化程序设计方法的发展,1973 年美国学者 Ike Nassi 和 Ben Shneiderman 提出了一种新的流程图形式。这种方法完全去掉了流程线,算法的每步都用一个矩形框来描述,把一个个矩形框按执行的顺序连接起来就是一个完整的算法描述。这种流程图用二位学者名字的第一个英文字母命名,称为 N-S 流程图（也称盒图）。它强制设计人员按结构化程序设计方法进行思考并描述设计方案,因为除了表示几种标准结构的符号外,它不再提供其他描述手段,这就有效地保证了设计的质量,从而也保证了程序的质量。

结构化程序设计中三种基本结构的图形描述如下：

（1）顺序结构。顺序结构（sequential structure）是指程序的执行按语句的先后顺序逐条执行,没有分支,没有转移,其对应的流程图如图 1-3 所示,其中图 1-3(a)为一般流程图,图 1-3(b)为 N-S 流程图。

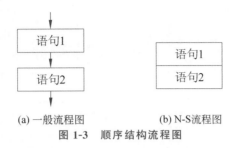

(a) 一般流程图　　　　　(b) N-S流程图

图 1-3　顺序结构流程图

（2）选择结构。 选择结构（**selection structure**）表示程序的处理步骤出现了分支,它需要根据某一特定的条件选择其中一个分支执行。选择结构有单分支、双分支、多分支三种形式。（详见第 3 章）。选择结构的流程图如图 1-4 所示,其中图 1-4(a)为一般流程图,图 1-4(b)为 N-S 流程图。

（3）循环结构。 循环结构（**loop structure**）表示程序反复执行某个或某些操作,直到条件为假（或为真）时才终止循环。

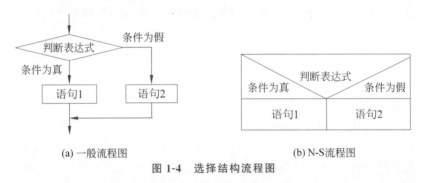

(a) 一般流程图　　　　　　　　(b) N-S流程图

图 1-4　选择结构流程图

在循环结构中最主要的是解决如下问题: 什么情况下执行循环? 哪些操作需要循环执行? 循环结构有两种基本形式: 当型循环和直到型循环。图 1-5 为当型循环流程图,图 1-6 为直到型循环流程图。

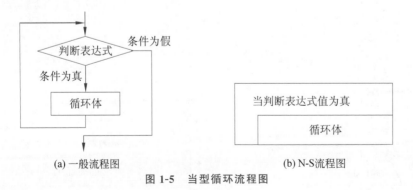

(a) 一般流程图　　　　　　　　(b) N-S流程图

图 1-5　当型循环流程图

- 当型循环: 表示先判断条件,当满足给定条件时执行循环体,并且在循环终端处流程自动返回循环入口处;如果条件不满足,则退出循环体,直接到达流程出口处。因为是“当条件满足时执行循环”,即先判断后执行,所以称为当型循环。

(a) 一般流程图   (b) N-S流程图

图 1-6 直到型循环流程图

- 直到型循环：表示从结构入口处直接执行循环体，在循环终端处判断条件，如果条件为真，返回入口处继续执行循环体，直到条件为假时退出循环，到达流程出口处。因为是"直到条件为假时停止循环"，所以称为直到型循环。

已证明，通过三种基本结构组成的算法可以解决任何复杂问题。由三种基本结构构成的算法称为结构化算法；由三种基本结构构成的程序称为结构化程序。

1.2.2 简单程序分析

【**例 1.2**】 求解 $1+2+3+\cdots+100$，画出程序流程图。

思路：先初始当前求和数 i 等于 1，和值 sum 等于 0；当求和数 i 小于或等于 100 时，和值 sum 等于已经计算的和值 sum 加上当前的求和数 i；然后将 i 的值增加 1，如此不断重复，直到 i 大于 100。于是 sum 的最终值就是 $1+2+3+\cdots+100$，最后输出 sum。

根据此思路，画出程序的一般流程图和相应的 N-S 流程图如图 1-7 所示。变量 i 用于控制循环，当 i<=100 时执行循环体；在循环体内进行求和运算及对变量 i 值进行自增。

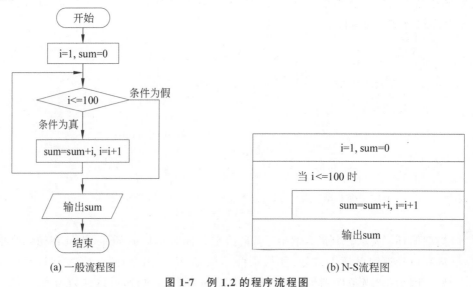

(a) 一般流程图   (b) N-S流程图

图 1-7 例 1.2 的程序流程图

【**例 1.3**】　输入三个数 A、B、C,求出其中的最大值,画出程序流程图。

思路:三个数求最大值的方法很多,这里采用的方法如下。先比较两个数 A、B,如果 A＞B,则将 A 的值赋值给变量 Max,否则把 B 的值赋值给 Max;再比较 Max 与 C,如果 Max＞C,则输出 Max 即为最大值,否则把 C 的值赋值给 Max,再输出最大值 Max。

根据此思路,画出程序的一般流程图和 N-S 流程图如图 1-8 所示。

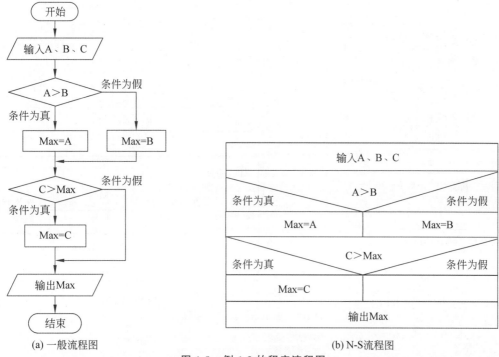

(a) 一般流程图　　　　　　　　　　　(b) N-S 流程图

图 1-8　例 1.3 的程序流程图

【**例 1.4**】　输入若干整数,求其中的最大数,当输入的数小于 0 时结束程序,画出程序流程图。

思路:先输入一个数,在没有其他数参加比较之前,它显然是当前的最大数,把它放到变量 Max 中。让 Max 初始存放当前已比较过的数中的最大值。然后输入第二个数,并与 Max 比较,如果第二个数大于 Max,则用第二个数取代 Max 中原来的值。如此重复输入并比较,每次比较后都将最大值存在 Max 中,直到输入的数小于 0 时结束。于是,Max 的最终值就是所有输入数中的最大值。

根据此思路,画出程序的一般流程图和 N-S 流程图如图 1-9 所示。变量 x 用于控制循环次数,当 x＞0 时,执行循环体;在循环体内对已输入的 x 和 Max 进行比较,并输入新的 x 值。

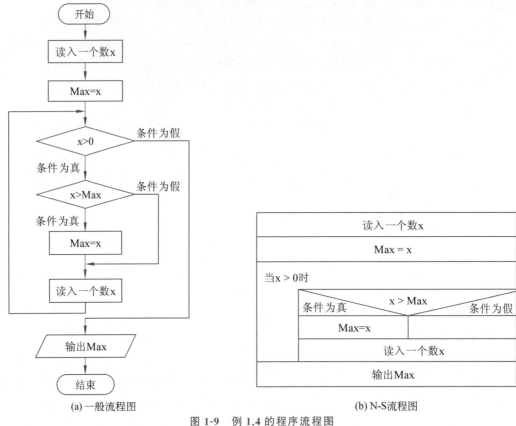

(a) 一般流程图　　　　　　　　　　　　(b) N-S流程图

图 1-9　例 1.4 的程序流程图

1.3　C 语言的优缺点及程序设计原理

1.3.1　C 语言的发展历史

C 语言是一种广泛使用的计算机程序设计语言，它具有高级语言和低级语言的双重特点。本节将对 C 语言的历史进行简单的回顾。

1. C 语言的起源

C 语言是贝尔实验室 Ken Thompson、Dennis Ritchie（见图 1-10）等人开发的 UNIX操作系统的"副产品"。Thompson 独自编写出了 UNIX 操作系统的最初版本。

与同时代的其他操作系统一样，UNIX 系统最初也是用汇编语言编写的。用汇编语言编写的程序往往难以调试和改进，UNIX 系统也不例外。Thompson 意识到需要用一种更加高级的编程语言来促进 UNIX 系统未来的发展，于是他设计了一个小型的 B语言。

不久，Ritchie 也加入 UNIX 项目中，并且开始着手用 B 语言编写程序。1970 年，贝尔实验室为 UNIX 项目争取到一台 PDP-11 计算机。当 B 语言经过改进并能够在 PDP-11 计算机上成功运行后，Thompson 用 B 语言重新编写了部分 UNIX 代码。到了 1971

图 1-10　Thompson（左）和 Ritchie（右）1999 年接受美国前总统克林顿授予国家技术勋章

年，B 语言已经明显不适合 PDP-11 计算机了，于是 Ritchie 着手开发 B 语言的升级版。最初，他将新开发的语言命名为 NB 语言（意为 New B），但是后来新语言越来越偏离 B 语言，于是他将其改名为 C 语言。到了 1973 年，C 语言已经足够稳定，可以用来重新编写 UNIX 系统了。改用 C 语言编写程序有一个非常重要的好处：可移植性。只要为贝尔实验室的其他计算机编写 C 语言编译器，他们的团队就能让 UNIX 系统也运行在这些机器上。

2. C 语言的标准化

C 语言在 20 世纪 70 年代（特别是 1977—1979 年）持续发展。这一时期出现了第一本有关 C 语言的书。Brian Kernighan 和 Dennis Ritchie 合作编写的 *The C Programming Language* 一书于 1978 年出版，并迅速成为 C 语言程序员必读的书目。由于当时没有 C 语言的正式标准，所以这本书就成为了事实上的标准，编程爱好者把它称为 K&R 或者"白皮书"。

随着 C 语言的迅速普及，一系列问题也接踵而来。编写新的 C 语言编译器的程序员都用 K&R 作为参考。但遗憾的是，K&R 对一些语言特性的描述非常模糊，以至于不同的编译器常常会对这些特性做出不同的处理。而且，K&R 也没有对属于 C 语言的特性和属于 UNIX 系统的特性进行明确的区分。

1983 年，在美国国家标准学会（American National Standards Institute，ANSI）的推动下，美国开始制定本国的 C 语言标准。经过多次修订，C 语言标准于 1988 年完成并在 1989 年 12 月正式通过，成为 ANSI 标准 X3.159—1989。1990 年，国际标准化组织（International Standards Organization，ISO）通过了此项标准，将其作为 ISO/IEC 9899：1990 国际标准。一般把这一 C 语言版本称为 C89 或 C90，以区别于原始的 C 语言版本（经典 C）。

1995 年，C 语言发生了一些改变。1999 年通过的 ISO/IEC 9899：1999 新标准中包含了一些更重要的改变，这一标准所描述的语言通常称为 C99。

2011 年 12 月 8 日，ISO 正式公布 C 语言新的国际标准，命名为 ISO/IEC 9899：2011，俗称 C11 标准。

C99 主要增加了基本数据类型、关键字和一些系统函数等。C11 主要对以前的标准进行修订，对于初学阶段 C89、C99 和 C11 的区别不易察觉，而且当前依然需要维护数百万(甚至数十亿)行的旧版本(C89)的 C 代码,因此,本书中用的 C 是 C89 标准的。

1.3.2　C 语言的优缺点

与其他任何编程语言一样,C 语言也有自己的优缺点。这些优缺点都源于该语言的最初用途(编写操作系统和其他系统软件)和它自身的基础理论体系。

C 语言的优点如下。

(1) 简洁紧凑、灵活方便。C 语言共有 32 个关键字,9 种控制语句,程序书写形式自由,区分大小写。把高级语言的基本结构和语句与低级语言的实用性结合起来。

(2) 运算符丰富。C 语言的运算符包含的范围很广泛,共有 34 种运算符。运算类型极其丰富,表达式类型多样化。灵活使用各种运算符可以实现在其他高级语言中难以实现的运算。

(3) 数据类型丰富,表达力强。C 语言的数据类型有整型、实型、字符型、数组类型、指针类型、结构体类型、共用体类型等。可用于实现各种复杂数据结构的运算。并引入了指针的概念,使程序效率更高。

(4) 表达方式灵活实用。C 语言提供多种运算符和表达式值的方法,对问题的表达可通过多种途径获得,其程序设计更主动、灵活。

(5) 允许直接访问物理地址,对硬件进行操作。由于 C 语言允许直接访问物理地址,可以直接对硬件进行操作,因此它既具有高级语言的功能,又具有低级语言的许多功能,能够像汇编语言一样对位(bit)、字节(Byte)和地址进行操作,而这三者是计算机最基本的工作单元,可用来编写系统软件。

(6) 程序执行效率高。C 语言描述问题比汇编语言迅速,工作量小、可读性好,易于调试、修改和移植,而代码质量与汇编语言相当。C 语言一般只比汇编程序生成的目标代码效率低 10%～20%。

(7) 可移植性好。C 语言在不同机器上的 C 编译程序,86% 的代码是公共的,所以 C 语言的编译程序便于移植。

C 语言的缺点如下。

(1) C 语言的缺点主要表现在数据的封装性上,这一点使得 C 语言在数据的安全性上有很大缺陷,这也是 C 语言和 C++ 语言的一大区别。

(2) C 语言的语法限制不太严格,对变量的类型约束不严格,影响程序的安全性,对数组下标越界不做检查等。从应用的角度,C 语言比其他高级语言较难掌握。也就是说,对使用 C 语言的人,要求对程序设计更熟练一些。

1.3.3　C 语言程序设计的工作原理

通过 1.1 节,我们知道遵守冯・诺依曼体系结构的计算机只能识别 0 和 1 组成的机器语言,所以汇编语言和高级语言都需要翻译成机器语言才能执行。C 语言程序的执行过程也是一样,**C 语言程序的执行过程称为编译运行,C 语言的高性能在很大的程度上也归功于编译**。编译运行过程是最经典、最高效的一种执行方式。**各类编译型语言解决特定问题所要经历的一般过程是编辑、编译、链接、运行四个步骤**。

（1）**编辑**（**edit**）是用程序设计语言编写源代码（source code）。这个过程是一个创造艺术品的过程，设计者的思维、能力、知识都体现在这个过程。本书后续章节讲的都是怎样将这个过程做好。该步骤创建的文件称为源文件（后缀为 .c）。

（2）**编译**（**compile**）是把高级语言编写的程序变成计算机可以识别的二进制语言，一般通过用户发出编译指令，由编译器（compiler）完成。这里的编译器就是把源代码转换成目标代码（object code）的软件。编译后形成的文件称为目标文件（后缀为 .obj）。

编译过程是非常复杂的，具体的内容可以在"编译原理"课程中学习，对于侧重程序设计的用户，可以不管具体的编译过程。编译器主要对源代码进行语法检测，如果有错误就报告 error 或者 warning，并停止编译。一些聪明的编译器还会对程序的逻辑问题和安全问题进行检测。当遇到编译器给出的错误或者警告提示时，要分析出错原因，修改代码，再重新编译。如此反复直到编译成功为止。

（3）**链接**（**link**）过程对于初学程序设计的人员很难体会到，所以很多人习惯将链接算作编译的一部分，链接主要是对复杂的程序，特别是存在许多模块的程序，实现各模块之间传递参数和控制命令，并把它们组成一个可执行的整体。在大多情况下，程序设计人员编写的程序需要依赖其他程序，链接的过程即是合成的过程。链接后形成的文件称为可执行文件（Windows 平台下后缀为 .exe）。可执行文件里面是机器语言代码。

由于在实际操作中一般通过编译器的生成（build）过程从源程序产生可执行程序，可能有人就会置疑：为何要将源程序翻译成可执行文件的过程分为编译和链接两个独立的步骤，不是多此一举吗？之所以这样做，主要是因为：在一个较大的复杂项目中，有很多人共同完成一个项目（每个人可能承担其中一部分模块），其中有的模块可能是用汇编语言写的，有的模块可能是用 C 语言写的，有的模块可能是用其他语言写的，有的模块可能是购买（不是源程序模块而是目标代码）或已有的标准库模块，因此，各类源程序都需要先各自编译成目标程序文件，再通过链接程序将这些目标程序文件链接装配成可执行文件。

（4）**运行**（**run**）过程就是计算机执行机器代码的过程。到这一步，也不能保证程序正确，运行过程中程序也会出错，开发者必须捕获这些错误，并通过修改源代码解决这些错误，一般采用**调试**（**debug**）的方法完成，即通过编译器逐条执行代码，查看程序的中间结果以判定出错原因。这里还有一个小故事，说的是哈佛的一位女数学家格蕾丝·莫雷·赫伯为 IBM 公司生产的首台自动按序控制计算器马克 1 号（1944 年完成研制，比ENIAC 要早）编写程序，有一天，她在调试程序时出现故障，拆开继电器后，发现有只飞蛾被夹扁在触点中间，从而"卡"住了机器的运行。于是，赫伯诙谐地把程序故障统称为"臭虫"（bug），把排除程序故障称为 debug，而这奇怪的"称呼"，后来成为计算机领域的专业行话，从而 debug 意为程序除错的意思。编译运行程序的开发过程如图 1-11 所示。

1.3.4　简单的 C 语言实例

编程语言的世界里可谓是"江山代有才人出"，可唯独 C 语言引领风骚达数十年，时至今日，C 语言依然是世界上最流行的程序设计语言之一。正如 C, *The Beautiful Language* 所述，"在 C 语言里，能让你看到它的心跳，就像是足球在场地上奔跑移动。简单的语法，浅显的关键词，这是对通用冯·诺依曼机最精彩的描述。在 C 语言里，程序的灵魂直接向我们开放。我们看到了，也感觉到了，所以我说——C 语言，美丽的语言。"下

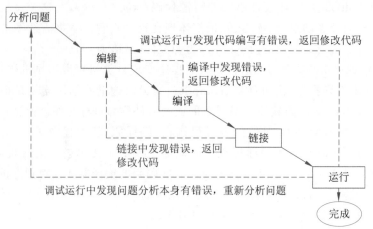

图 1-11　编译运行程序的开发过程

面先从一个简单的例子开始 C 语言的学习。

C 程序的
基本组成

【例 1.5】　编写程序，输出一条双关语"To C，or not to C：that is the question."。

```
1.   # include <stdio.h>                                    //编译预处理命令
2.   int main()                                             //程序的主函数
3.   {
4.       printf("To C, or not to C: that is the question.\n"); //输出语句
5.       return 0;                                          //返回语句
6.   }
```

程序运行结果：

```
D:\C_demo\demo\bin\Debug\demo.exe
To C, or not to C: that is the question.

Process returned 0 (0x0)    execution time : 0.811 s
Press any key to continue.
```

分析：

（1）程序第 1 行 # include ＜stdio.h＞是编译预处理命令（**preprocessor directives**），对每个 C 程序来说必不可少。其功能是包含标准输入输出头文件（standard input & output header file），该头文件中声明了程序中用到的标准输出库函数 printf()，只要源文件中调用了该函数，就必须要包含头文件 stdio.h。预处理命令必须以 # 开头，交由预处理器（preprocessor）处理。

（2）程序第 2 行 int main()是主函数的函数首部，每个 C 程序中有且仅有一个主函数。其中，main 是函数名；int 表示函数运行完后返回给调用环境的一个数值，可以用返回 0 表示成功，返回非 0 表示出错；main 后面的圆括号必不可少，用于括起函数的参数，此例函数无参数。

（3）程序第 3～6 行用花括号括起的是主函数的函数体，左花括号表示函数起点，右花括号表示函数终点。函数体由若干语句组成，本例的函数体中仅有两条语句。

（4）程序第 4 行"printf("To C, or not to C：that is the question.\n");"是输出语句，调用标准输出库函数 printf()输出一串信息，printf()函数的使用详见 2.3.1 节。C 语

言语句末尾必须加分号。

（5）程序第 5 行"return 0;"是一条返回语句，表示程序执行到此处结束，并向操作系统返回 0。

（6）程序中以//开头的是注释（comment）信息，仅能注释一行，称为行注释。还有一种注释方法，用/＊　＊/括起被注释的信息，可以注释多行，称为块注释。

例 1.5 仅输出一行信息，没有任何运算，下面再举一个带简单运算的例子。

【例 1.6】 给定两个整数，计算它们的和，并输出结果。

带简单运算的 C 程序

```
1.   #include <stdio.h>
2.   int main()
3.   {
4.       int a = 4, b = 5, c;              //定义三个变量,并为变量a、b赋初值
5.       c = a + b;                        //计算a与b的和,并赋值给变量c
6.       printf("%d + %d = %d\n", a, b, c); //输出结果
7.       return 0;
8.   }
```

程序运行结果：

```
D:\C_demo\demo\bin\Debug\demo.exe
4 + 5 = 9

Process returned 0 (0x0)    execution time : 0.687 s
Press any key to continue.
```

分析：

（1）程序第 4 行"int a = 4, b = 5, c;"定义了三个变量，并对变量 a、b 进行初始化。

（2）程序第 5 行"c = a + b;"是一条赋值语句。这里的＝称为赋值运算符，表示将右侧表达式的值赋给左侧的变量。

（3）程序第 6 行"printf("%d + %d = %d\n", a, b, c);"是输出程序运行结果的输出语句。

通过以上两个实例，简单总结 C 程序的基本结构：

（1）C 程序的基本组成单位是函数，其中有且仅有一个主函数 main()，主函数在 C 语言中是程序的入口和出口，即程序执行从主函数开始，如果调用其他函数，则调用完成后再返回主函数，以主函数结束程序执行。

（2）函数由函数首部和函数体组成。函数首部由返回值类型、函数名、参数列表组成；函数体用花括号括起来。有关函数的相关知识详见第 6 章。

（3）函数体内包含若干语句，每条语句必须以分号结束。变量的定义一般放在函数体的最前面。

（4）C 语句中使用的标识符严格区分大小写。变量 a、b、c 称为用户标识符，a 和 A 就是两个截然不同的变量。

（5）C 程序书写格式自由，一般每条语句单独写一行，也可以多条语句写一行，但是建议每条语句单独写一行，以增加程序的可读性。

（6）程序中若调用了标准库函数，必须用预处理名 #include 包含对应的头文件。

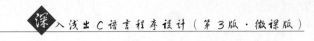

1.4　C 语言开发环境介绍

在 C 语言悠久的历史中出现了非常多的开发环境，有些仅仅是编译工具（如 GCC），有些则把编辑工具、编译工具、调试工具及软件管理工程工具等支持开发的所有工具集成在一起（如 Dev-C++、Code∶∶Blocks、Visual Studio 等），形成集成开发环境（integrated development environment，IDE）。考虑到使用的广泛性和搭建环境的简单性，本节主要以 Code∶∶Blocks 和 GCC 为例介绍 C 语言的开发环境，同时考虑 Dev-C++ 依然是很多开发者选用的开发环境，特别适合于 C/C++ 语言初学者使用，这里也一同介绍。

1.4.1　Code::Blocks

Code∶∶Blocks 是一个开放源码的全功能跨平台 C/C++ 集成开发环境，由纯粹的 C++ 语言开发完成。它使用了著名的图形界面库 wxWidgets，可以在其中编辑、编译、链接、运行、调试 C 程序。而且避免了大多数集成开发环境过于庞大而使得系统缓慢，并且无须支付任何费用即可使用。下面将在 Windows 操作系统下介绍 Code∶∶Blocks 的基本使用。

1. 安装 Code∶∶Blocks

可以从 Code∶∶Blocks 的官网 http∶//www.codeblocks.org/下载该软件。安装完成后，启动 Code∶∶Blocks，其主窗口如图 1-12 所示。

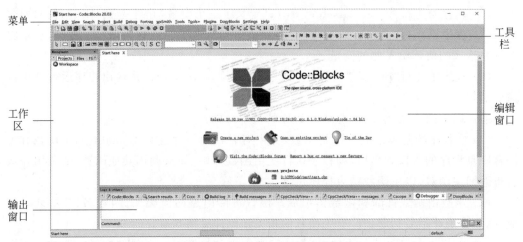

图 1-12　Code∶∶Blocks 的主窗口

对于 C 语言的初学者建议下载 codeblocks-20.03mingw-setup.exe 安装文件，其中已经包括了 GCC 编译器及 GDB 调试器，安装后不需要进行编译器及调试器的配置。如果对于已经安装了其他基础开发环境的用户，可以下载 codeblocks-20.03-setup.exe 安装文件，进一步配置编译器即可完成开发环境的搭建。

2. 新建 C 程序工程文件

在本地硬盘上新建一个工作目录作为 C 程序文件的存放目录，这里为 D∶\ c_

program。

　　简单的 C 程序只包含一个源文件。选择 File→New→Project 命令，单击如图 1-13 所示的 Projects 标签，选中 Console application。

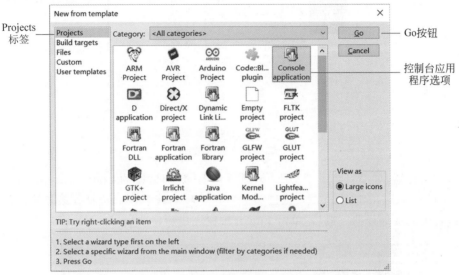

图 1-13　新建 C 语言控制台应用程序

　　单击如图 1-13 所示的 Go 按钮，在生成向导的 C/C++ 语言选择页面选择 C 语言，如图 1-14 所示（Code：:Blocks 默认为 C++ 语言）。

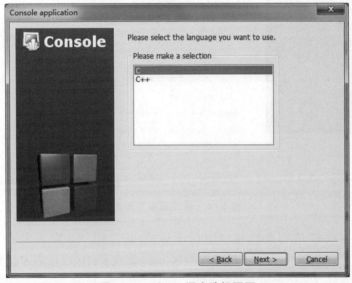

图 1-14　C/C++ 语言选择页面

　　单击如图 1-14 所示的 Next 按钮，弹出如图 1-15 所示的向导页面，在 Project title 文本框中输入项目名称（Code：:Blocks 默认 C 语言项目为输出"HelloWorld!"），这里就以 HelloWorld 作为项目名称，通过📄浏览选择项目存储位置，选择已经建好的目录 D:\ c_ program。

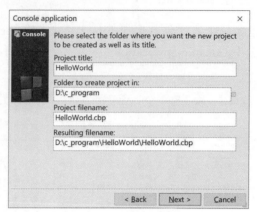

图 1-15　向导页面

设定编译器，如果安装了带 GCC 编译器和 GDB 调试器的 Code∷Blocks，如图 1-16 所示，选择 GNU GCC Compiler(该选项为默认选项)，或者可以选择安装 Code∷Blocks 计算机上的其他编译器。最后，单击 Finish 按钮完成新建项目。

图 1-16　编译器设置页面

通过向导完成 C 语言控制台应用程序后，Code∷Blocks 默认生成了输出"Hello world!"的项目，如图 1-17 所示。程序代码在 main.c 文件中（通过右击工作区的 main.c 文件可以方便地进行文件的重命名）。

3. 编译和链接程序

通过 Build 菜单和 Build 工具栏都可以方便地完成程序的编译、链接和运行。如图 1-18 所示，打开 Build 菜单，选择 Build 命令或 Compile current file 命令对 main.c 进行编译和链接或编译，也可以单击编译工具栏的 Build 按钮进行。

注意：Build ＝ Compile ＋ Link。

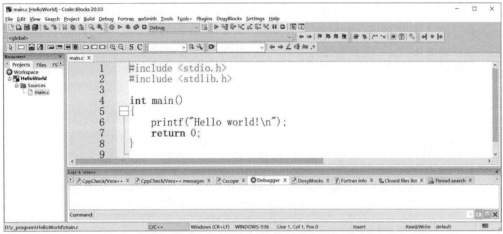

图 1-17　Code∶∶Blocks 向导生成的 HelloWorld 项目

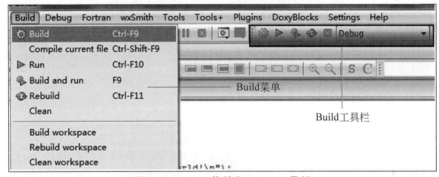

图 1-18　Build 菜单和 Build 工具栏

Code∶∶Blocks 中 Build 菜单部分功能描述如表 1-3 所示。

表 1-3　Code∶∶Blocks 中 Build 菜单部分功能描述

命　令	功　能　描　述
Build	查看项目中的所有文件,并对最近修改过的文件进行编译和链接,生成.o 和.exe 文件
Compile current file	编译源代码窗口中的活动源文件,生成.o 文件
Run	运行应用程序
Build and run	编译、链接并且运行应用程序
Rebuild	对项目中的所有文件全部进行重新编译和链接
Clean	删除项目相关的所有目标文件(.o 文件)

Build 工具栏的工具按钮功能如图 1-19 所示。

图 1-19　Build 工具栏的工具按钮功能

注意：图 1-19 中有一个编译方式的选择列表，包括 Debug 和 Release 两个选项。其中，Debug 称为调试版本，包含调试信息，但不进行任何优化，便于程序员调试程序；Release 称为发布版本，通常会进行各种优化，使得程序在代码大小和运行速度上都是最优的，以便用户很好地使用。

4. 运行程序

如果在编译和链接过程中显示"0 error(s)，0 warning(s)"，说明程序没有语法错误，接下来便可以选择 Build→Run 命令，或单击 Build 工具栏的 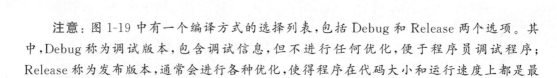 按钮运行当前程序，Code::Blocks 将打开一个控制台窗口，在其中显示运行结果。运行结果如图 1-20 所示。

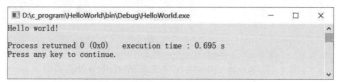

图 1-20　HelloWorld 程序运行结果

说明：

（1）"Hello world!"是程序运行后输出的内容。

（2）Process returned 0 是程序执行的返回值。

（3）execution time：0.695s 是程序执行的时间。

（4）Press any key to continue 提示按任意键继续，表示按任意键便可关闭运行窗口。

（5）如果离开 Code::Blocks 编程环境而直接运行编译后的可执行程序 HelloWorld.exe，则运行结果将一闪而过，不会停下来让我们观察。为了解决这个问题，可以在语句"return 0;"前加一条语句"getch();"，详见 2.3.4 节。

5. 调试程序

调试是指在被编译了的程序中判定执行错误的过程。运行一个带有调试程序的程序与直接执行不同，这是因为在调试过程中保存着所有或大多数的源代码信息。它还可以在预先指定的位置（称为断点（breakpoint））暂停执行，并提供有关已调用的函数及变量的当前值等信息。

编写程序难免会出现错误，调试程序是非常重要的，该部分内容将在 1.4.4 节中讲述。

6. 关闭工作区

选择 File→Close project 命令关闭当前编译的项目，此时会关闭工作区中所有已打开的文件。

7. 打开现有 C 程序文件

打开 C 程序文件有多种方法，本书介绍最常用的两种。

（1）如果用户保存了.c 文件和.cbp 等文件，可以使用 File 菜单的 Open 命令打开 C 程序文件或项目工程文件，在弹出的对话框中进行浏览，双击后缀为.cbp 的文件就能打开上次编译时产生的工作区（项目），如图 1-21 所示。工作区打开后，可对上次编写的程序进行修改、编译、链接、运行和调试。

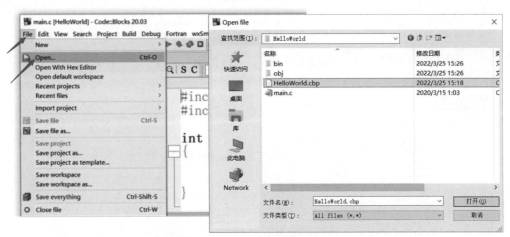

图 1-21　打开 C 程序文件或项目

（2）如果上次编程用户仅保留了.c 文件，就不能用方法（1）打开。如果此时已打开了工作区则应先关闭，然后用 File 菜单的打开文件功能打开.c 文件，同样可对上次写的程序进行修改、编译、链接、运行和调试。

　　一个打开的工作区中可以新建（或添加）多个.c、.h 等文件（通过选择 File→New 命令），但所有文件中只能有一个主函数 main()。如果有多个主函数将产生错误，如图 1-22 所示。解决办法是把其中一个文件从工作区中移除。为此右击需要移除的文件，在弹出的快捷菜单中选择 Remove file from project 命令，则该文件就从工作区中移除（注意：文件不会真的被删除）。

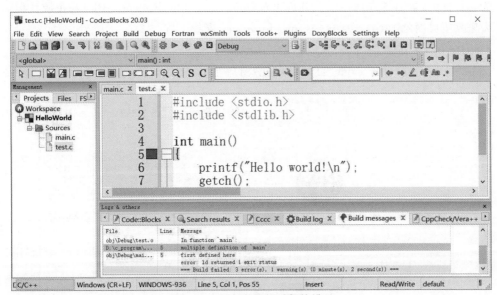

图 1-22　两个主函数引起的错误

　　如果需要向工作区添加已存在的文件，可右击工作区的项目名称（这里为 HelloWorld），在弹出的快捷菜单中选择 Add Files 命令，如图 1-23 所示。最后，在弹出的对话框中浏览并打开相应文件，即可成功添加文件。

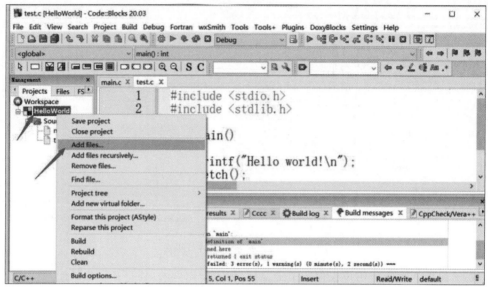

图 1-23　向工作区添加现有文件

注意：向工作区添加的所有文件都将参与编译。而在工作区打开之后，通过文件菜单打开的文件不会参与编译，但可进行修改。

1.4.2　Dev-C++

Dev-C++（也称 Dev-Cpp）是 Windows 环境下的一个轻量级 C/C++ 集成开发环境。它是一款自由软件，遵守通用性公开许可证（general public license，GPL）发布源代码，可以从开源项目网站 https://www.sourceforge.net 查找下载。

1. Dev-C++ 的窗口

Dev-C++ 的窗口与 Code::Blocks 的主窗口基本一致，如图 1-24 所示。

图 1-24　Dev-C++ 主窗口

2. 新建 C 程序文件

选择 File→New→Project 命令可以新建 C 语言控制台应用程序,如图 1-25 所示。

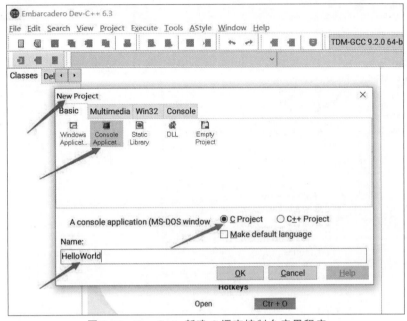

图 1-25 Dev-C++ 新建 C 语言控制台应用程序

新建工程时需要设定工程名称。单击 OK 按钮后,集成开发环境会弹出工程文件保存目录选择对话框。选择保存路径后即完成了新建 C 程序文件,如图 1-26 所示。

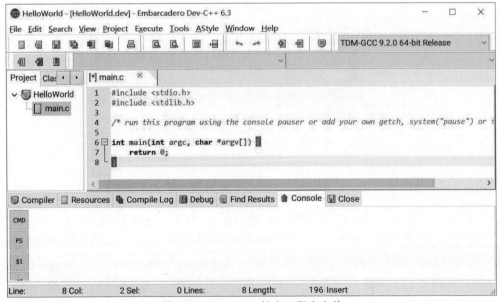

图 1-26 Dev-C++ 新建 C 程序文件

3. 编辑文件

新建文件完成后,就可以在编辑窗口对代码进行编辑。

4. 编译和链接程序

完成程序编辑后，可以通过 Execute 菜单编译执行程序，如图 1-27 所示，功能与 Code∷Blocks 一致。

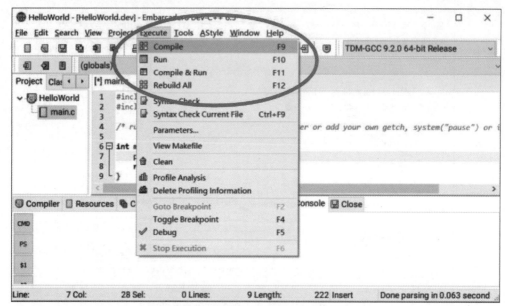

图 1-27　Dev-C++ 的 Execute 菜单

5. 运行程序

通过选择 Execute→Run 命令就可以实现程序的执行，结果如图 1-28 所示。

图 1-28　Dev-C++ 执行程序结果

1.4.3　GCC

GCC(GNU compiler collection，GNU 编译器集合)是一套由 GNU 工程开发的支持多种编程语言的编译器。GCC 是自由软件发展过程中的著名例子，由自由软件基金会以 GPL 发布。GCC 是大多数类 UNIX 操作系统（如 Linux、BSD、macOS 等）的标准的编译器，GCC 同样适用于微软的 Windows 操作系统。GCC 原名为 GNU C 编译器（GNU C compiler），因为它原本只能处理 C 语言；随后其很快扩展并支持处理 C++ 语言；后来其又继续扩展能够支持更多编程语言，如 FORTRAN、PASCAL、Objective-C、Java、Ada 等。

使用者在命令列下键入 gcc 命令及其他命令参数，以便决定使用什么语言的编译器，并为输出机器码使用适合此硬件平台的组合语言编译器,选择性地执行链接器以生成可执行的程序。

使用 GCC 编译器时,必须给出一系列必要的调用参数和文件名。GCC 编译器的调用参数大约有 100 个,其中多数参数可能根本用不到,这里仅介绍几个常用参数。

(1) -c,只编译,不链接成为可执行文件,编译器只是由输入的.c 等源代码文件生成.o 为后缀的目标文件,通常用于编译不包含主程序的子程序文件。

(2) -o output_filename,确定输出文件的名称为 output_filename,同时这个名称不能和源文件同名。如果不给出这个选项,GCC 就给出预设的可执行文件 a.out。

(3) -E,预处理,编译器在预处理后停止,并通过-o 设定的输出文件名输出预处理结果。

(4) -S,汇编,表示在程序编译期间,在生成汇编代码后停止,并通过-o 设定的输出文件名输出汇编代码文件。

使用 GCC 编译器编译 C 程序的过程包含以下四步。

(1) 生成预处理代码,源文件为 pun.c,生成的预处理文件为 pun.i(在本例中,预处理结果就是将 stdio.h 文件中的内容插入 pun.c 中)。命令如下(注意 $ 是 UNIX 系统的提示符,不需要输入):

```
$ gcc -E pun.c -o pun.i
```

(2) 生成汇编代码,GCC 通过检测语法错误,将预处理代码生成汇编文件,源文件为 pun.c,生成的汇编文件为 pun.s。命令如下:

```
$ gcc -S pun.i -o pun.s
```

(3) 生成目标代码,GCC 支持两种方式生成目标代码,一种方式通过 C 源文件直接生成,另一种方式通过汇编文件生成。

从 C 源文件直接生成:

```
$gcc -c pun.c -o pun.o
```

从汇编文件生成:

```
$as pun.s -o pun.o
```

(4) 生成可执行程序,将目标代码链接库资源,生成可执行的程序,命令如下:

```
$gcc -c pun.s -o pun
```

pun 即为生成的可执行文件。通过 $./pun 即可执行程序。

以上四步过程也可以通过 GCC 的一条编译指令全部完成,命令如下:

```
$gcc -o pun pun.c
```

注意:GCC 本身不带调试器,在 UNIX 系统下可以通过功能强大的 GDB 完成。具体内容请读者参考《GDB 使用手册》。

1.4.4　调试程序综合实例

除了较简单的情况外,一般程序都很难一次完全正确。在上机过程中,根据出错现象定位错误并改正的过程称为**调试程序**。在学习程序设计的过程中，逐步培养调试程序的能力是非常重要的。一种经验的积累，不可能靠几句话描述清楚，要靠读者在上机练习中不断摸索总结。程序中的错误大致可分为以下三类。

1. 编译错误

编译错误是指程序编译时检查出来的语法错误。编译错误通常是编程者违反了 C 语言的语法规则，如花括号不匹配、语句后面缺少分号、标识符使用错误等。

2. 链接错误

链接错误是指程序链接时出现的错误。链接错误一般由未定义（或未指明）要链接（或包含）的函数，或者函数调用不匹配等因素引起。

对于编译错误和链接错误，C 语言系统会提供出错信息，包括出错位置（行号）、出错提示信息。编程者可以根据这些信息，找出错误所在。

注意：有时系统会提示一大串错误信息，但并不表示真的有这么多错误。这往往是因为前面一两个错误引起的。所以每纠正一个错误，可重新编译一次，然后观察新的出错信息。

3. 运行错误

运行错误是指程序执行过程中的错误。有些程序虽然通过了编译和链接，并能够在计算机上运行，但得到的结果不正确。这类错误属于逻辑错误，相对前两种错误较难发现，需要编程者认真分析程序的执行过程从而定位错误。

产生该类错误的原因：一部分是程序书写错误带来的，如应该使用变量 x 的地方写成了变量 y，虽然没有语法错误，但意思完全错了；另一部分可能是程序的算法不正确，解题思路不对。还有一些程序的计算结果有时正确，有时错误，这往往是编程时对各种情况考虑不周所致。解决运行错误的首要步骤就是错误定位，即找到出错位置，才能予以纠正。通常先设法确定错误的大致位置，然后通过调试工具找出真正的错误。

调试程序实例将以 Code::Blocks 开发环境为例讲解，Dev-C++ 开发环境的调试方法与 Code::Blocks 开发环境类似，请读者自行练习。

Code::Blocks 的 Debug 菜单及 Debug 工具栏都可以完成程序的调试，如图 1-29 所示。

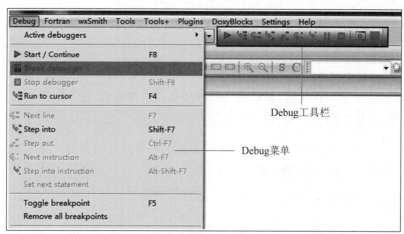

图 1-29　Code::Blocks 的 Debug 菜单及 Debug 工具栏

通过 Debug 工具栏可以方便地完成调试工作，Debug 工具栏各按钮的功能如图 1-30
所示。

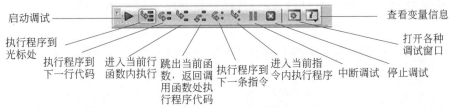

图 1-30　Code∷Blocks 的 Debug 工具栏功能介绍

注意：在 Code∷Blocks 开发环境中，支持到当前指令内执行代码，这里的指令指当
前程序经过编译后的汇编代码指令。

以下通过三个例子来讲解在 Code∷Blocks 环境中如何调试程序。

【例 1.7】　以 HelloWorld 例子讲解编译错误的调试方法。

本例在调试前，故意删除程序倒数第 3 行末尾的分号，再进行编译。如图 1-31 所示，
得到错误提示信息为"错误，在 return 前缺少'；'"。

编译错误的
调试方法

图 1-31　编译错误提示窗口

此时，可在错误信息上双击鼠标，编译环境将在输出窗口高亮度显示该行提示信息，
并切换到出错的源文件编辑窗口。可以看到，在编辑窗口左侧的红色方块指示错误所
在行。

注意：根据出错信息直接修改错误是改正编译错误和链接错误的通用方法。对初学
者来说，学会看各种常见错误的英文提示信息是非常重要的。

【例 1.8】　调试运行错误。以例 1.6 源程序为例进行运行错误调试。

调试前，故意把程序第 5 行的＋改成一后，再进行编译。编译和链接均通过，但运行
结果为－1，而不是 9。对于复杂的程序通过结果初步估计错误发生位置，也可以设置多
个断点，以提高调试效率。下面通过断点调试法定位错误。

断点法调
试错误

（1）添加调试断点。Code∷Blocks 支持多种方式在程序中添加断点：①在需要添加
断点的行按 F5 键；②单击需要添加断点的行号后的空白区域；③选定需要添加断点行

后，通过选择 Debug→Toggle Breakpoint 命令添加。本例中在第 5 行添加断点。

（2）运行调试。单击 Debug 工具栏的 ▶ 按钮，或者选择 Debug→Start/Continue 命令（快捷键 F8）启动调试。运行调试后，程序运行到设置的断点处就会暂停，如图 1-32 所示。

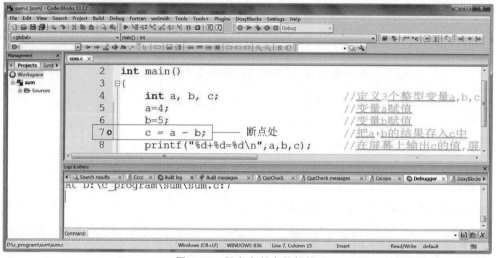

图 1-32　程序在断点处暂停

（3）调试分析。调试程序过程中，通过暂停程序，查看程序中当前变量的值，很容易查找程序的错误，在 Code::Blocks 中单击 Debug 工具栏的 按钮可以打开 Watches 窗口查看变量的值，如图 1-33 所示。

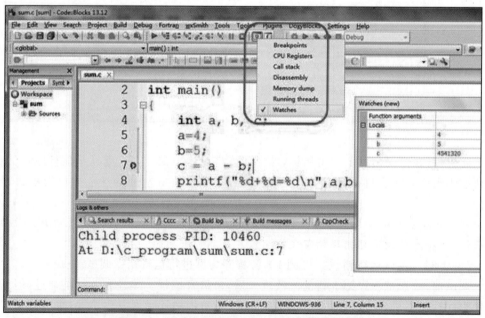

图 1-33　调试中通过 Watches 窗口查看变量的值

Watches 窗口显示了当前变量的值，单击 Debug 工具栏的 按钮执行当前行到下一行代码(该过程一般称为单步调试)。此时,箭头下移一行。如图 1-34 所示,Watches 窗口中 c 的值被更新为－1(注意:变量的值更新后,窗口中会用红色表示)。真正的错误就是发生在这一行,因为程序需要完成的是 4＋5 的运算,而非 4－5 的运算。

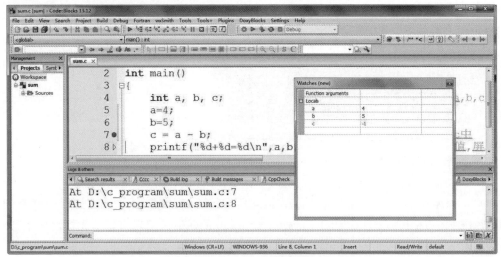

图 1-34　单步调试查看变量改变

(4) 退出调试。找到真正的错误后,单击 Debug 工具栏的 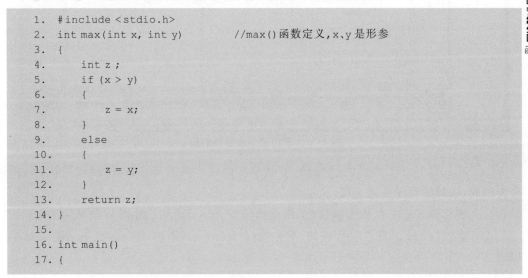 按钮中断调试,同时返回到程序编辑窗口进行修改。如程序仍需再次调试,可重复以上步骤。

注意:使用断点可以使程序暂停。但一旦设置了断点,无论是否还需要调试,每次执行程序时都会在断点上暂停。因此,调试结束后应取消断点,方法与添加断点类似。但对于复杂程序中有多个断点,可以选择 Debug→Remove all breakpoints 命令清除所有断点。

如果一个程序设置了多个断点,按一次 Debug 工具栏的 ▶ 按钮就会暂停在下一个断点处,依次执行下去。

【例 1.9】 函数跟踪调试。给定两个数,输出其中的较大值。

```
1.  #include <stdio.h>
2.  int max(int x, int y)          //max()函数定义,x、y是形参
3.  {
4.      int z ;
5.      if (x > y)
6.      {
7.          z = x;
8.      }
9.      else
10.     {
11.         z = y;
12.     }
13.     return z;
14. }
15.
16. int main()
17. {
```

函数的跟踪
调试

```
18.     int a = 6, b = 7, c;
19.     c = max(a, b);              //max()函数调用语句,a、b是实参,函数返回值赋给 c
20.     printf("max = %d\n", c);
21.     return 0;
22. }
```

程序运行结果：

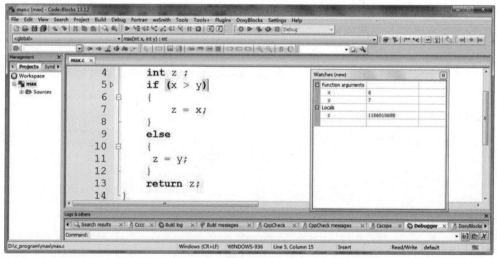

```
D:\c_program\max\bin\Debug\max.exe
max = 7

Process returned 0 (0x0)    execution time : 0.741 s
Press any key to continue.
```

函数跟踪调试：

（1）在主函数“int a = 6，b = 7，c;”语句所在行设置断点，进入调试。

（2）程序在“int a = 6，b = 7，c;”语句所在行暂停，单击 Debug 工具栏的█按钮，执行“int a = 6，b = 7，c;”语句，完成对变量 a、b 的赋值。编辑窗口中光标已经下移一行，指向“c = max(a, b);”语句。

（3）由于函数调用的实质是实参把值传递给形参，因此需要跟踪到函数体内进行检查。此时，单击 Debug 工具栏的█按钮进入 max()函数，如图 1-35 所示，光标进入了 max()函数体。同时，Watches 窗口显示 max()函数的形参 x、y 接收了实参 a、b 传递过来的值，分别为 6、7。

图 1-35　跟踪进入函数体内部

（4）单击 Debug 工具栏的█按钮，继续单步调试。由于 x ＜ y，所以程序执行 else 分支语句（选择结构详见第 3 章）。

（5）单击 Debug 工具栏的█按钮，程序执行“z = y;”语句。此时，z 被赋值为 7。

（6）单击 Debug 工具栏的█按钮，程序执行“return z;”语句，把 z 的值返回给 main() 函数。

（7）单击 Debug 工具栏的 按钮（或 按钮），跳出 max()函数体，返回到 main()函数，执行语句"c = max(a, b);"。

（8）单击 Debug 工具栏的 按钮，如图 1-36 所示,c 的值被更新为 7,即 max 函数返回值。

（9）单击 Debug 工具栏的 按钮,执行"printf("max = %d\n", c);"语句,控制台窗口显示 max=7。

（10）单击 Debug 工具栏的 按钮,结束调试。

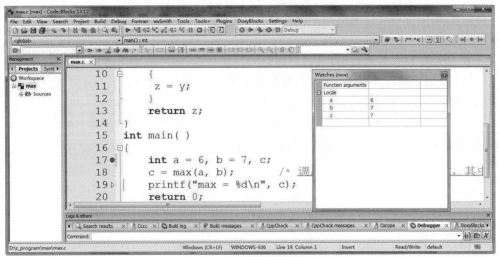

图 1-36　函数调用后的变量值

1.5　本 章 小 结

第 1 章知识
点总结

1. 计算机语言

计算机语言是指用于人与计算机之间通信的语言,是人与计算机之间传递信息的媒介。按照发展过程,其经历了机器语言、汇编语言到高级语言的历程。

2. 算法的特点

算法常被定义为对特定问题求解步骤的一种描述,包含操作的有限规则和有限序列。具有的特点包括有穷性、确定性、有效性、有 0 个或多个输入及有 1 个或多个输出。

3. 结构化程序设计

结构化程序设计主要采用**自顶而下**、**逐步求精**及**模块化**的程序设计方法。其中,任何程序都可由顺序、选择、循环三种基本控制结构构造。其常用的描述方法包括伪代码和流程图。

4. C 语言

C 语言是一种通用的程序设计语言,凭借其功能强大、结构优雅、移植性好等特点,深受广大编程者喜爱。其特点和设计原则如下。

（1）程序设计语言是人与计算机交流的语言,分为低级语言和高级语言。C 语言属于高级语言。

（2）各类编程语言解决特定问题所要经历的一般过程是编辑、编译、链接和运行四个步骤。

（3）C 文件的后缀是.c。

（4）C 程序由函数组成，有且仅有一个 main()函数，且程序从 main 处开始执行。

（5）函数由函数首部和函数体组成。函数首部由函数名、函数类型和参数组成。函数体以花括号作为标志。

（6）C 程序的注释（目的：提高程序的清晰度）可以出现在任何位置，有两种注释方法，/ *　*/为块注释，//为行注释。

（7）C 程序以分号作为语句结束标志。

（8）C 语句严格区分大小写。

（9）C 程序书写格式自由，可以多条语句写在一行，也可以每条语句单独写一行。

（10）C 语言的标准输入、输出函数是由标准库函数 scanf()和 printf()等完成，但程序开头要用 ♯include ＜stdio.h＞把标准库函数包含进程序中。

（11）C 程序的上机包括程序编辑、编译、链接、运行和调试等内容。上机是检验算法和程序的重要手段，也是学好程序设计的最好方法。

1.6　习　　题

一、选择题

1. 下列对 C 语言特点的描述中，错误的是（　　　）。

    A. C 语言不是结构化程序设计语言   B. C 语言编程简洁明了

    C. C 语言功能较强   D. C 语言移植性好

2. 最早开发 C 语言是为了编写（　　　）操作系统。

    A. Windows   B. DOS   C. UNIX   D. Linux

3. 下面的说法正确的是（　　　）。

    A. C 程序由符号构成   B. C 程序由标识符构成

    C. C 程序由函数构成   D. C 程序由 C 语句构成

4. 一个 C 程序的执行是从（　　　）。

    A. 本程序的 main()函数开始，到 main()函数结束

    B. 本程序文件的第一个函数开始，到本程序文件的最后一个函数结束

    C. 本程序的 main()函数开始，到本程序文件的最后一个函数结束

    D. 本程序文件的第一个函数开始，到本程序 main()函数结束

5. 以下叙述不正确的是（　　　）。

    A. 一个 C 源程序可由一个或多个函数组成

    B. 一个 C 源程序必须包含一个 main()函数

    C. C 程序的基本组成单位是函数

    D. 在 C 程序中，注释说明只能位于一条语句的后面

6. 编写 C 程序一般需要经过的几个步骤依次是（　　　）。

    A. 编译、编辑、链接、调试、运行   B. 编辑、编译、链接、运行、调试

C. 编译、运行、调试、编辑、链接　　　　　　D. 编辑、调试、编辑、链接、运行

7. Windows 系统里由 C 源程序文件编译而成的可执行文件的默认扩展名为(　　)。

　　A. cpp　　　　　　B. exe　　　　　　C. obj　　　　　　D. lik

8. C 语言中主函数的个数是(　　)。

　　A. 2　　　　　　B. 3　　　　　　C. 任意多个　　　　D. 1 个

9. 下面叙述中不属于 C 语言的特点的是(　　)。

　　A. 一种面向对象的程序设计语言

　　B. 数据类型丰富,表达力强

　　C. 允许直接访问物理地址,对硬件进行操作

　　D. 运算符丰富

二、填空题

1. 计算机语言的种类非常的多,从其发展过程,经历了 ① 、 ② 到 ③ 的历程。

2. 在 C 程序的编辑、编译、链接、运行和调试过程中,编译是指 　　　　 的过程。

3. C 语言源文件的后缀是 ① ;经过编译后,生成目标文件的后缀是 ② ;再经过链接后,生成可执行文件的后缀是 ③ 。

4. 程序中的错误大致可分为三类,具体为编译错误、 ① 和 ② 。

三、编程题

1. 参照书上例题,编写程序运行例 1-5、例 1-6,熟悉 C 语言编程环境。

2. 编写程序,输出如下信息。

```
****************************************************
 C is quirky, flawed, and an enormous success.
----------------------------------------
```

3. 参考书上例题,编写运行例 1.7~例 1.9,熟悉在 C 语言编程环境中调试程序。

四、绘制以下各问题的流程图

1. 输入三个整数到 a、b、c 中,然后交换它们中的数,把 a 中的值赋给 b,b 中的值赋给 c,c 中的值赋给 a,然后输出 a、b、c。

2. 输入两个整数 1200 和 370,求出它们的商和余数,然后输出。

3. 输入一个实数 1.245678,将该数进行四舍五入运算后,保留两位小数,输出 1.25。

4. 输入一个整数,判断它是奇数还是偶数,并输出结果。

5. 输入三个整数到 a、b、c 中,输出其中的最大值。

6. 输出 2000—3000 年所有的闰年,每输出十个年号换一行。

7. 输入十名学生的分数,统计并输出最高分和最低分。

第2章

chapter 2

C 语言基础知识

C 语言基础知识是整个 C 语言程序设计的基石。掌握、吸收和内化 C 语言基础知识后才能够灵活应用于编程实践。

内容导读:

- 掌握 C 语言标识符命名规则。
- 认识 C 语言的数据类型,掌握数据类型的自动转换及强制转换。
- 掌握 C 语言的输入输出函数。
- 掌握变量、常量的定义及使用。
- 掌握算术运算符、赋值运算符、自增/自减运算符及其表达式。
- 掌握求字节运算符、逗号运算符。

2.1 C 语言标识符

C 语言的字符集包括大、小写英文字母(A～Z 和 a～z)、数字(0～9)和其他符号(+、−、*、/、%、=、& 等)。C 语言使用字符集中的字符来构造具有特殊意义的符号,如变量、常量、函数、关键字、运算符、标识符和分隔符等。

C 语言标识符(**identifier**)的命名规则:标识符由字母、数字、下画线组成,并且第一个字符必须是字母或者下画线。

合法的标识符:Eare、eare、PI、a_array、_zh、w345。

非法的标识符:3a、♯abc、a<b、! s、3_a。

C 语言的标识符分为以下三类。

1. 关键字

关键字(**keyword**)是指 C 语言预先规定的一批标识符,它们在程序中代表固定的含义,不能另作他用。美国国家标准学会(ANSI)规定了 37 个关键字,如表 2-1 所示。

表 2-1 C 语言的关键字

序号	关 键 字	举 例
1	数据类型关键字(12 个)	char、short、long、int、float、double、signed、unsigned、void、struct、union、enum
2	存储类型关键字(4 个)	auto、extern、register、static

续表

序号	关　键　字	举　　例
3	控制语句关键字(12 个)	if、else、switch、case、default、do、while、for、continue、break、return、goto
4	其他关键字(4 个)	const、sizeof、typedef、volatile
5	C99 新增的关键字(5 个)	inline(内联函数)、restrict(限制)、_Bool(布尔类型)、_Complex(复数)、_Imaginary(虚数)

2. 预定义标识符

预定义标识符是指在预先定义并具有特定含义的标识符,如 C 语言提供的库函数名(如 printf、scanf)和编译预处理命令(如 include、define)等。目前,各种计算机系统的 C 语言都一致把这类标识符作为固定的库函数名或编译预处理中的专门命令使用,为了避免误解,建议用户不要把这些预定义标识符另作他用。

3. 用户标识符

用户标识符是指用户根据需要自定义的标识符。用户标识符一般用于为变量、常量、函数、数组等命名。程序中使用的用户标识符除要遵循标识符的命名规则外,还应注意做到"见名知义",即选择具有一定含义的英文单词或缩写来命名,以增加程序的可读性。

注意:

(1) 不能使用关键字作为用户标识符。

(2) 标识符命名时,注意区分易混字符,如 I 和 1、o 和 0 等。

(3) 标识符区分大小写英文字母。

2.2　C 语言的数据类型

程序的主要功能是处理数据,那么 C 语言能够处理哪些类型的数据? 计算机是如何表示和存储数据的呢? 图 2-1 为 C 语言支持的数据类型(**data type**),分为四类: 基本类型、构造类型、指针类型和空类型。

本章主要介绍基本类型,其余数据类型将在第 5、7、9 章中进行介绍。

1. 字符型

字符型数据是将该字符相应的 ASCII 码放到存储单元中。不同字符型数据的取值范围如表 2-2 所示。(注: 字符的 ASCII 码表详见附录 A)

表 2-2　字符型数据表

名　　称	数据类型描述符	存储空间/B	取　值　范　围
有符号字符型	〔signed〕char	1	−128～+127
无符号字符型	unsigned char	1	0～255

2. 整型

整型数据在取值范围内都是精确存储,不同整型数据的取值范围如表 2-3 所示。

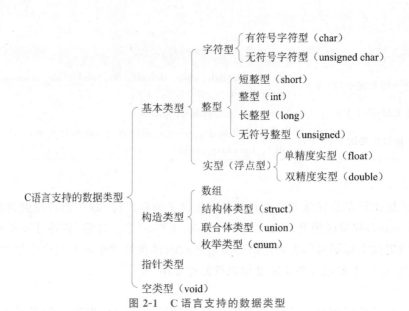

图 2-1　C 语言支持的数据类型

表 2-3　整型数据表

名　　　称		数据类型描述符	存储空间/B	取 值 范 围
有符号整型	基本型	[signed] int	2(C 编译系统)	−32 768～+32 767
			4(Visual C++ 编译系统)	−2 147 483 648～2 147 483 647
	短	[signed] short int	2	−32 768～+32 767
	长	[signed] long int	4	−2 147 483 648～2 147 483 647
无符号整型	基本型	unsigned	2(C 编译系统)	0～65 535
		unsigned int	4(Visual C++ 编译系统)	0～4 294 967 295
	短	unsigned short	2	0～65 535
	长	unsigned long	4	0～4 294 967 295

3. 实型

实型数据由于小数的存储空间有限,不能精确存储,不同实型数据的取值范围和精度(有效数字)如表 2-4 所示。

表 2-4　实型(浮点型)数据表

名　　　称	类型描述符	存储空间/B	取 值 范 围	有效数字(十进制的位)
单精度实型	float	4	$\pm(10^{-37} \sim 10^{38})$	7 位
双精度实型	double	8	$\pm(10^{-307} \sim 10^{308})$	16 位

注意:

(1) C 语言的输出方式是忽略超过存储空间进位的数据结果,所以数据溢出,即数据超出范围时,C 语言不容易发现这类错误。例如,执行语句"printf("%d", 2147483647＋1);",输出为−2147483648。显然输出的结果与真实结果完全背离,因此在编程时一定要认真分析实际问题中数据可能的范围,并以此来选择数据类型。

(2) 数据类型定义后,该类型数据的存储空间大小、存储方式、数据运算(操作)规则、取值范围和精度便确定了。

（3）表 2-2～表 2-4 列出了 C 语言常用的数据类型，除此之外，整型还有 long long int、unsigned long long int（长长整型），实型还有 long double（长双精度实型），读者可根据实际需要自行查阅相关资料。

【例 2.1】　阅读以下程序，根据运行结果理解不同数据类型在内存中所占字节数的差异。

说明：本例使用的 printf() 函数详见 2.3.1 节，sizeof 运算符详见 2.5.5 节。

理解数据
类型所占
的字节

```
1.    #include <stdio.h>
2.    int main()
3.    {
4.        printf("char:   %u 字节\n", sizeof(char));     //%u 表示输出无符号整数
5.        printf("int:    %u 字节\n", sizeof(int));      //sizeof 是求字节运算符
6.        printf("float:  %u 字节\n", sizeof(float));
7.        printf("double: %u 字节\n", sizeof(double));
8.        return 0;
9.    }
```

程序运行结果：

```
char:   1字节
int:    4字节
float:  4字节
double: 8字节
```

分析：程序中使用的 %u 是无符号整数的格式说明符。sizeof 是求字节运算符，其功能是计算某对象在内存中所占的字节数。

2.3　输入输出函数

本节介绍 C 语言的标准输入输出库函数，重点掌握 printf()、scanf() 函数的使用。它们是程序设计中最常用的库函数，因为任何程序都必须有输出，根据输出结果以验证程序的正确性，而对于输入，并不是所有程序都必需的。

说明：本节涉及变量、常量、运算符的相关内容，详见 2.4、2.5 节。

2.3.1　格式化屏幕输出函数 printf()

printf() 为格式化屏幕输出函数，其功能是将程序的运行结果显示在计算机屏幕上。这是学习 C 语言最先接触的库函数，也是一个需要重点掌握的库函数。以下为其调用格式：

printf("格式控制串",输出项列表);

printf() 函数的参数包括格式控制串和输出项列表，二者之间用逗号隔开。格式控制串用于指定输出数据的格式，输出项列表是所要输出的数据项。（说明：输出项列表根据实际情况可缺省）

1. 格式控制串

格式控制串包含普通字符、格式说明符、转义字符三种符号，由双引号括起来。

（1）普通字符——原样输出的字符。中英文皆可，主要达到说明的功能。

（2）格式说明符——以％开头的符号，控制输出数据的格式。以下为格式说明符的一般形式：

％[标志][宽度修饰符][.精度][长度]格式字符

其中，方括号里是可选项，"格式字符"是必选项，各项的意义如下。

① ％——表示格式说明符的开始。

② 标志——有＋、一、♯、空格四种，其意义如表 2-5 所示。

表 2-5　格式控制串中的标志

标　　志	意　　　　　义
＋	输出结果右对齐，左边补空格。正数、负数都输出符号
一	输出结果左对齐，右边补空格。正数不输出正号
♯	在输出 o 类八进制整数时加前导 0，在输出 x 类十六进制整数时加前导 0x 或者 0X，对 d、u、c、s 类无影响
空格	输出值为正数时冠以空格，输出值为负数时冠以负号

③ 宽度修饰符——十进制整数，表示数据输出的宽度。如％md 表示输出整数占 m 个字符的宽度。

④ 精度——十进制整数。如果输出实数，表示小数点后的位数；如果输出字符，表示输出字符的个数。如％.nf 表示输出实数时小数点后保留 n 位。

⑤ 长度——有 h、l 两种。h 表示短整型，l 表示长整型或双精度实数。

- h：只用于将整数修正为 short 型，如％hd、％hx、％ho、％hu 等。
- l：对整数指 long 型，如％ld、％lx、％lo、％lu；对实数指 double 型，如％lf。

⑥ 格式字符——有 d、o、x、u、c、f、e、g、s 等，表示输出数据的格式，其意义如表 2-6 所示。

表 2-6　格式控制串中的格式字符

数据类型	格式字符	意　　　　　义
整型	d	输出十进制形式的带符号整数（正数不带符号）
	u	输出十进制形式的无符号整数
	o	输出八进制形式的无符号整数（不带前导 0）
	x、X	输出十六进制形式的无符号整数（不带前导 0x）。x 是指字母 a～f 小写显示，X 是指字母 A～F 大写显示
实型	f	输出十进制小数形式的单、双精度实数（默认 6 位小数）
	e、E	输出指数形式的单、双精度实数。e 是指字母 e 小写显示，E 是指字母 E 大写显示
	g、G	自动选择％f 或％e 中较短的形式输出单、双精度实数，不输出无效 0
字符型	c	输出单个字符
字符串	s	输出字符串

（3）转义字符——以\开头的字符。如换行用\n,横向跳格用\t 等。

例如：

int age = 18;
printf("我今年有 %d 岁\n", age);

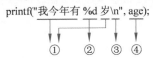
① ② ③ ④

① 普通字符：原样输出
② 格式说明符：%d表示输出整数
③ 转义字符：\n表示换行
④ 输出项：对应%d

以上 printf()语句的输出结果为"我今年有 18 岁",双引号内的格式控制串包含了①
普通字符"我今年有"和"岁"、②格式说明符%d、③转义字符\n。

2. 输出项列表

输出项列表可以是变量、常量、表达式、函数调用等形式。输出项对应格式控制串里的
格式说明符,即有几个格式说明符就有几个输出项,它们之间需保持类型、顺序的一致性。

例如：

char x = 'A';　　　　int y = 10;　　　float z = 2.3;
printf("x = %c, y = %d, z = %f\n", x, y, z);

以上 printf()语句的输出结果为"x ＝ A，y ＝ 10，z ＝ 2.300000",双引号内的三个
格式说明符%c、%d、%f 分别对应输出项 x、y、z,依次输出字符、整数、实数。

【例 2.2】　给定两个整数,求它们的和,并输出结果。

```
1.  #include <stdio.h>
2.  int main()
3.  {
4.      int a = 5, b = 6, sum;              //定义三个整型变量,并为变量a、b 赋初值
5.      sum = a + b;                        //求和
6.      printf("求和:%d + %d = %d\n", a, b, sum);        //输出结果
7.      return 0;
8.  }
```

printf()函数
的基本使用

程序运行结果：

求和: 5 + 6 = 11

分析：

本例的输出语句printf("求和: %d + %d = %d\n", a, b, a + b);

普通字符　　格式说明符　转义字符　　输出项列表(对应
　　　　　　　　　　　　　　　　　　三个格式说明符)
　　　　　　格式控制串

【例 2.3】　举例 printf()函数输出各种格式的数据。

```
1.  #include <stdio.h>
2.  int main()
3.  {
4.      char a = 'A';                       //定义字符变量
```

printf()函数
的输出格式

```
5.        int b = 9;                              //定义整型变量
6.        float c = 12.3;                         //定义单精度实型变量
7.        double d = 34.56;                       //定义双精度实型变量
8.        printf("输出不同类型的数据:a = %c, b = %d, c = %f, d = %lf\n", a, b, c, d);
9.        printf("控制输出的宽度精度:%8c, %8d, %8.2f\n", a, b, c);
10.       printf("控制输出的左右对齐:%8d, %-8d\n", b, b);
11.       printf("使用 0 进行空位填充:%08d\n", b);
12.       printf("使用+显示正数的正号:%0+8.2f\n", c);
13.       return 0;
14.  }
```

程序运行结果：

```
输出不同类型的数据: a = A, b = 9, c = 12.300000, d = 34.560000
控制输出的宽度精度:         A,        9,       12.30
控制输出的左右对齐:         9, 9
使用0进行空位填充 : 00000009
使用+显示正数的正号: +0012.30
```

分析：

（1）程序第 4～7 行定义了不同数据类型的变量，char、int、float、double 分别对应字符型、整型、单精度实型、双精度实型。

（2）程序第 8 行的 %c、%d、%f、%lf 分别为输出 char 型、int 型、float 型、double 型数据的格式说明符。其中，实数输出时默认小数位数为 6 位。

（3）程序第 9 行的 %8c 表示字符输出的宽度为 8b，右对齐，左侧补空格。

（4）程序第 10 行的 %-8d 表示整数输出的宽度为 8b，左对齐，右侧补空格。

（5）程序第 11 行的 %08d 表示整数输出的宽度为 8b，右对齐，左侧空位填充 0。

（6）程序第 12 行的 %0+8.2f 表示输出实数的宽度为 8b，小数点后面保留 2 位，右对齐，左侧补 0，如果是正数就显示正号。

2.3.2　格式化键盘输入函数 scanf()

scanf()称为格式化键盘输入函数，其功能是从键盘输入数据。以下为其调用格式：

scanf("格式控制串",输入项地址列表);

scanf()函数的参数包括格式控制串和输入项地址列表，二者之间用逗号隔开。格式控制串用于指定输入数据的格式，输入项地址列表是输入数据存储单元的地址项。（说明：地址项由取地址运算符 & 和变量名构成，各地址项之间用逗号隔开）

注意区分 **printf()** 函数和 **scanf()** 函数的格式控制串。**printf()** 函数的格式控制串里包含 **3** 种字符（普通字符、格式说明符、转义字符），而 **scanf()** 函数的格式控制串里只包含 **2** 种字符（普通字符、格式说明符）。

（1）普通字符——原样输入的字符。

（2）格式说明符——以 % 开头的符号，控制输入数据的格式。

示例 1：以下语句输入一个整数，放到变量 x 中。

```
int x;
scanf("%d", &x);                    //变量 x 前面的 & 称为取地址运算符,不能缺省
```

示例 2：以下语句输入两个实数，放到变量 x、y 中。

```
float x, y;
scanf("%f,%f", &x, &y);        //输入的两个实数之间必须以逗号隔开,逗号是格式控制串
                               //中的普通字符,必须原样输入
```

注意：

（1）scanf()函数格式控制串里的格式说明符与 printf()函数类似，如表 2-7 所示。

（2）scanf()函数格式控制串里的普通字符必须原样输入。

（3）scanf()函数输入项地址列表中的每个地址项的写法是"& 变量名"。

表 2-7　scanf()函数的格式字符

数据类型	格式字符	意　　义	举　　例
整型	d	输入十进制形式的带符号整数	int x;　　　scanf("%d", &x);
	u	输入十进制形式的无符号整数	unsigned int x;　scanf("%u", &x);
	o	输入八进制形式的整数	int x;　　　scanf("%o", &x);
	x、X	输入十六进制形式的整数	int x;　　　scanf("%x", &x);
	ld、lu、lo、lx	输入长整型数据	long x;　　scanf("%ld", &x);
	hd、ho、hx	输入短整型数据	short x;　　scanf("%hd", &x);
实型	f、e、E、g、G	输入十进制小数形式或者指数形式的单精度实数	float x;　　scanf("%f", &x);
	lf、le、lE、lg、lG	输入十进制小数形式或者指数形式的双精度实数	double x;　　scanf("%lf", &x);
字符型	c	输入单个字符	char x;　　scanf("%c", &x);
字符串	s	输入字符串	char x[50];　scanf("%s", x);

【例 2.4】　输入两个整数，求它们的和。

scanf()函数
的基本使用

```
1.  #include <stdio.h>
2.  int main()
3.  {
4.     int a, b, sum;
5.     printf("请输入两个整数:");
6.     scanf("%d,%d", &a, &b);        //输入两个整数,以逗号分隔,存入变量 a、b 中
7.     sum = a + b;                   //求和
8.     printf("求和:%d + %d = %d\n", a, b, sum);    //输出结果
9.     return 0;
10. }
```

程序运行结果：

```
请输入两个整数：5, 6
求和：5 + 6 = 11
```

分析：

（1）程序第 6 行 scanf("%d,%d", &a, &b);输入两个整数时需用逗号分隔。

（2）比较例 2.2 与例 2.4，两个例题给出了为变量赋值的不同方法。例 2.2 是用初始

化的方式为变量赋值；例 2.4 是用键盘输入的方式为变量赋值。

敲重点：

scanf()函数使用时有多处需要注意的问题，下面对其进行说明。

（1）关于原样输入普通字符的问题。如果 scanf()函数的格式控制串中有普通字符，必须原样输入普通字符，如果未原样输入，则会导致数值输入异常。例 2.4 中第 6 行的 scanf()函数有多种写法，如表 2-8 所示。

表 2-8   scanf()函数的不同写法对应不同格式的输入

输入语句	输入格式	说　　明
scanf("%d,%d", &a, &b);	5, 6	格式控制串是"%d,%d"，两个%d 之间有逗号，逗号是普通字符，必须原样输入
scanf("%d%d", &a, &b);或者 scanf("%d　%d", &a, &b);	5 6	如果多个%d 连在一起，或者中间加空格，则输入数据时，用空格隔开各数值
scanf("a=%d, b=%d", &a, &b);	a=5, b=6	格式控制串是"a=%d, b=%d"，普通字符有"a=，b="，必须原样输入

（2）关于不能加转义字符的问题。scanf()函数的格式控制串中不能有转义字符，如误加\n，将会导致输入异常。如果将例 2.4 的第 6 行写成如下形式"scanf("%d,%d\n", &a, &b);"，将无法正常输入数值。

（3）关于输入项地址的写法。scanf()函数的输入项地址通常为"& 变量名"，如果漏写 &，会导致程序运行出错。如果将例 2.4 的第 6 行写成如下形式"scanf("%d,%d", a, b);"，将无法正常输入数值。

进一步地，学习完第 7 章后，如果输入项地址为指针，则不需要加 &。

（4）printf()函数与 scanf()函数在使用中有较多易混知识点，详见表 2-9。

表 2-9   比较 printf()函数和 scanf()函数在使用格式上的区别

比较内容	printf()函数	scanf()函数
调用格式	printf("格式控制串"，输出项列表);	scanf("格式控制串"，输入项地址列表);
格式控制串的比较	格式控制串有 3 种字符： ① 普通字符——原样输出； ② 格式说明符——以%开头； ③ 转义字符——以 \ 开头	格式控制串有 2 种字符： ① 普通字符——必须原样输入； ② 格式说明符——以%开头
输入输出项的比较	输出项是数值，通常为表达式、变量、函数调用等形式	输入项是地址，一般是"& 普通变量名"，或者是指针
实数使用时的区别	① 可使用%f、%lf、%e、%le、%E、%lE、%g、%lg、%G、%lG 等输出单精度实数或者双精度实数。 ② 可使用%m.nf、%m.nlf 控制实数输出的宽度和小数位数	① 输入单精度实数只能使用%f、%e、%E、%g、%G，输入双精度实数只能使用%lf、%le、%lE、%lg、%lG。 ② 只能使用%mf、%mlf 控制实数输入的宽度，不能控制小数位数

2.3.3   printf()和 scanf()函数常见错误

1. printf()函数常见错误举例

对初学者来说，printf()函数的使用是一个难点，问题多集中在格式控制串书写错误,以及格式说明符使用错误等方面,表 2-10 列举了一些 printf()函数的常见错误。

表 2-10　printf()函数常见错误

错 误 示 例	解　　析	正确的写法
printf("x = %d\n, x");	格式控制串必须用双引号括起来,输出项不能放在双引号内	printf("x = %d\n", x);
printf("x=%f y=%f\n" x y);	格式控制串与输出项列表之间,以及各输出项之间,都必须以逗号分隔	printf("x=%f y=%f\n", x, y);
int x = 10; printf("x = \n", x);	格式说明符应与输出项一一对应	int x=10; printf("x = %d\n", x);
int x = 10, y = 20; printf("x=%d, y=%d\n", x);	格式控制串里有两个%d,需对应有两个输出项	int x=10,y=20; printf("x=%d, y=%d\n", x, y);

2. scanf()函数常见错误举例

对初学者来说,scanf()函数使用中出现的问题往往比 printf()函数还多,问题多集中在格式说明符使用错误、输入项地址书写错误及未按要求输入普通字符等方面,表 2-11 列举了一些 scanf()函数的常见错误。

表 2-11　scanf()函数的常见错误

错误类别	错 误 示 例	错 误 解 析	正确的写法
实数输入错误	float x; scanf("%lf", &x);	输入 float 型数据时应使用%f	float x; scanf("%f", &x);
	double x; scanf("%f", &x);	输入 double 型数据时应使用%lf	double x; scanf("%lf", &x);
	float x; scanf("%5.2f", &x);	输入实数时,不能对小数位数进行控制,只能控制实数的宽度	float x; scanf("%5f", &x);
字符输入错误	char x, y; scanf("%c%c", &x, &y); 错误的输入:A B	两个%c 之间没有空格,输入时不能加空格	正确的输入:AB
	int x;　　char y; scanf("%d%c", &x, &y); 错误的输入:10 A	%d 和%c 之间没有空格,输入时不能加空格	正确的输入:10A
书写格式错误	scanf("%d", x);	输入项地址缺少取地址运算符 &	scanf("%d", &x);
	scanf("%d,&x");	双引号位置不正确	scanf("%d", &x);
	scanf("%d", &x);	使用了中文格式的双引号	scanf("%d", &x);

2.3.4　其他输入输出函数

C 语言除了常用的格式化输入输出函数外,还提供了单个字符的输入输出函数。

1. getchar()函数和 putchar()函数

getchar()函数和 putchar()函数是 C 语言专门为输入输出单个字符而提供的。

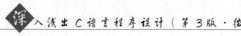

getchar()函数的原型是 int getchar()，putchar()函数原型是 int putchar(char ch)，以下
为其使用格式：

```
ch = getchar();
putchar(ch);
```

getchar()函数的功能是读入一个字符，放入字符变量 ch 中。getchar()函数没有参
数，读入的字符通过返回值的形式赋给 ch。

putchar()函数的功能是将 ch 对应的一个字符输出到标准输出设备（如显示器）上。
其中，ch 可以是一个字符变量、字符常量、字符的 ASCII 码、转义字符等。

2. getche()函数和 getch()函数

getche()函数和 getch()函数的功能也是读入单个字符，容易与 getchar()函数相混
淆。getche()函数和 getch()函数是从控制台直接读取一个字符，无须输入换行即可读入
字符；而 getchar()函数是从输入输出字符流中读取一个字符，必须输入换行才能读入
字符。

getche()函数和 getch()函数的格式：

```
ch = getche();
ch = getch();
```

注意：

（1）getche()函数和 getch()函数对应的头文件是 conio.h。

（2）getche()函数的特点是将读入的字符回显到显示屏上。

（3）getch()函数的特点是读入的字符不回显到显示屏上。

2.4　常量和变量

程序设计的主要目的是处理数据，数据在程序中以常量（constant）和变量（variable）
的形式出现。

2.4.1　常量

常量是在程序运行过程中其值不可改变的量，分为整型常量、实型常量、字符常量、
字符串常量和符号常量五大类。常量的类型由其书写形式和范围决定。

1. 整型常量

整型常量由数字构成，分为十进制（decimal）、八进制（octal）、十六进制（hexadecimal）
三种形式，如表 2-12 所示。如果整型常量加上后缀 L 或 l 表示长整型常量，加上后缀 U
或 u 表示无符号整型常量。

表 2-12　整型常量的分类

分　　类	构　成　方　式	合法形式举例
十进制整数	基本数字 0~9	110、139L、32769U
八进制整数	以数字 0 打头，基本数字 0~7	037、010L、−026、0776

分　类	构　成　方　式	合法形式举例
十六进制整数	数字 0 和字母 X(大小写均可)打头,即 0X 或 0x;基本数字 0~9,而 10~15 记为 A~F	0X331、0X0、0x3AC0、−0xaf

注意：C 语言的整型常量没有二进制形式。

2. 实型常量

实型常量也称实数或浮点数(**floating-point number**)。C 语言规定,实数只有十进制形式,实型常量没有单、双精度之分,都按双精度(double)型处理。

实型常量由数字、小数点和常量后缀(F 或 f 表示单精度实数)构成。它有两种表示形式——小数形式和指数形式,如表 2-13 所示。

表 2-13　实型常量的分类

分类	构　成　方　式	合法形式举例
小数形式	数字 0~9 和小数点组成(也可加后缀 f 或 F)	0.0、−45.67、234F、67f、25.0(也可表示为 25.)、0.13(也可表示为 .13)
指数形式	尾数(a)＋ 字母 e 或 E　＋ 阶码(n)组成。C 语言表达式为 a E n,数学含义为 $a \times 10^n$。尾数 a 为十进制数;e 或 E 为指数标志,其两侧必须要有数,且右侧必须为整数;n 为阶码,只能为十进制整数,可以带符号	2.1E5(表示 2.1×10^5)、3.7e−2(表示 3.7×10^{-2})

注意：数学意义上的常量在程序设计语言中不一定是常量,如 $1/2$、π、e(自然数)等。特别是 23%,在程序设计语言中既不是常量,也不是 2.5 节介绍的表达式。

3. 字符常量

字符(**character**)常量是由单引号括起来的一个字符(单引号为定界符),包括一般字符和转义字符两种。

(1) 一般字符。

一般字符常量是键盘上的任意一个可显示字符,程序中将字符常量写在一对单引号内(单引号称为定界符)。例如,' * '、'A'、'7'、'&'等。

(2) 转义字符。

转义字符(**escape character**)包括不可显示字符和在 C 语言中具有特殊意义的字符。转义字符由反斜线、被转义字符和一对单引号组成。例如,'\n' 将 n 转义为不可显示的回车换行符。

转义字符也是一个单字符。表 2-14 为常用转义字符表。

表 2-14　常用转义字符表

符号序列	名　　称	符号序列	名　　称
\n	回车换行	\f	换页
\t	水平制表	\0	字符串结束标志
\b	退格	\'	单引号

续表

符号序列	名　　称	符号序列	名　　称
\r	回车不换行	\"	双引号
\\	反斜线	\xdd	十六进制 ASCII 码（0～FF）
\ddd	八进制 ASCII 码（0～377）		

（3）字符的存储。

程序中字符常量写在一对单引号内，定界符（单引号）不存储，只存储字符对应的 ASCII 码，每个字符占 1B。例如，字符 '0' 的 ASCII 码是 48，字符 'A' 的 ASCII 码是 65，字符 'a' 的 ASCII 码是 97，存储它们都占 1B。

注意：

① 对应大小写字母的 ASCII 码相差 32，它们之间可以相互转换。大写字母＋32→小写字母；小写字母－32→大写字母。

② 注意区别 '0' 和 '\0'：'0' 是数字字符，相当于 48；'\0' 是转义字符，相当于 0。

③ 数字字符和对应的数字可以相互转换：数字字符－48→数字；数字＋48→数字字符。例如，'2' 的 ASCII 码是 50，执行 '2'－48 得 2，即将数字字符 '2' 转换为对应的数字 2。

（4）字符的操作。

既然在内存中，字符型数据以 ASCII 码存储，它的存储形式就与整数的存储形式类似，使得字符型数据和整型数据之间可以通用。一个字符型数据既可以以字符形式输出，也可以以整数形式输出。

【例 2.5】　输入一个小写字母，将其转换为对应的大写字母，并将该字母以字符及 ASCII 码的形式输出。

大小写字
母的转换

```
1.   #include <stdio.h>
2.   int main()
3.   {
4.        char x, y;
5.        printf("请输入一个小写字母:");
6.        scanf("%c", &x);                    //输入小写字母
7.        y = x - 32;                          //小写字母转换为大写字母
8.        printf("小写字母:%c    %d\n", x, x);  //%c 输出字符,%d 输出 ASCII 码
9.        printf("大写字母:%c    %d\n", y, y);
10.       return 0;
11.  }
```

程序运行结果：

```
请输入一个小写字母：a
小写字母：a      97
大写字母：A      65
```

4. 字符串常量

字符串（string）常量是由双引号括起来的字符序列（双引号为定界符）。字符串常量可以包含 0 个或任意多个字符（可以是普通字符或转义字符）。其中，若出现双引号、反斜线或回车换行符等，必须用其转义字符（\"、\\、\n）表示。

例如,"123 C program"、"11.11％"、"123\nabc" 等都是合法的字符串常量。

特别地,如果双引号中没有字符,"" 称为空串。

字符串常量由任意多个字符组成,其长度不定,以转义字符 '\0' 作为结束标志。

下面说明两个容易混淆的概念:①字符串长度;②字符串在内存中所占的字节数。前者只统计第一个 '\0' 之前的有效字符个数;后者还要包含 '\0' 占用的一字节。

例如,字符串"a"长度为 1,它在内存中占 2B。字符串"ba\n\0cde"长度为 3,它在内存中占 4B。

有关字符串的详细内容见第 8 章。

5. 符号常量

符号常量(symbolic constants)是用编译预处理命令 ♯define 定义一个标识符,指代一个数据,使数据具有一定的意义。以下为符号常量定义的格式:

> **♯define** 标识符　常量数据

例如:

> ♯define　PI　3.14159

以上定义了符号常量 PI,指代数值 3.14159,为 3.14159 赋予实际意义,增加了程序的可读性。在程序预处理时,凡是标识符 PI 的地方,编译系统都将其替换为 3.14159。

说明:

(1) 以 ♯ 开头的命令行称为编译预处理命令,它不是语句,命令行末尾不能加分号。

(2) 符号常量名一般用大写字母,以区别通常使用小写字母的变量名。

【例 2.6】 输入圆半径,求圆面积和圆周长。

```
1.  #include <stdio.h>
2.  #include <math.h>              //包含数学头文件
3.  #define  PI  3.14159           //定义符号常量PI,也称宏定义
4.  int main()
5.  {
6.      double r, s, l;
7.      printf("请输入圆半径:");
8.      scanf("%lf", &r);          //输入圆半径
9.      s = PI * pow(r, 2);        //求圆面积
10.     l = 2 * PI * r;            //求圆周长
11.     printf("圆半径:%.2lf    圆面积:%.2lf    圆周长:%.2lf\n", r, s, l);
12.     return 0;
13. }
```

符号常量及数学函数的使用

程序运行结果:

```
请输入圆半径: 3.6
圆半径: 3.60    圆面积: 40.72    圆周长: 22.62
```

分析:

(1) 程序第 3 行为定义符号常量 PI,第 9、10 行为引用该符号常量。

(2) 程序第 9 行调用了数学库函数 pow(r, 2),其功能为求 r 的平方。数学函数对应的头文件是 math.h,在第 2 行使用 ♯include 命令包含该头文件。

(3) 表 2-15 为常用数学库函数,更多的数学库函数见附录 D。

表 2-15　常用数学库函数

函数名	功　　能	函数名	功　　能
pow(x, y)	计算 x^y 的值	log(x)	计算 ln x 的值，x 需大于或等于 0
sqrt(x)	计算 x 的平方根，x 需大于或等于 0	log10(x)	计算 lg x 的值，x 需大于或等于 0
fabs(x)	计算 x 的绝对值	sin(x)	计算 sin x 的值，x 为弧度值
exp(x)	计算 e^x 的值	cos(x)	计算 cos x 的值，x 为弧度值

2.4.2　变量

变量是在程序运行过程中其值可以改变的量，分为整型变量、实型变量、字符变量、指针变量等。

变量更本质的含义是数据的存储空间。变量之所以能改变，是因为变量存储空间里的数据可以被更改。

变量的存储空间开辟于内存中，无须清楚它具体的物理地址，只要知道变量的逻辑名称，即变量名就可以使用它。变量名是对数据存储空间的一个抽象，一方面代表存储空间，另一方面又代表其中存储的数值，因此通过变量名就可以引用或改变其中存储的数值。

1. 变量定义

变量必须先定义后使用。变量定义就是指定变量的类型，并为其开辟存储空间。编译系统在对程序进行编译时，根据变量定义的数据类型为其分配一定大小的存储空间，从而决定其存储数据的范围精度和参与运算的种类等。

以下为变量定义的一般格式：

类型标识符　变量名 1 [, 变量名 2, 变量名 3, …];

其中，类型标识符是 C 语言允许使用的有效数据类型，如 char、int、float、double 等。多个变量之间以逗号作为分隔符（**seperator**）。

例如：

```
char a;  int b;  double c;
```

以上定义了三个变量，其中变量 a 是字符型，占 1B，可存放字符；变量 b 是整型，占 4B，可存放整数；变量 c 是双精度实型，占 8B，可存放实数。

注意：

（1）变量类型的选择是根据其所存储数据的逻辑意义决定的。例如，工资一般是实型数据且不会太大，相关变量可定义为 float 型；年龄、身高等数据一般为整型且不会很大，相关变量可定义为 int 型。

（2）当整型数据较大时，可以考虑将其存放于双精度型变量中，如求"15!"，其值已超过 int 型或 long 型能够表示的数据范围，因此定义 double 型变量保存计算结果。

2. 变量赋值

变量定义后，编译系统根据数据类型为变量分配一定大小的存储空间，但是存储空间里的初值是随机数，使用随机数进行运算毫无意义，因此变量使用之前应为其赋有效初值。

例如：

```
int x = 10, y, z;
z =x + y;
```

由于变量 y 未赋值，其初值是随机数，于是求和结果也是随机数，这样的运算没有意义。

一般使用以下三种方法为变量赋初值。

（1）初始化：定义变量的同时为其赋初值，例如，"int a = 10;"。

（2）赋值语句：先定义变量，再使用赋值语句为变量赋值，例如，"int a; a = 10;"。（注意：＝为赋值运算符，并不是数学中的等于号。）

（3）键盘输入：调用 scanf() 等函数为变量输入初值，例如，"int a; scanf("%d", &a);"。

【例 2.7】　定义两个整型变量 a、b，并初始化数值，编程交换这两个变量的值。

思路：交换两个变量的值可比喻为交换两个杯子中的水，此时需要第三个空杯子。先将第一个杯子的水倒入第三个杯子，再将第二个杯子的水倒入第一个杯子，最后将第三个杯子的水倒入第二个杯子。

```
1.   #include <stdio.h>
2.   int main()
3.   {
4.       int a = 3, b = 5, t;            //t是中间变量，在交换数值时作暂存用
5.       printf("交换前:a = %d, b = %d\n", a, b);
6.       t=a;                           //三条首尾相接的语句实现变量a、b值的交换
7.       a=b;
8.       b=t;
9.       printf("交换后:a = %d, b = %d\n", a, b);
10.      return 0;
11.  }
```

交换两数

程序运行结果：

```
交换前：a = 3, b = 5
交换后：a = 5, b = 3
```

敲重点：

（1）一个变量仅有一个存储空间，如果变量被多次赋值，后面赋的值会覆盖前面的值。

例如：

```
int a;
a = 8;
a = 9;
a = a + 8;,
```

该程序段执行后，变量 a 的最终值是 17，在此过程中，变量 a 被赋值三次，每次赋的新值会覆盖旧值，执行语句"a = a + 8;"时，是将 9 + 8 的值赋给变量 a。

（2）赋值语句中可以为变量连续赋值，但是定义变量时不能连续初始化。

```
int a, b;   a = b = 10;              //合法,先定义两个变量,然后连续为它们赋值 10
int x = y = 10;                      //错误,应修改为 int x = 10, y = 10;
```

3. 常变量

C 语言还可以定义一种常变量,即程序中不可改变其值的变量。其定义的格式如下:

const　变量类型标识符　变量名 1 [, 变量名 2, 变量名 3,…];

由于常变量的值在程序中不能被改变,因此一般在定义时要为其赋初值。
例如:

```
const  float pi = 3.1415926;
float  r = 1.234;
```

2.5　运算符和表达式

2.5.1　运算符和表达式简介

C 语言有 48 个运算符,根据运算对象的数量分为单目运算符、双目运算符和三目运算符。

1. 运算符的优先级和结合性

运算符的优先级(precedence)是指不同的运算符选择运算对象的先后次序,优先级高的运算符先选择运算对象。运算符优先级的意义在于表明表达式的含义,而求值的执行次序则是编译器的自选动作。只要不违反表达式的含义,编译器可以按照预先设定的规则安排求值次序,编译器也没有义务告知它是按照什么次序求值的。

运算符的结合性(associativity)是指相同优先级的运算符在同一个表达式中,且没有括号时,运算符和操作数的结合方式,通常有从左到右结合和从右到左结合两种方式。

运算符利用它的优先级和结合性选择运算对象,进而确定表达式的含义。运算符的优先级和结合性表详见附录 C。

本章介绍算术运算符、赋值运算符、自增/自减运算符、求字节运算符、逗号运算符;第 3 章介绍关系运算符、逻辑运算符、条件运算符;第 7 章介绍与指针相关的运算符;第 11 章介绍位运算符。

2. 表达式

C 语言的表达式是指将一系列运算对象用运算符联系在一起构成的式子,对该式子进行运算后可得到相应的值。

C 语言中大多数运算符都是双目运算符,以下为双目运算符表达式的一般格式:

运算对象 1　双目运算符　运算对象 2

表达式有很多类型,以下列举了一些运算符构成的表达式。

(1) 变量、常量表达式,如 a、sum、1、0.5、PI。

(2) 算术表达式,如 a + b,a / b - c + 10。

(3) 赋值表达式,如 a = b,a *= b,a = b = 10,a = (b = 4) / (c = 2),i++。

（4）逗号表达式，如(10, a * b)，a ＋ 4。

（5）关系表达式，如 x ＝＝ y、x ！＝ y。

（6）逻辑表达式，如 10 ＆＆ 20、0 ‖ 1、(a ＞＝ 0) ＆＆ (a ＜＝ 100)。

对于复杂表达式，通过添加圆括号界定运算符的优先级，可以有效减少理解上的歧义。例如，表达式 x ＝ (y ＝ (a ＋ b)，z ＝ 10)，通过添加圆括号便一目了然地看出表达式中各运算符的执行次序。

3. 表达式值的类型

对表达式值的类型，C 语言规定如下。

（1）自动类型转换。

* 同类型数据运算结果类型不变，如整型与整型的运算结果一定是整型。

* C 语言支持不同类型数据的混合运算，运算结果取高一级的数据类型，这个规则称为数据类型的自动转换，如图 2-2 所示。例如，表达式 3 / 2 * 2.22 的值为 2.22。

（2）强制类型转换。

强制类型转换（casting）是指利用转换值类型运算符()，将运算对象的值转换为所需类型，并不改变操作数中变量本身的数据类型。其使用格式如下：

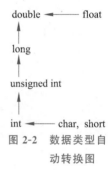

图 2-2　数据类型自动转换图

> **(类型名) 运算对象**

或

> **(类型名) (运算对象)**

如表达式(int)3.1415 把 3.1415 转换成整数 3。

2.5.2　算术运算符及表达式

算术运算符（arithmetic operator）有五个：＋（加运算符）、－（减运算符）、*（乘运算符）、/（除运算符）、％（求余运算符）。表 2-16 为算术运算符的优先级及结合性。

表 2-16　算术运算符的优先级及结合性

运算符	功　能	举　例	运算结果	优先级	结合性
－	取相反数(一元)	－2 －(－2)	－2 2	最高	自右向左
*	乘法(二元)	3 * 4	12	同级 (较低)	自左向右
/	除法(二元)	3 / 4 3.0 / 4	0 0.75		
％	求余(二元)	5 ％ 6 (－5) ％ 6	5 －5		
＋	加法(二元)	7 ＋ 8	15	同级 (最低)	自左向右
－	减法(二元)	7 － 8	－1		

敲重点：

（1）乘运算符在 C 语言中不能省略，这一点不同于数学上的规定。

（2）除运算符的特点：①如果被除数和除数都是整数，则相除结果取整。②如果被除数和除数至少有一个是实数，则相除结果是实数。

例如：已知 f、h 分别代表三角形的底和高，下面求三角形面积的语句正确吗？

s = 1 / 2 * f * h;

说明：该语句错误，因为 1 / 2 值为 0，可以修改为"s = 1.0 / 2 * f * h;"。

（3）求余运算符（也称取模运算符）的特点：其两侧的操作数必须为整数。例如，5 % 3 值为 2，但是如果写成 5.0 % 3，则属于语法错误。

（4）将除运算符和求余运算符配合使用，作用于整数，可提取整数中的各位数。

【例 2.8】　输入一个三位正整数，使用除运算符和求余运算符提取这个整数的百位数、十位数、个位数。

提取整数
的各位数

```
1.   #include <stdio.h>
2.   int main()
3.   {
4.       int x, a, b, c;
5.       printf("请输入一个三位正整数:");
6.       scanf("%d", &x);
7.       a = x / 100;                    //提取百位数
8.       b = x / 10 % 10;               //提取十位数,也可以写成"b = x % 100 / 10;"
9.       c = x % 10;                    //提取个位数
10.      printf("百位数:%d  十位数:%d  个位数:%d\n", a, b, c);
11.      return 0;
12.  }
```

程序运行结果：

```
请输入一个三位正整数：359
百位数：3    十位数：5    个位数：9
```

有关算术表达式的一些说明：

（1）数学中的表达式用()、[ ]、{ }界定优先级的层次，而 C 语言的表达式不论优先级有几个层次，均使用()。

（2）C 语言支持不同类型数据的混合运算，但计算时要将低精度的类型转换为高精度后才运算。考虑到运行效率，应尽可能减少这种转换。

例如，"float a, b = 3; a = b / 2;"就不如"float a, b = 3.0; a = b / 2.0;"效率高。

（3）书写表达式时要考虑计算结果的精度，特别是当较大的实数进行运算时。例如，假设 a、b、c 都是较大的实数，要计算表达式 a * b / c 的值，若先计算 a * b，则有可能会发生数据溢出或精度损失，但若将表达式写成 a / c * b，则可避免数据溢出或精度损失。

2.5.3　赋值运算符及表达式

赋值运算符（assignment operator）分为简单赋值运算符和复合赋值运算符。

1. 简单赋值运算符

=是简单赋值运算符，其使用格式如下：

> **变量名 = 表达式**

赋值运算符的功能是将右侧表达式的值赋值给左侧的变量,因此赋值运算符并不是数学中的等于号。

需要特别注意:赋值运算符左侧只能是变量名。因为只有变量拥有存储空间,可以把数值放进去。例如,表达式"a + b = c"或者"a = b + c = 10"都是非法的。

简单赋值表达式(如 a = b = c),由于赋值运算符的结合性是自右向左,该表达式可以理解为 a = (b = c),表示先执行 b = c,即把 c 的值赋给 b,再把 b 的值赋给 a。

2. 复合赋值运算符

+=、−=、* =、/=、%=、&=、|=、^=、<<=、>>= 是复合赋值运算符,其功能是赋值运算和算术运算的组合。下面举例了一些复合赋值运算符构成的表达式:

```
示例1: a += b          等价于    a = a + b
示例2: a *= b + c       等价于    a = a * (b + c)
示例3: a += a *= b      等价于    先执行 a = a * b,再执行 a = (a * b) + (a * b)
```

2.5.4　自增、自减运算符及表达式

++是自增(increment)运算符,−−是自减(decrement)运算符,它们的运算对象是变量。++的作用是使变量的值加 1,−−的作用是使变量的值减 1。

当++或−−运算符放在变量前面时,称为前缀(prefix)运算,其使用格式如下:

> **++变量名　　　或者　　　−−变量名**

例如,++x 是对变量 x 的前缀运算,表达式执行后,变量 x 的值自增 1。

如果++或−−运算符放在变量后面,称为后缀(postfix)运算,其使用格式如下:

> **变量名++　　　或者　　　变量名−−**

例如,x++是对变量 x 的后缀运算,表达式执行后,变量 x 的值自增 1。

不论前缀运算,还是后缀运算,变量的值都会自增或自减 1。那么前缀、后缀运算有何区别呢?

对前缀、后缀运算的比较:

(1) 如果表达式中仅有++或−−运算符,没有其他运算符,则前缀、后缀可以视为等同。

例如:

```
++i; 等价于   i++;    等价于       i += 1;
--i; 等价于   i--;    等价于       i -= 1;
```

(2) 如果表达式中除了++或−−运算符,还有其他运算符,则前缀、后缀的表达式值有区别。

假设有定义:

```
int x = 10, y;
```

执行语句"y = ++x;"后,x = 11,y = 11;

执行语句"y = x++;"后,x = 11,y = 10。

分析：执行语句"y = ++x;",前缀运算表达式 ++x 的值为 11,因此 y = 11,同时 x 自增为 11。执行语句"y = x++;",后缀运算表达式 x++ 的值为 10,因此 y = 10,同时 x 自增为 11。

（3）不论前缀运算还是后缀运算,变量的值都将更新为自增或自减后的值,因此 ++、-- 运算符具有赋值的功能,即 ++x 等价于 x = x + 1,--x 等价于 x = x - 1。

（4）假设有定义"int x = 3;",表 2-17 列出了几个易混表达式,注意区分变量的值和表达式的值。

表 2-17　比较变量的值和表达式的值

表达式	变量 x 的初值	变量 x 的最终值	表达式的值	等价形式	是否有赋值功能
++x	3	4	4	x = x + 1	是
x++	3	4	3	x = x + 1	是
x += 1	3	4	4	x = x + 1	是
x + 1	3	3	4		否

2.5.5　求字节运算符 sizeof

sizeof 是求字节运算符,也称求长度运算符,其功能是计算其运算对象在计算机内存中占用的字节数。sizeof 的运算对象可以是数据类型、变量、数组、指针等,其使用格式如下：

sizeof(运算对象)

例如：

```
char a;      int b;     float c;        double d;
printf("%d,  %d\n", sizeof(char), sizeof(a));        //输出 1, 1
printf("%d,  %d\n", sizeof(int), sizeof(b));         //输出 4, 4
printf("%d,  %d\n", sizeof(float), sizeof(c));       //输出 4, 4
printf("%d,  %d\n", sizeof(double), sizeof(d));      //输出 8, 8
```

说明：实际使用中,初学者容易将 sizeof 与求字符串长度函数 strlen() 相混淆,关于二者的比较,详见 8.4.1 节。需强调的是,sizeof 是运算符,而 strlen() 是库函数。

2.5.6　逗号运算符及表达式

逗号运算符也称顺序求值运算符。是优先级最低的运算符,结合性从左到右。由逗号运算符构成的表达式称为逗号表达式,以下为其使用格式：

表达式 1, 表达式 2, …, 表达式 n

逗号表达式的执行过程：按顺序依次计算表达式 1、表达式 2、……、表达式 n 的值,而表达式 n 的值将作为整个逗号表达式的值。

假设有定义：

```
int a = 10, b = 10, x, y;
```

执行语句"x = (++a, a++, a+1);"后, x = 13, a = 12。运算过程: 第 1 步执行 ++a,则 a = 11;第 2 步执行 a++,则 a = 12;第 3 步执行 a+1,表达式值为 13;第 4 步执行 x = 13。

执行语句"y = ++b, b++, b+1;"后, y = 11, b = 12。运算过程: 第 1 步执行 y = ++b,则 y = 11, b = 11;第 2 步执行 b++,则 b = 12;第 3 步执行 b+1,表达式值为 13。

2.6　本章小结

第 2 章知识
点总结

1. C 语言标识符

(1) 标识符的命名规则。标识符由字母、数字、下画线组成,并且第一个字符必须是字母或下画线。

(2) 标识符的分类。标识符分为关键字、预定义标识符、用户标识符。注意: 关键字和预定义标识符不能作为用户标识符。

2. C 语言的数据类型

C 语言的数据类型分为基本类型、构造类型、指针类型、空类型。其中,基本类型又分为字符型、整型、实型(也称浮点型)。

数据类型决定了该类型数据的存储空间大小和存储方式,进而决定了该类型数据的取值范围和精度。

3. 输入输出函数

(1) printf() 函数。

函数调用格式:

printf("格式控制串", 输出项列表);

printf() 函数的格式控制串中有三种字符: 普通字符、格式说明符、转义字符。

- 普通字符——原样输出的字符。
- 格式说明符——% [标志] [宽度修饰符] [.精度] [长度] 格式字符,其中着重掌握常用的格式字符 c、d、f、lf、s。
- 转义字符——以\开头的字符,常用的与格式控制相关的转义字符有\n、\t。

(2) scanf() 函数。

函数调用格式:

scanf("格式控制串", 输入项地址列表);

scanf() 函数的格式控制串中有两种字符: 普通字符、格式说明符。

- 普通字符——原样输入的字符。
- 格式说明符——以%开头的符号,使用方式同 printf() 函数的格式说明符。

(3) printf() 函数和 scanf() 函数在使用上的区别。

- printf() 函数的格式控制串中有三种字符(普通字符、格式说明符、转义字符),而

scanf()函数的格式控制串中有两种字符（普通字符、格式说明符，注意没有转义字符）。

- printf()函数格式控制串中的普通字符是原样输出的；scanf()函数格式控制串中的普通字符必须原样输入。

- 实数的格式说明符在 printf()函数与 scanf()函数使用中的区别，见表 2-9。

（4）putchar()函数和 getchar()函数。

getchar()函数和 putchar()函数是单个字符的专用输入、输出函数。

它们的调用格式：

```
putchar(ch);
ch = getchar();
```

（5）getche()函数和 getch()函数。

不属于标准输入输出函数，属于键盘输入函数，它们是从控制台直接读取一个字符，而不是从 I/O 字符流读取字符，这两个函数均不需要键入换行即可读取字符。

getche()函数的特点是输入字符带回显，getch()函数的特点是输入字符不带回显。

4. 常量和变量

（1）常量。

常量是在程序中其值不可改变的量。C 语言中的常量有整型常量、实型常量、字符常量、字符串常量、符号常量。

- 整型常量分为十进制、八进制、十六进制三种表示形式。注意没有二进制形式。
- 实型常量分为小数表示法和指数表示法两种表示形式。
- 字符常量是由单引号括起来的一个字符，分为一般字符和转义字符。
- 字符串常量是由双引号括起来的字符序列，可以有 0 个或任意多个字符，必须以转义字符\0 作为结束标志。
- 符号常量使用编译预处理命令♯define 进行定义。

（2）变量。

变量是在程序中其值可改变的量。变量必须先定义，后使用。变量定义后，编译系统为其在内存中分配一定大小的存储空间，用于存放数值，存储空间的大小由变量定义时的数据类型决定。

变量定义后如果未赋值，则初值是随机数，使用前应为其赋有效数值再参与运算。

变量的三种赋值方式：①初始化；②赋值语句；③键盘输入。

5. 运算符和表达式

（1）运算符的优先级和结合性用于确定表达式的运算顺序。

（2）算术运算符。

算术运算符：＋、－、＊、/、％。

- 乘运算符（＊）不能缺省，不同于数学上的规定。
- 除运算符（/）的特点：如果被除数和除数都是整数，则结果取整；如果被除数或除数有一个是实数，则结果为实数。
- 求余运算符（％）的特点：两侧的操作数必须都是整数。

（3）赋值运算符。

简单赋值运算符：＝。复合赋值运算符：＋＝、－＝、＊＝、/＝、%＝ 等。

赋值运算符的左侧必须是变量,其功能是将右侧表达式的值赋给左侧的变量。

复合赋值运算符具有两个运算符的功能。

（4）自增、自减运算符。

自增运算符：＋＋。自减运算符：－－。

它们的运算对象都是变量,其功能是让变量的值自增 1 或者自减 1。

若＋＋、－－运算符放在变量前面,称为前缀运算;放在变量后面,称为后缀运算。注意二者的区别。

（5）求字节运算符。

sizeof 是求字节运算符,其功能是计算某对象在内存中占用的字节数。注意它不是函数名。

（6）逗号运算符。

逗号运算符(,)是 C 语言中优先级最低的运算符。

由逗号运算符构成的表达式称为逗号表达式,其格式如下：

表达式 1, 表达式 2, …, 表达式 n

运算规则是自左向右依次执行每个表达式,最后一个表达式的值作为整个逗号表达式的值。

2.7　习　　题

一、选择题

1. C 语言中,合法的用户标识符是(　　　)。

  A. _A10　　　　　　B. aB.txt　　　　　　C. return　　　　　D. 3ab

2. 以下选项中可作为 C 语言合法常量的是(　　　)。

  A. －80.　　　　　　B. －080　　　　　　C. －8e1.0　　　　　D. －80.0e

3. 以下不合法的字符常量是(　　　)。

  A. '\18'　　　　　　B. '\" '　　　　　　C. '\\'　　　　　　D. '\xcc'

4. 以下关于 long、int 和 short 类型数据占用内存大小的叙述中正确的是(　　　)。

  A. 均占 4 字节

  B. 根据数据的大小来决定所占内存的字节数

  C. 由用户自己定义

  D. 由 C 语言编译系统决定

5. 若 x 是 char 型变量,y 是 int 型变量,x、y 均有值,正确的输出函数调用是(　　　)。

  A. printf("%c, %c", x, y);　　　　　　B. printf("%c, %s", x, y);

  C. printf("%f, %c", x, y);　　　　　　D. printf("%f, %d", x, y);

6. 执行以下语句后的输出结果是(　　　)。

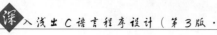

```
int x=12;
double y=3.141593;
printf("%d%8.6f", x, y);
```

  A. 123.141593   B. 12 3.141593

  C. 12，3.141593   D. 123.1415930

7. 若 x、y 都是 int 型变量，m、n 是 float 型变量，正确的输入函数调用为（   ）。

  A. scanf("%d, %d", x, y);   B. scanf("%f, %f", m, n);

  C. scanf("%d, %f", &x, &m);   D. scanf("%d, %f", &x, &y);

8. 若 x、y 都是 double 型变量，正确的输入函数调用为（   ）。

  A. scanf("%f%f", x, y);   B. scanf("%lf%lf", x, y);

  C. scanf("%f%f", &x, &y);   D. scanf("%lf%lf", &x, &y);

9. 已知 i、j、k 为 int 型变量，若输入：1,2,3＜回车＞，使 i 的值为 1、j 的值为 2、k 的值为 3，以下选项中正确的输入语句是（   ）。

  A. scanf("%2d%2d%2d", &i, &j, &k);

  B. scanf("%d %d %d", &i, &j, &k);

  C. scanf("%d,%d,%d", &i, &j, &k);

  D. scanf("i=%d,j=%d,k=%d", &i, &j, &k);

10. 有以下程序：

```
#include <stdio.h>
int main()
{
    int m, n, p;
    scanf("m=%dn=%dp=%d", &m, &n, &p);
    printf("%d %d %d\n", m, n, p);
    return 0;
}
```

若想输入数据，使变量 m 中的值为 123，n 中的值为 456，p 中的值为 789，则正确的输入是（   ）。

  A. m=123n=456p=789

  B. m=123 n=456 p=789

  C. m=123,n=456,p=789

  D. 123 456 789

11. 有以下程序：

```
#include <stdio.h>
int main()
{
    char c1, c2, c3, c4, c5, c6;
    scanf("%c%c%c%c", &c1, &c2, &c3, &c4);
    c5 = getchar();
    c6 = getchar();
    putchar(c1);
    putchar(c2);
    printf("%c%c\n", c5, c6);
```

```
    return 0;
}
```

程序运行后,若输入(从第 1 列开始)

```
123<回车>
45678<回车>
```

则输出结果是(　　　)。

    A. 1267　　　　　　B. 1256　　　　　　C. 1278　　　　　　D. 1245

12. 以下选项中正确的定义语句是(　　　)。

    A. double a；b；　　　　　　　　B. double a = b = 7；

    C. double a = 7，b = 7；　　　　D. double ，a，b；

13. C 程序中,不能表示的数制是(　　　)。

    A. 二进制　　　　　B. 八进制　　　　　C. 十进制　　　　　D. 十六进制

14. 若函数中有定义语句"int k；",则(　　　)。

    A. 系统将自动给 k 赋初值 0　　　　B. 这时 k 中值无定义

    C. 系统将自动给 k 赋初值−1　　　　D. 这时 k 中无任何值

15. C 程序中,运算对象必须为整型数据的运算符是(　　　)。

    A. ++　　　　　　B. %　　　　　　　C. /　　　　　　　D. *

16. 若变量均已正确定义并赋值,以下合法的 C 语言赋值语句是(　　　)。

    A. x = y == 5；　　　　　　　　B. x = n % 2.5；

    C. x + n = i；　　　　　　　　　D. x = 5 = 4 + 1；

17. 表达式 1 / 5 + 3 % 4 + 4.5 / 5 的值是(　　　)。

    A. 3.9　　　　　　B. 3.900000　　　　C. 1.100000　　　　D. 1.85

18. 执行以下语句后,变量 a、b 的值是(　　　)。

```
int a;
float b;
a = 10 / 3;
b = 10 % 3;
```

    A. 运行错误　　　　　　　　　　B. 3，1.000000

    C. 3，1　　　　　　　　　　　　D. 3.333333，1.000000

19. 将数学表达式 $\dfrac{ab}{c+df}$ 改写为 C 语言表达式,正确的是(　　　)。

    A. ab/(c+df)　　　　　　　　　B. a * b/c+d * f

    C. a * b/(c+d * f)　　　　　　　D. (a * b)/(c+d) * f

20. 数字字符 0 的 ASCII 值为 48,执行以下语句后,变量 b、c 的值是(　　　)。

```
char a = '1', b = '2';
int c;
b++;
c = b - a;
```

    A. '2'，2　　　　　　B. 50，2　　　　　　C. '3'，2　　　　　　D. 2，50

21. 以下程序的输出结果是（   ）。

```
#include <stdio.h>
int main()
{
    char c = 'z';
    printf("%c\n", c - 25);
    return 0;
}
```

    A. a   B. Z   C. z-25   D. y

22. 执行以下语句后，变量 a、b、c、d 的值是（   ）。

```
int m = 12, n = 34, a, b, c, d;
a = m++;
b = ++n;
c = n++;
d = ++m;
```

    A. 12 35 35 14   B. 12 35 35 13   C. 12 34 35 14   D. 12 34 35 13

23. 已知"int x = 10, y = 3;"，则语句"printf("%d, %d\n", x－－, －－y);"的输出结果是（   ）。

    A. 10，3   B. 9，3   C. 9，2   D. 10，2

24. 设有定义"int x＝2;"，以下表达式中，值不为 6 的是（   ）。

    A. x *＝ x＋1   B. x++, 2 * x   C. x *＝（1 + x）   D. 2 * x, x +＝ 2

25. 执行以下语句后，变量 x 的值是（   ）。

```
int a = 10, b = 20, c = 30, x;
x = (a = 50, b * a, c + a);
```

    A. 40   B. 50   C. 600   D. 80

26. 设有以下定义：

```
int a=0;
double  b=1.25;
char  c='A';
#define  d  2
```

则下面语句中错误的是（   ）。

    A. a++;   B. b++;   C. c++;   D. d++;

二、填空题

1. 执行以下语句后，变量 a 的值是＿＿＿＿＿＿＿。

```
int a, b;
a = a + b;
```

2. 假设 a、b 为整型变量，则将数学表达式 $\dfrac{1}{ab}$ 改写为 C 语言表达式是＿＿＿＿＿＿＿。

3. 若有定义"int x = 1, y = 1;"，则执行逗号表达式 y = 3, x++, x+5 后，该表达式的值是＿＿①＿＿，变量 x 的值是＿＿②＿＿，变量 y 的值是＿＿③＿＿。

4. 若有定义"int a = 13，b = 10;"，则执行语句"a ％= a － b;"后，变量 a 的值为_____。

5. 将数学表达式 $\sqrt{\dfrac{x^2+y^2}{xy}}$ 改写为 C 语言表达式为_____。

6. 以下程序运行后的输出结果是_____。

```
#include  <stdio.h>
int main()
{
    int x = 0123, y = 123;
    printf("%o, %o\n", x, y);
    return 0;
}
```

7. 以下程序的功能是输入圆半径 r，求圆面积 s，程序运行结果错误，请问出错的原因是_____。

```
#include  <stdio.h>
#define PI 3.14159
int main()
{
    float r, s;
    scanf("%f", &r);
    s = PI * r ^ 2;
    printf("s = %f\n", s);
    return 0;
}
```

8. 设 x、y、z 均为 int 型变量，请用 C 语言表达式描述下列命题。

① x 和 y 中有一个小于 z；C 语言表达式为_____。

② y 是奇数；C 语言表达式为_____。

③ x、y、z 中有两个为负数；C 语言表达式为_____。

三、程序改错题，指出以下程序的错误。

1.

```
#include stdio.h;
mian();
    float r, s,
    r = 5.0;
    s = 3.14159 * r ^ 2;
    printf("s = %f, s");
```

2.

```
Main
{
    float a, b, c, v;
    a = 2.0;    b = 0.0;    c = 4.0
    v = abc;
    print("v = %d\n", v);
}
```

四、编程题

1. 编程输出以下图形。

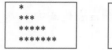

2. 已知两个整数 x 和 y，求 x 和 y 的和、差、积、商。

3. 已知圆半径，求圆周长和圆面积。

4. 编写程序，求圆锥的体积。已知圆锥的底面直径和高均为 10。

5. 编写程序，求两个电阻的并联电阻值和串联电阻值，输出结果保留两位小数。

6. 输入两个两位的整数，如 12 和 34，编程将它们组合为一个四位的整数 1324。

7. 输入三个数字字符，将它们分别转换为对应的整数值（即字符 '0' 转换为整数 0，字符 '1' 转换为整数 1，以此类推），然后求三个整数的平均值。

8. 计算多项式 $f = ax^3 + bx^2 + cx + d$ 的值，其中 a、b、c、d、x 都是实数，它们的初值从键盘输入。

第3章

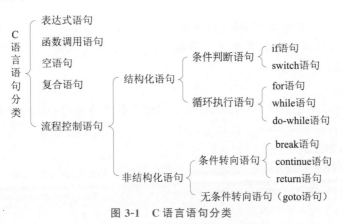

chapter 3

选 择 结 构

顺序结构、选择结构和循环结构是程序设计的三种基本结构,掌握了这三种基本结构,便可以设计解决任何复杂问题的程序。顺序结构是按书写顺序执行语句;选择结构是有条件地选择要执行的程序段;循环结构是有条件地重复执行循环体的程序段。前两章涉及的程序均为顺序结构的实例,本章介绍选择结构。

内容导读:

- 认识 C 语言的语句分类。
- 掌握关系运算符、逻辑运算符、条件运算符和表达式。
- 掌握选择结构的 if 语句,包括 if 语句的单分支、双分支、多分支和嵌套结构。
- 掌握选择结构的 switch 语句和条件表达式。

3.1　C 语言语句分类

C 程序的执行部分是由语句组成的,程序的功能也是由执行语句实现的,C 语言语句分类如图 3-1 所示。

图 3-1　C 语言语句分类

1. 表达式语句

表达式语句是指在表达式后面加一个分号所构成的语句,其格式如下:

表达式;

C 语言中有实际使用价值的表达式语句主要有三种：

（1）赋值语句。例如：

```
sum = a + b;
```

（2）自增、自减运算符构成的表达式语句。例如：

```
i++;
```

（3）逗号表达式语句。例如：

```
x = 1, y = 2;
```

2. 函数调用语句

函数调用语句是指在函数调用后面加一个分号所构成的语句，其格式如下：

函数名([参数表]);

例如：

```
printf("a=%d, b=%d\n", a, b);        //printf()是标准屏幕输出函数
x = sqrt(9.0);                       //sqrt()是求平方根的数学库函数
```

3. 空语句

空语句就是一个单独的分号，在语法上是一条语句。

空语句什么也不做，但是也要像其他普通语句一样被执行。在实际应用中，空语句放在循环体里可实现延时的功能。例如：

```
for(i = 1; i <= 100; i++)
{
    ;                                //循环体是空语句
}
```

以上代码段使用了循环结构（详见第 4 章），执行 100 次空循环，实现一定时间的延时。

注意：虽然空语句什么都不做，但是在程序中不能随意添加，如果在不适宜的地方添加了空语句，会引起语法错误或者逻辑错误，具体注意事项参看本书选择结构和循环结构中的有关说明。

4. 复合语句

复合语句是指用花括号将一条或若干语句包含起来的语句，其格式如下：

```
{
    [数据说明部分]
    执行语句;
}
```

例如：

```
{
    double l, s;                     //此变量为复合语句内的局部变量,作用域仅在复合语句内
    l = 2 * 3.14159 * r;
    s = 3.14159 * r * r;
}
```

注意：

（1）复合语句在语法上是一条语句，不能看作是多条语句。

（2）复合语句常用于流程控制语句（如 if 语句、switch 语句、for 语句、while 语句、do-while 语句）中，由于这些流程控制语句都只能自动结合一条语句，因此它们的语句体常写为复合语句的形式（流程控制语句是指选择结构和循环结构的语句）。

（3）复合语句内的各条语句都必须以分号结尾。

5. 流程控制语句

流程控制语句用于实现程序的各种结构方式，控制程序的流向。

流程控制语句有九种，分为以下三类：

（1）条件判断语句：if 语句、switch 语句。

（2）循环执行语句：for 语句、while 语句、do-while 语句。

（3）转向语句：break 语句、continue 语句、return 语句、goto 语句（该语句不提倡使用）。

C 语言提供顺序、选择和循环三种结构化语句来控制程序的执行流程。

3.2　条件判断表达式的设计

C 语言提供了关系运算符和逻辑运算符，用于书写具有条件选择的表达式，从而实现程序的选择结构和循环结构，构成流程控制语句。

关系运算和逻辑运算的结果只能是逻辑值真或假，由于 C 语言中没有逻辑型数据，于是使用 **1** 表示逻辑真，**0** 表示逻辑假，因此关系表达式和逻辑表达式的值只有 1 和 0 两种结果。

3.2.1　关系运算符及表达式

1. 关系运算符

关系运算是对两个运算对象进行大小比较的运算，其实际是比较运算。C 语言提供了 6 个关系运算符（**relation operator**），如表 3-1 所示。

表 3-1　关系运算符

运　算　符	名　　称	优　先　级		运算对象的数量	结　合　性
＞	大于	较高	优先级相同	双目	自右向左
＞=	大于或等于				
＜	小于				
＜=	小于或等于				
==	等于	较低	优先级相同		
!=	不等于				

2. 关系表达式

以下为关系表达式的一般格式：

| 表达式 1 | 关系运算符 | 表达式 2 |

以下是一些关系表达式的实例，假设有定义：

```
int a = 3, b = 5, c = 15;
```

a ＞ b 的值为 0（假）。

a != b 的值为 1（真）。

a ＊ b ＞= c 的值为 1（真）。

c ％ 5 == 0 的值为 1（真），该表达式用于判断变量 c 的值能否被 5 整除。

敲重点：

（1）关系表达式的值只有 1（真）和 0（假）两种结果。

（2）注意区分赋值运算符＝和关系运算符==，表 3-2 对二者进行了比较。

表 3-2　比较赋值运算符＝与关系运算符==

比较内容	＝	==
名称	赋值号，属于赋值运算符	等于号，属于关系运算符
功能	将右侧表达式的值赋给左侧的变量	比较左、右两侧表达式的值是否相等
运算结果	赋值表达式的值是赋值号右侧表达式的值	关系表达式的值只有 1（真）和 0（假）两种结果

举例	假设有定义
	int a ＝ 0, b ＝ 1, c ＝ 2;
	① c ＝ a ＋ b
	　//正确，将 a＋b 的值赋给变量 c
	② a ＋ b ＝ c
	　//错误，表达式错误，赋值号左侧只能是变量
		假设有定义
		int a ＝ 0, b ＝ 1, c ＝ 2;
		① c == a ＋ b
		　//正确，比较 c 和 a ＋ b 的值是否相等
		② a ＋ b == c
		　//正确，比较 a ＋ b 和 c 的值是否相等

3.2.2　逻辑运算符及表达式

1. 逻辑运算符

C 语言提供了三个逻辑运算符（**logic operator**），其运算规则如表 3-3 所示。

表 3-3　逻辑运算符的运算规则

运算符	名称	运 算 规 则	优先级	操作数	结合性
!	逻辑非	! 真 ＝ 0,! 假 ＝ 1	最高	单目	自右向左
&&	逻辑与	真 && 真 ＝ 1,真 && 假 ＝ 0,假 && 真 ＝ 0,假 && 假 ＝ 0	其次	双目	自左向右
||	逻辑或	真 || 真 ＝ 1,真 || 假 ＝ 1,假 || 真 ＝ 1,假 || 假 ＝ 0	最低		

表 3-3 中的真表示非 0，非 0 的值参与逻辑运算都视为真；假表示 0。而逻辑运算的结果用 1 表示真，0 表示假。

2. 逻辑表达式

以下为逻辑表达式的一般形式：

```
!表达式
表达式 1 && 表达式 2
表达式 1 || 表达式 2
```

以下是一些逻辑表达式的实例,假设有定义:

```
int a = 0, b = 50, c =100;
```

！a 的值为 1,该表达式判断变量 a 的值是否为 0。

(a <= b) && (b <= c)的值为 1,该表达式判断变量 b 的值是否介于 a、c 之间。

(b % 4 == 0) || (b % 5 == 0)的值为 1,该表达式判断变量 b 的值是否能被 4 或 5 整除。

敲重点:

(1) 逻辑表达式的值只有 1(真)和 0(假)两种结果。

(2) 逻辑与(&&)、逻辑或(||)的结合性都是自左向右,一般情况,运算时先计算左侧表达式,再计算右侧表达式。但是运算符 && 和||具有特殊的短路特性,即右侧表达式不一定被执行,其是否被执行取决于左侧表达式的值。

- 逻辑与(&&)的短路特性:当左侧表达式值为假时,可确定逻辑表达式值为假,于是右侧表达式不被执行,称右侧表达式被"短路"了。
- 逻辑或(||)的短路特性:当左侧表达式值为真时,可确定逻辑表达式值为真,于是右侧表达式不被执行,称右侧表达式被"短路"了。

假设有定义:

```
int a = 1, b = 2;
```

a == 0 && ++b 的值为假,右侧表达式++b 被"短路"未执行,因此变量 b 的值仍然为 2。

a == 1 || ++b 的值为真,右侧表达式++b 被"短路"未执行,因此变量 b 的值仍然为 2。

3.2.3 关系表达式和逻辑表达式常见错误

关系表达式和逻辑表达式多用于选择结构和循环结构的条件判断,对初学者来说,能够正确书写各种复杂表达式,是程序正确执行的关键。表 3-4 举例了一些错误的关系表达式或逻辑表达式,这些错误不易察觉,时常引起程序的逻辑错误,而编译系统不会报错,但最终程序运行的结果却是错误的。

表 3-4　常见关系表达式和逻辑表达式错误举例

描　　述	表达式及解析
判断变量 x 中的字符是不是大写字母? 假设有定义 char x = 'a';	错误的表达式: 'A' <= x <= 'Z'或 65 <= x <= 90 解析:第一步执行 'A' <= x,值为 1(真);第二步执行 1 <= 'Z',值为 1(真)。第二步本应执行 x <= 'Z',却因少写了 &&,导致运行结果错误
	正确的表达式: x >= 'A' && x <= 'Z'或 x >= 65 && x <= 90

续表

描　述	表达式及解析
判断变量 score 的值是不是一个百分制分数？假设有定义 int score = 101;	错误的表达式：0 <= score <= 100 解析：第一步执行 0 <= score，值为 1(真)，第二步执行 1 <= 100，值为 1(真)，结果错误
	正确的表达式：(0 <= score) && (score <= 100)
判断变量 a、b、c 能否构成三角形的三边？假设有定义 int a = 1，b = 2，c = 3;	错误的表达式：(a + b > c) || (a + c > b) || (b + c > a) 解析：构成三角形的条件是任意的两边之和均要大于第三边，因此以下三个表达式 a+b>c，a+c>b，b+c>a 的关系是逻辑与
	正确的表达式：(a + b > c) && (a + c > b) && (b + c > a)
判断变量 a、b、c 能否构成等边三角形？假设有定义 int a = 2，b = 2，c = 1;	错误的表达式：a == b == c 或 a = b = c 解析：若写成 a == b == c，则第 1 步执行 a == b，值为 1(真)；第 2 步执行 1 == c，值为 1(真)，结果错误。若写成 a = b = c，则是将 ==误用为 =，同时缺少 &&
	正确的表达式：(a == b) && (a == c)　　或　　(a == b) && (b == c)
判断变量 a、b、c 能否构成等腰三角形？假设有定义 int a = 1，b = 2，c = 3;	错误的表达式：a == b 解析：构成等腰三角形的条件是任意两条边相等，需以逻辑或的形式将以下三个表达式 a==b、a==c、b==c 连接起来
	正确的表达式：(a == b) || (a == c) || (b == c)

3.3　if 语句

选择结构又称分支结构，选择结构中最常用的语句是 if 语句，if 语句包含以下四种基本形式：单分支 if 语句、双分支 if 语句、多分支 if 语句、if 语句的嵌套结构。

单分支 if 语句——仅对判断条件为真的情况进行处理。

双分支 if 语句——选择执行判断条件为真或假两种情况当中的一个。

多分支 if 语句——有多个条件需要判断，自上而下依次判断各条件，当某个条件为真时，就执行该条件对应的分支，其余分支不再执行。

if 语句的嵌套结构——有多个条件需要判断，条件之间有层次关系，判断有先后。

3.3.1　单分支 if 语句

1. 单分支 if 语句的一般形式

单分支 if 语句是最简单的条件判断语句，以下为单分支 if 语句的一般形式：

```
if (表达式)
    语句 A;
```

单分支 if 语句的执行流程如图 3-2 所示，先执行表达式，判断其值如果为真（非 0）就执行语句 A；如果为假（0）就跳过语

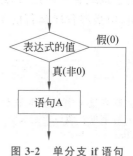

图 3-2　单分支 if 语句流程图

句 A。

敲重点：

（1）if（表达式）中的表达式可以是任何符合 C 语言语法的表达式，其值为非 0 表示真；其值为 0 表示假。

（2）if（表达式）只能自动结合一条语句，如果有多条语句，必须用花括号括起来构成复合语句（复合语句在语法上相当于一条语句），书写形式如下：

```
if(表达式)
{
    语句 A;
}
```

为使程序层次清晰，花括号内的语句都向后缩进。注意：C 语言在语法上是用花括号界定语句间的从属关系，缩进只是在书写上更好地体现语句间的层次感，有助于提高程序的可读性。

（3）如果语句 A 仅有一条语句，可以省略花括号。特别地，建议无论语句 A 包含多少条语句，都添加花括号，这是一个良好的编程习惯，对初学者而言，添加花括号能避免很多语法错误及逻辑错误。

2. 单分支 if 语句举例

【例 3.1】　输入两个整数，求其中的较大数。

思路：定义整型变量 a、b 存放两个数，选出较大数放到变量 a 中。于是当 a >= b 时，不做任何处理；当 a < b 时，将 b 的值赋给 a。仅对条件 a < b 为真的情况进行处理，属于典型的单分支选择结构，程序流程如图 3-3 所示。

单分支
if 语句

```
1.  #include <stdio.h>
2.  int main()
3.  {
4.      int  a, b;
5.      printf("请输入两个整数:");
6.      scanf("%d, %d", &a, &b);
7.      if(a < b)
8.      {
9.          a = b;
10.     }
11.     printf("较大数:%d\n",  a);
12.     return 0;
13. }
```

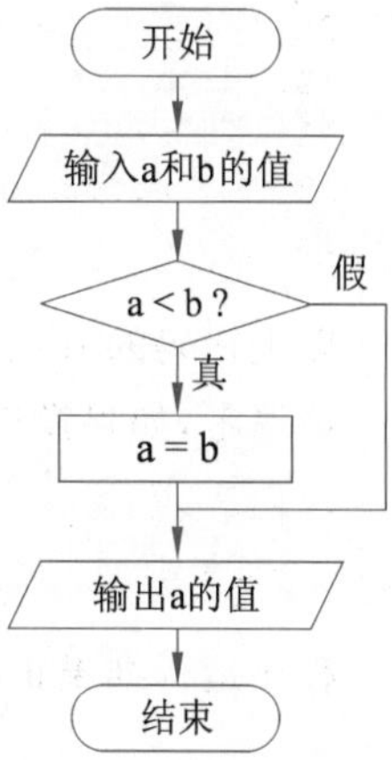

图 3-3　例 3.1 的流程图

程序运行结果：

```
请输入两个整数: 2, 7
较大数: 7
```
```
请输入两个整数: 7, 2
较大数: 7
```

3. 单分支 if 语句的常见错误

（1）if（表达式）后面误加分号。

刚接触 if 语句，不少初学者会在 if（表达式）后面加分号，由于一个单独的分号属于一条空语句，将被 if 结合，导致本来属于 if 的语句体不能被 if 结合，引起逻辑错误。

假设例 3.1 的第 7～10 行代码写成如下形式：

```
if(a < b) ;                           //此分号引起逻辑错误
{
    a = b;
}
```

分析：if(a ＜ b)自动结合了后面多余的分号，而没有结合语句"a ＝ b；"，于是语句"a ＝ b；"的执行不再受条件 a ＜ b 的控制。此时引起了程序的逻辑错误，但是编译系统不会报错。遇到逻辑错误，可使用单步调试法定位错误。

（2）if 语句体需要加花括号时却没有加花括号。

C 语言使用花括号界定语句的从属关系，当 if 语句体中有多条语句时，必须用花括号将多条语句界定为一条复合语句，从而能够被 if(表达式)自动结合。但是很多初学者总是忘记添加花括号，导致程序出现逻辑错误。

修改例 3.1 的代码，思路：判断当 a ＜ b 时，就交换 a、b 的值，保证较大值总是放在变量 a 中。修改的代码如下，注意第 7～10 行的改变。

```
 1.  #include <stdio.h>
 2.  int main()
 3.  {
 4.      int   a, b, t;
 5.      printf("请输入两个整数:");
 6.      scanf("%d,%d", &a, &b);
 7.      if(a < b)
 8.      {
 9.          t = a;     a = b;      b = t;   //交换 a、b 的值
10.      }
11.      printf("较大数:%d\n",   a);
12.      return 0;
13.  }
```

以上代码的 if 语句体中有三条语句，必须添加花括号将三条语句括起来。

请思考，如果没有添加括号，写成如下形式：

```
if(a < b)
    t = a;     a = b;     b = t;
```

程序运行结果正确吗？编译系统会报错吗？会出现语法错误还是逻辑错误？

3.3.2　双分支 if 语句

1. 双分支 if 语句的一般形式

双分支 if 语句是由某个条件的两种取值（真或假）构建两个分支，即 if-else 语句，任何时候仅执行其中一个分支，形成二选一的结构。以下为双分支 if 语句的一般形式：

```
if (表达式)
    语句 A;
else
    语句 B;
```

双分支 if 语句的执行流程如图 3-4 所示,先执行表达式,判断其值如果为真(非 0)就执行语句 A;如果为假(0)就执行语句 B。由于表达式的值非真即假,因此语句 A 和语句 B 不会同时执行,也不会都不执行,而是二选一执行。

敲重点:

(1)关键字 if 后面必须有表达式,而关键字 else 后面没有表达式。

(2)if 分支和 else 分支都是只能自动结合一条语句,当有多条语句时,必须加花括号构成复合语句。书写形式如下:

```
if(表达式)
{
    语句 A;
}
else
{
    语句 B;
}
```

(3)else 不能单独存在,必须有对应的 if 与之配套使用,即 if 和 else 应成对出现。

2. 双分支 if 语句举例

【例 3.2】 要求同例 3.1,求两个整数中的较大数,使用双分支 if 语句实现。

双分支 if 语句

思路:判断 a、b 的大小关系,如果变量 a 的值大就输出 a,否则就输出 b,即 a 和 b 二选一输出,该方法是双分支选择结构,流程图如图 3-5 所示。

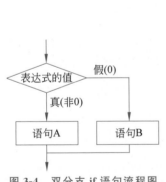

图 3-4 双分支 if 语句流程图

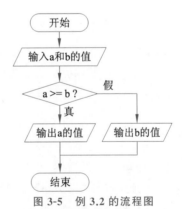

图 3-5 例 3.2 的流程图

```
1.  #include <stdio.h>
2.  int main()
3.  {
4.      int  a, b;
5.      printf("请输入两个整数:");
6.      scanf("%d, %d", &a, &b);
7.      if(a >= b)
8.      {
9.          printf("较大数:%d\n",  a);
10.     }
11.     else
12.     {
```

```
13.         printf("较大数:%d\n",  b);
14.     }
15.     return 0;
16. }
```

程序运行结果：

请输入两个整数：2, 7	请输入两个整数：7, 2
较大数：7	较大数：7

【例 3.3】 输入一个年份，判断是否为闰年。

判断闰年

思路：判断闰年的条件是，能被 4 整除同时不能被 100 整除的年份，或者能被 400 整除的年份。一个年份要么是闰年，要么是平年，属于典型的双分支选择结构。

```
1.  # include <stdio.h>
2.  int main()
3.  {
4.      int year;
5.      printf("请输入一个年份:");
6.      scanf("%d", &year);
7.      if((year % 4 == 0 && year % 100 != 0) || year % 400 == 0)        //判断闰年
8.      {
9.          printf("%d年是闰年\n", year);
10.     }
11.     else
12.     {
13.         printf("%d年是平年\n", year);
14.     }
15.     return 0;
16. }
```

程序运行结果：

请输入一个年份：2020	请输入一个年份：2022
2020年是闰年	2022年是平年

3. 双分支 if 语句的常见错误

（1）**if** 或 **else** 分支需要加花括号时却没有加花括号。

【例 3.4】 输入两个整数，判断并输出两个数中的较大数和较小数。

流程图如图 3-6 所示。

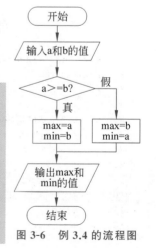

图 3-6　例 3.4 的流程图

```
1.  # include <stdio.h>
2.  int main()
3.  {
4.      int  a, b, max, min;
5.      printf("请输入两个整数:");
6.      scanf("%d, %d", &a, &b);
7.      if(a >= b)
8.      {
9.          max = a;
10.         min = b;
```

if 语句漏加花括号的常见错误

```
11.     }
12.     else
13.     {
14.         max = b;
15.         min = a;
16.     }
17.     printf("较大数:%d,较小数:%d\n", max, min);
18.     return 0;
19. }
```

程序运行结果：

请输入两个整数：2，7	请输入两个整数：7，2
较大数：7，较小数：2	较大数：7，较小数：2

例 3.4 代码的第 7～16 行是 if-else 语句,if 分支和 else 分支都有两条语句,两个分支都必须添加花括号。思考：如果将以上代码第 7～16 行写成如下不加花括号的形式,将引起语法错误还是逻辑错误？

```
if(a >= b)
    max = a;
    min = b;
else
    max = b;
    min = a;
```

分析：以上漏写花括号的代码将引起语法错误,因为 if 和 else 之间被放置了两条语句,破坏了 if 和 else 的整体性,使得 else 没有 if 与之配套使用。

思考：以上代码缺少花括号,但保留了语句的缩进,缩进能体现语句间的从属关系吗？

（2）if(表达式)后面误加分号。

双分支 if 语句的 if(表达式)的后面不能加分号,如果误加,将导致语法错误。例如：

```
if(a >= b) ;                    //此分号引起语法错误
    printf("较大值:%d\n",  a);
else
    printf("较大值:%d\n",  b);
```

此时 if(a >= b) 后面相当于有两条语句：一条是空语句;另一条是 printf() 语句,使得 else 没有 if 与之配套使用,编译系统将报错。

（3）else 后面误加分号。

关键字 else 后面不能加分号,误加会导致逻辑错误。例如：

```
if(a >= b)
    printf("较大值:%d\n",  a);
else ;                          //此分号引起逻辑错误
    printf("较大值:%d\n",  b);
```

此时 else 自动结合空语句,使得本应从属于 else 的语句"printf("较大值:％d\n", b);"被分隔开,编译系统不会报错,属于逻辑错误。

3.3.3　多分支 if 语句

1. 多分支 if 语句的一般形式

多分支 if 语句是对某个条件的多种取值情况进行判断，每个情况对应一个分支，构建为 if-else if-else 语句，任何时候仅执行其中一个分支，形成多选一的结构。以下为多分支 if 语句的一般形式：

```
if (表达式 1)
    语句 1;
else if (表达式 2)
    语句 2;
…
else if (表达式 n-1)
    语句 n-1;
else
    语句 n;
```

多分支 if 语句的执行流程如图 3-7 所示，首先判断表达式 1，若值为真就执行语句 1 并结束多分支结构，反之继续判断表达式 2；若表达式 2 的值为真就执行语句 2 并结束多分支结构，反之继续判断表达式 3；以此类推。

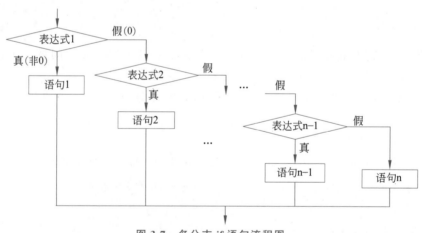

图 3-7　多分支 if 语句流程图

2. 多分支 if 语句举例

【例 3.5】　输入一个成绩，如果介于 60～100 分，输出"成绩合格"；如果介于 0～59 分，就输出"成绩不及格"。同时，判断输入的成绩是否为有效的百分制分数。

思路：根据题意，将输入的数值范围分为以下三个区间 0～59、60～100、小于 0 或大于 100，对应三个分支进行判断，因此使用多分支 if 语句，程序流程如图 3-8 所示。

多分支 if
语句

```
1.  #include <stdio.h>
2.  int main()
3.  {
4.      float  score;
5.      printf("请输入一个成绩:");
```

```
6.        scanf("%f", &score);
7.        if(score < 0 || score > 100)
8.        {
9.            printf("成绩超范围\n");
10.       }
11.       else if(score >= 60)
12.       {
13.           printf("成绩合格\n");
14.       }
15.       else
16.       {
17.           printf("成绩不及格\n");
18.       }
19.       return 0;
20.   }
```

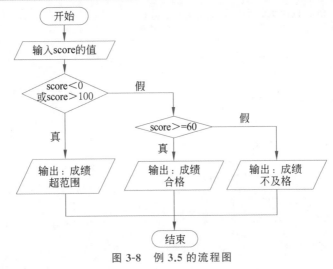

图 3-8 例 3.5 的流程图

程序运行结果：

| 请输入一个成绩：103
成绩超范围 | 请输入一个成绩：86
成绩合格 | 请输入一个成绩：45
成绩不及格 |

3. 注意区分多分支 if 语句和多个单分支 if 语句

多分支 if 语句的各分支之间是互斥的、多选一的关系，其中一个分支被执行后，其他分支将不会被执行。

多个单分支 if 语句的各 if 分支之间是无关联的、并列的关系，其中一个 if 分支执行与否，不会影响其他 if 分支。

【例 3.6】 输入三个整数到变量 a、b、c 中，判断它们的大小关系，按从大到小的顺序将三个数依次放到变量 a、b、c 中。

思考：阅读以下程序一、程序二，分析哪个程序能完成题目要求？为什么？

程序一：多个单分支 if 语句

区分多个单分支 if 语句和多分支 if 语句

```
1.   #include <stdio.h>
2.   int main()
```

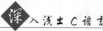
```
3.    {
4.        int a, b, c, t;
5.        printf("请输入三个整数:");
6.        scanf("%d%d%d", &a, &b, &c);
7.        if(a < b)
8.        {
9.            t = a;  a = b;  b = t;
10.       }
11.       if(a < c)
12.       {
13.           t = a;  a = c;  c = t;
14.       }
15.       if(b < c)
16.       {
17.           t = b;  b = c;  c = t;
18.       }
19.       printf("按由大到小的顺序输出三个数:%d  %d  %d\n", a, b, c);
20.       return 0;
21.   }
```

程序二：多分支 if 语句

```
1.    #include <stdio.h>
2.    int main()
3.    {
4.        int a, b, c, t;
5.        printf("请输入三个整数:");
6.        scanf("%d%d%d", &a, &b, &c);
7.        if(a < b)
8.        {
9.            t = a;  a = b;  b = t;
10.       }
11.       else if(a < c)
12.       {
13.           t = a;  a = c;  c = t;
14.       }
15.       else if(b < c)
16.       {
17.           t = b;  b = c;  c = t;
18.       }
19.       printf("按由大到小的顺序输出三个数:%d  %d  %d\n", a, b, c);
20.       return 0;
21.   }
```

分析：使用多个单分支 if 语句的程序一能够完成题目要求，三个数的大小关系需要经过两两比较才能确定，即（a，b）、（a，c）、（b，c）三个组合都需要被比较，使用三个 if 语句依次完成，因此该题不能使用多分支 if 语句设计程序。

3.3.4　if 语句的嵌套结构

1. if 语句的嵌套结构一般形式

如果判断条件之间有层次性，当某一条件满足时，才能进一步判断其他条件，这便是嵌套结构。单分支、双分支、多分支 if 语句之间可以相互嵌套,内层 if 语句既可以嵌套在 if 子句中,也可以嵌套在 else 子句中。以下列出了三种 if 语句的嵌套结构。

```
if(表达式 1)              if(表达式 1)              if(表达式 1)
{                        {                        {
    if(表达式 2)             ...                      if(表达式 2)
    ...                  }                            ...
    else                 else                     else if(表达式 3)
    ...                  {                            ...
}                            if(表达式 2)          else if(表达式 4)
                             ...                      ...
                             else                 }
                             ...                  else
                         }                        {
                                                      ...
                                                  }
```

2. if 语句的嵌套结构举例

【例 3.7】 输入一个成绩,输出该成绩对应的级别。0~59 分为"成绩不及格",60~79 分为"成绩中等",80~89 分为"成绩良好",90~100 分为"成绩优秀",同时判断输入成绩是否为有效的百分制分数。

if 语句的
嵌套结构

思路:首先判断输入成绩是否为有效的百分制分数。如果是,再对成绩进行四个等级的判断;反之就输出提示信息。本题使用嵌套结构编程,外层为双分支 if 语句,内层为多分支 if 语句。程序流程如图 3-9 所示。

```
1.  #include <stdio.h>
2.  int main()
3.  {
4.      int score;
5.      printf("请输入一个成绩: ");
6.      scanf("%d", &score);
7.      if(score >= 0 && score <= 100)      //外层:判断是否为百分制分数
8.      {
9.          if(score<60)                    //内层:将成绩分为不同等级
10.         {
11.             printf("成绩不及格\n");
12.         }
13.         else if(score<80)
14.         {
15.             printf("成绩中等\n");
16.         }
17.         else if(score<90)
18.         {
19.             printf("成绩良好\n");
20.         }
21.         else
22.         {
23.             printf("成绩优秀\n");
24.         }
25.     }
26.     else
```

```
27.    {
28.        printf("无效的成绩\n");
29.    }
30.    return 0;
31. }
```

程序运行结果：

请输入一个成绩：98
成绩优秀

请输入一个成绩：82
成绩良好

请输入一个成绩：75
成绩中等

请输入一个成绩：50
成绩不及格

请输入一个成绩：-78
无效的成绩

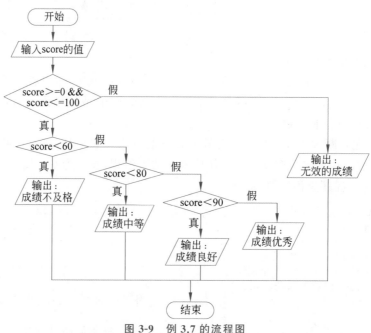

图 3-9　例 3.7 的流程图

3. if 语句的嵌套结构的就近配对原则

if 语句的嵌套结构不是刻意去追求的，是在解决问题的过程中随实际需要而采用的。嵌套结构的语句层次相对复杂，一般应为各子句添加花括号以增加程序的可读性，同时注意语句的缩进，通过书写格式更好地体现语句间的从属关系。

编程时如果在嵌套结构中缺省花括号，系统会根据就近配对原则进行各分支的匹配。就近配对原则：else 子句总是与前面距离它最近的但是又不带其他 else 子句的 if 子句配对使用，与书写格式无关，如图 3-10 所示。

如果将例 3.7 程序中第 7～29 行中的花括号省去，写成图 3-11(a)的格式，系统将根据就近配对原则划分语句的从属关系，仍然是外层双分支、内层四个分支。然而，缺少花括号的代码，语句层次变得不明了了，不恰当的缩进还会影响对程序的正确理解。

如果将图 3-11(a)代码中的"else　printf("成绩优秀\n");"修改为

```
if(…)
  if(…)
    if(…)
    else
  else
else
```

图 3-10　就近配
　　　对原则

图 3-11(b)的"else if(score>=90) printf("成绩优秀\n");",根据就近配对原则,语句的嵌套结构被改变了,变成外层单分支、内层五个分支。可见,缺省花括号既不利于程序的理解,又可能在不经意间改变程序的结构。

```
if(score >= 0 && score <= 100)
    if(score<60)
        printf("成绩不及格\n");
    else if(score<80)
        printf("成绩中等\n");
    else if(score<90)
        printf("成绩良好\n");
    else
        printf("成绩优秀\n");
    else
        printf("无效的成绩\n");
```

```
if(score >= 0 && score <= 100)
    if(score<60)
        printf("成绩不及格\n");
    else if(score<80)
        printf("成绩中等\n");
    else if(score<90)
        printf("成绩良好\n");
    else if(score>=90)
        printf("成绩优秀\n");
    else
        printf("无效的成绩\n");
```

(a)   (b)

图 3-11 if 语句嵌套结构缺省花括号的不良书写习惯示例

因此,在这里再次强调,为子句添加花括号,以及将内层语句向后缩进是良好的编程习惯,初学者应注意培养自己养成这样的习惯,良好的编程习惯能够让语句间的逻辑关系一目了然,便于他人理解自己编写的程序,同时也有利于自己维护程序。

3.4 switch 语句

1. switch 语句的一般形式

switch 语句是一种结构整齐的多分支选择结构,以下为 switch 语句的一般形式:

```
switch(表达式)
{
    case 常量表达式 1：  <语句体 1;>  <break;>
    case 常量表达式 2：  <语句体 2;>  <break;>
        …
    case 常量表达式 n：  <语句体 n;>  <break;>
    <default: 语句体 n+1;>
}
```

switch 语句的执行流程如图 3-12 所示。其执行过程:首先计算 switch 表达式的值,将该值与各个 case 后的常量表达式的值进行比较,如果 switch 表达式的值与某个 case 常量表达式的值相等,就执行其后的语句体。如果语句体后面有 break 语句,则结束 switch 语句;如果没有 break 语句,则继续执行后续的 case 分支。如果 switch 表达式的值与所有 case 常量表达式的值都不相等,就执行 default 分支。以上过程可比喻为一个多路开关,当某个结点的开关闭合时,电流就从这个结点流过,因此 switch 语句也称开关语句。

说明:switch 语句格式中加角括号(< >)的地方表示可缺省。

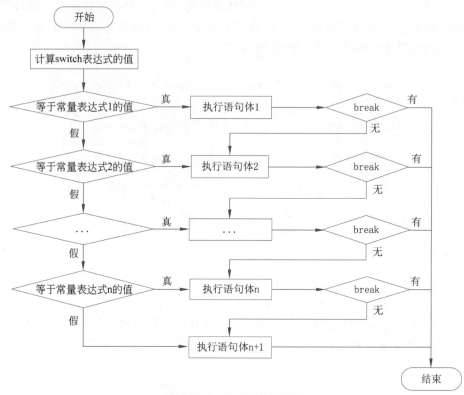

图 3-12　switch 语句流程图

敲重点：

（1）switch 语句中有四个关键字：switch、case、break、default。

（2）switch 后面的表达式必须是整型或字符表达式。

（3）case 与其后面的常量表达式之间必须有空格，常量表达式后面是冒号。常量表达式中不能含有变量或者函数。case 后面的常量表达式也必须是整型或字符表达式。

（4）所有 case 分支后面的常量表达式必须不同。

（5）每个 case 分支的语句体均可缺省。如果缺省语句体，则表示该 case 分支与后续的 case 分支共用后面的语句体。

（6）每个 case 分支末尾的"break;"语句均可缺省。如果有 break，则执行完该 case 分支就跳出 switch 语句；如果缺省 break，则执行完该 case 分支，继续执行后续的 case 分支。

（7）default 分支通常写在最后，也可以写在前面，它的位置不受限制。default 分支可缺省。

2. switch 语句举例

【例 3.8】　假设用 0，1，2，…，6 分别表示星期日、星期一、……、星期六。现输入一个数字，使用 switch 语句编程输出对应星期几的英文单词。例如，输入 6，就输出 Saturday。

思路：程序执行流程如图 3-13 所示。将输入的数字作为 switch 判断的表达式，根据表达式的值确定执行哪一个 case 分支，在 case 分支里输出与数字对应的英文单词。

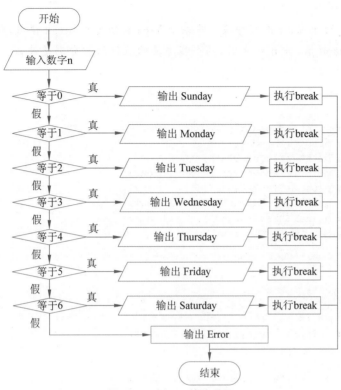

图 3-13 例 3.8 的流程图

switch 语句

```
1.  #include <stdio.h>
2.  int main()
3.  {
4.      int n;
5.      printf("请输入一个数字：");
6.      scanf("%d", &n);
7.      switch(n)
8.      {
9.          case 0:  printf("Sunday\n");        break;
10.         case 1:  printf("Monday\n");        break;
11.         case 2:  printf("Tuesday\n");       break;
12.         case 3:  printf("Wednesday\n");     break;
13.         case 4:  printf("Thursday\n");      break;
14.         case 5:  printf("Friday\n");        break;
15.         case 6:  printf("Saturday\n");      break;
16.         default:  printf("Error\n");
17.     }
18.     return 0;
19. }
```

程序运行结果：

请输入一个数字：6	请输入一个数字：9
Saturday	Error

思考：

修改例 3.8 的代码，下面程序段一中缺省了 case 分支的 break 语句，程序段二中缺省了 case 分支的语句体，当 n ＝ 1 时，两个程序段的执行结果分别是什么？

程序段一：

```
switch(n)
{
    case 0: printf("Sunday\n");        break;
    case 1: printf("Monday\n");
    case 2: printf("Tuesday\n");
    case 3: printf("Wednesday\n");     break;
    case 4: printf("Thursday\n");      break;
    case 5: printf("Friday\n");        break;
    case 6: printf("Saturday\n");      break;
    default:  printf("Error\n");
}
```

程序段二：

```
switch(n)
{
    case 0: printf("Sunday\n");        break;
    case 1:
    case 2: printf("Tuesday\n");       break;
    case 3: printf("Wednesday\n");     break;
    case 4: printf("Thursday\n");      break;
    case 5: printf("Friday\n");        break;
    case 6: printf("Saturday\n");      break;
    default:  printf("Error\n");
}
```

分析：当 n＝1 时，程序段一的执行结果为输出 Monday、Tuesday、Wednesday，涉及的知识点为 case 分支缺省 break 语句，则顺序执行后续的 case 分支。程序段二的执行结果为输出 Tuesday，涉及的知识点为 case 分支缺省语句体，则共用其后的 case 分支语句体。

3.5　条件运算符及表达式

条件运算符是 C 语言中唯一的一个三目运算符，使用问号"?"和冒号":"将三个运算对象连接起来。以下为条件运算符构成的表达式，也称条件表达式。

> 表达式 1　?　表达式 2　:　表达式 3

如图 3-14 所示，条件表达式的执行过程：首先计算表达式 1 的值，若为真（非 0），就执行表达式 2；若为假（0），就执行表达式 3。

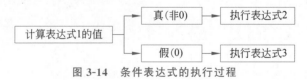

图 3-14　条件表达式的执行过程

假设有定义：

```
int a = 2, b = 7, max;
max = (a >= b) ? a : b;
```

由于表达式 a ＞＝ b 的值为假，于是将变量 b 的值赋给变量 max。以上语句的功能是求 a、b 中的较大值。

说明：

（1）条件运算符的优先级高于赋值运算符，低于关系运算符、逻辑运算符、算术运算符。例如，表达式 x ＝ a / b！＝ 0？a ＋ 1：b / 2　相当于 x ＝（（（a / b）！＝ 0）？（a ＋ 1）：(b / 2)）。

（2）条件运算符的结合性为自右向左。例如，表达式 a ＞ b？a：c ＞ d？c：d　相当于 a ＞ b？a：（c ＞ d？c：d）。

【例 3.9】　输入变量 a、b 的值，使用条件运算符编程，计算数学式 a＋|b|，并输出结果。

思路：程序执行流程如图 3-15 所示。

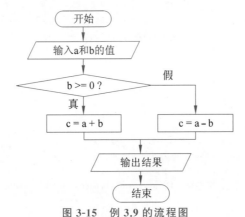

图 3-15　例 3.9 的流程图

```
1.    #include <stdio.h>
2.    int main()
3.    {
4.        int a, b, c;
5.        printf("请输入 a 和 b 的值: ");
6.        scanf("a=%d, b=%d", &a, &b);
7.        c = (b >= 0) ?(a + b) : (a - b);
8.        printf("%d + |%d| = %d\n", a, b, c);
9.        return 0;
10. }
```

条件运算符

程序运行结果：

```
请输入a和b的值: a=3, b=-5
3 + |-5| = 8
```

```
请输入a和b的值: a=-3, b=5
-3 + |5| = 2
```

3.6　选择结构综合实例

【例 3.10】　输入一个年份和一个月份,输出该月的天数。假定输入的年份有效。

思路:对输入的月份要判断其有效性,如果输入的月份有效,再将月份区分是 30 天还是 31 天,以及特殊的 2 月,几种情况分别处理;如果输入的月份无效,就输出提示信息。

判断某月
的天数

```c
1.  #include <stdio.h>
2.  int main()
3.  {
4.      int year, month, day;
5.      printf("请输入一个年份和一个月份:");
6.      scanf("%d-%d", &year, &month);
7.      if(month >= 1 && month <= 12)
8.      {
9.          switch(month)
10.         {
11.             case 2: if((year % 4 == 0 && year % 100 != 0) || year % 400 == 0)
12.                         day = 29;
13.                     else
14.                         day = 28;
15.                     break;
16.             case 4:
17.             case 6:
18.             case 9:
19.             case 11: day = 30;     break;
20.             default: day = 31;
21.         }
22.         printf("%d年%d月有%d天\n", year, month, day);
23.     }
24.     else
25.     {
26.         printf("输入的月份无效\n");
27.     }
28.     return 0;
29. }
```

程序运行结果:

```
请输入一个年份和一个月份：2020-2
2020年2月有29天
```

```
请输入一个年份和一个月份：2022-9
2022年9月有30天
```

```
请输入一个年份和一个月份：2022-3
2022年3月有31天
```

```
请输入一个年份和一个月份：2022-13
输入的月份无效
```

【例 3.11】　编程实现简单的计算器操作:输入一个合法的算术运算符(＋、－、＊、/)和两个实数,根据输入的运算符判断对这两个数进行何种运算,并输出运算结果(要求结果保留两位小数)。分别使用多分支 if 语句和 switch 语句编程实现。

方法一:使用多分支 if 语句。

简易计算器

```
1.  #include <stdio.h>
2.  int main()
3.  {
4.      float a, b, c;
5.      char oper;
6.      printf("输入一个算术运算符和两个实数: ");
7.      scanf("%c%f%f", &oper, &a, &b);
8.      if(oper == '+')
9.      {
10.         c = a + b;
11.         printf("%.2f + %.2f = %.2f\n", a, b, c);
12.     }
13.     else if(oper == '-')
14.     {
15.         c = a - b;
16.         printf("%.2f - %.2f = %.2f\n", a, b, c);
17.     }
18.     else if(oper == '*')
19.     {
20.         c = a * b;
21.         printf("%.2f * %.2f = %.2f\n", a, b, c);
22.     }
23.     else if(oper == '/')
24.     {
25.         if(b == 0)
26.         {
27.             printf("除数不能为 0\n");
28.             return 0;
29.         }
30.         else
31.         {
32.             c = a / b;
33.             printf("%.2f / %.2f = %.2f\n", a, b, c);
34.         }
35.     }
36.     else
37.     {
38.         printf("无效的运算符\n");
39.     }
40.     return 0;
41. }
```

方法二：使用 switch 语句。

```
1.  #include <stdio.h>
2.  int main()
3.  {
4.      float a, b, c;
5.      char oper;
6.      printf("输入一个算术运算符和两个实数: ");
7.      scanf("%c%f%f", &oper, &a, &b);
8.      switch(oper)
9.      {
10.         case '+':   c = a + b;
11.                     printf("%.2f + %.2f = %.2f\n", a, b, c);
```

```
12.                 break;
13.     case '-':   c = a - b;
14.                 printf("%.2f - %.2f = %.2f\n", a, b, c);
15.                 break;
16.     case '*':   c = a * b;
17.                 printf("%.2f * %.2f = %.2f\n", a, b, c);
18.                 break;
19.     case '/':   if(b == 0)
20.                 {
21.                     printf("除数不能为 0\n");
22.                     return 0;
23.                 }
24.                 else
25.                 {
26.                     c = a / b;
27.                     printf("%.2f / %.2f = %.2f\n", a, b, c);
28.                 }
29.                 break;
30.     default: printf("无效的运算符\n");
31.     }
32.     return 0;
33. }
```

程序运行结果：

输入一个算术运算符和两个实数：＋ 3.6 5.7 3.60 + 5.70 = 9.30	输入一个算术运算符和两个实数：/ 4.6 0 除数不能为0

【例 3.12】 节假日某电器商场优惠促销活动，优惠比例 r 如表 3-5 所示，已知商品实际价格为 x 元，编程计算优惠后实际应付多少钱？

表 3-5   商品优惠条件及优惠比例的对应关系

优惠条件	优惠比例 r
x ＜ 1000	0
1000 ＜= x ＜2000	0.1
2000 ＜= x ＜5000	0.22
5000 ＜= x ＜8000	0.35
8000 ＜= x ＜10000	0.4
x ＞=10000	0.5

思路：本题的常规编程方法是使用多分支 if 语句，以下为 switch 语句编写的程序。关键在于 switch 语句只能判断整型表达式，不能判断表 3-5 中列出的条件表达式，因此需要将该表中的各分段区间转换为整型常量，可理解为将价格区间划分为若干等级。例 3.12 执行流程如图 3-16 所示。

商品打折

```
1.  #include <stdio.h>
2.  int main()
3.  {
4.      int n;
5.      float x, y, r;
```

```
6.        printf("请输入商品的实际价格: ");
7.        scanf("%f", &x);
8.        if (x <= 0)
9.        {
10.            printf("输入的商品价格有误\n");
11.        }
12.        else
13.        {
14.            n = (int)x / 1000;              //将商品价格 x 划分为等级 n
15.            switch(n)                       //根据等级 n 选择优惠比例 r
16.            {
17.                case 0 :      r = 0;       break;
18.                case 1 :      r = 0.1;     break;
19.                case 2 :
20.                case 3 :
21.                case 4 :      r = 0.22;    break;
22.                case 5 :
23.                case 6 :
24.                case 7 :      r = 0.35;    break;
25.                case 8 :
26.                case 9 :      r = 0.4;     break;
27.                default :     r = 0.5;
28.            }
29.            y = x * (1 - r);
30.            printf("优惠后的商品价格: %.2f\n", y);
31.        }
32.        return 0;
33. }
```

程序运行结果:

请输入商品的实际价格: 1200
优惠后的商品价格: 1080.00

请输入商品的实际价格: -100
输入的商品价格有误

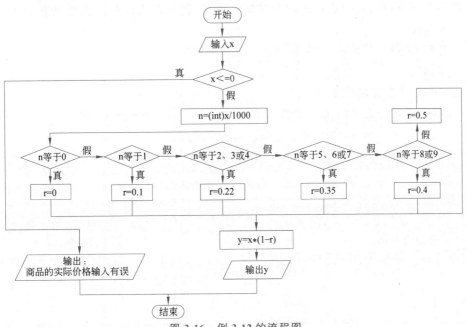

图 3-16 例 3.12 的流程图

分析：

（1）程序第 14 行的"n ＝（int）x / 1000;"语句是将介于各分段区间内的价格 x 转换为等级 n，而 n 是一个范围较小的整型常量，于是方便使用 switch 语句编程。

（2）程序中运用了多个 case 分支共用一条语句的知识点，使得程序编写较为简洁。例如，程序第 19、20 行的 case 分支缺省语句体，则共用第 21 行 case 分支的语句体。

3.7 本章小结

第 3 章知识
点总结

1. C 语言的语句分类

（1）C 语言的语句分为表达式语句、函数调用语句、空语句、复合语句、流程控制语句。

（2）程序设计的三种基本结构：顺序结构、选择结构、循环结构。顺序结构是按书写顺序执行语句，先写的语句先执行，后写的语句后执行；选择结构是有条件地选择要执行的程序段；循环结构是有条件地重复执行循环体。

2. 关系运算符、逻辑运算符

（1）关系运算符。

C 语言提供了六个关系运算符：＞、＜、＞＝、＜＝、＝＝、!＝。

由关系运算符构成的表达式称为关系表达式，关系表达式的值只有 1（真）和 0（假）两种情况。

注意区分赋值运算符＝和关系运算符＝＝。前者是将右侧表达式的值赋给左侧的变量，后者是判断两个表达式的值是否相等。

（2）逻辑运算符。

C 语言提供了三个逻辑运算符：!、＆＆、||。

由逻辑运算符构成的表达式称为逻辑表达式，逻辑表达式的值也是只有 1（真）和 0（假）两种情况。

注意理解逻辑与（＆＆）和逻辑或（||）的短路特性。

3. if 语句

（1）if 语句的基本形式。

if 语句分为单分支 if 语句、双分支 if 语句、多分支 if 语句和 if 语句的嵌套，如表 3-6 所示。

表 3-6　if 语句形式

if 语句	单分支 if 语句	双分支 if 语句	多分支 if 语句	if 语句的嵌套

格式	if(表达式)
	　　语句 A;
		if(表达式)
		　　语句 A;
		else
		　　语句 B;
			if(表达式 1)
			　　语句 1;
			else if(表达式 2)
			　　语句 2;
			…
			else if(表达式 n−1)
			　　语句 n−1;
			else
			　　语句 n;
				单分支 if 语句、双分支 if 语句、多分支 if 语句可以根据实际需要相互嵌套

注意：①if 和 else 分支都只能结合一条语句；②else if 分支、else 分支不能单独存在，必须与 if 分支配对使用；③关键字 if 后面必须有表达式，关键字 else 后面不能有表达式。

（2）关于分号的问题。

单分支 if 语句的 if（表达式）后面如果误加分号，会引起逻辑错误。

双分支、多分支 if 语句的 if（表达式）后面如果误加分号，会引起语法错误。

双分支、多分支 if 语句的 else 后面如果误加分号，会引起逻辑错误。

（3）关于花括号的问题。

if 语句的任何一个分支都只能结合一条语句，如果分支中有多条语句，必须加花括号构成复合语句，复合语句在语法上相当于一条语句。

C 语言使用花括号界定语句间的层次性，缺少花括号可能引起语法错误，也可能引起逻辑错误。

为分支添加花括号，并且将分支中的语句向后缩进是良好的编程习惯。

（4）注意区分多分支 if 语句和多个单分支 if 语句。

前者是多选一结构，各分支之间是互斥关系；后者是并列结构，各分支之间无关联。

（5）注意理解 if 语句的嵌套结构的就近配对原则。

就近配对原则用于 if 语句逻辑复杂、层次较多、并且缺省花括号的情况下，由于 else 子句不能单独存在，系统会选择一个距离 else 子句最近的 if 字句与其配对使用，但这个 if 字句不带其他的 else 子句，这种配对关系与书写缩进格式无关。

4. switch 语句

（1）switch 语句又称开关语句，其一般形式：

```
switch(表达式)
{
    case 常量表达式 1:  <语句体 1;>  <break;>
    case 常量表达式 2:  <语句体 2;>  <break;>
    …
    case 常量表达式 n:  <语句体 n;>  <break;>
    <default :  语句体 n+1;>
}
```

（2）switch 语句的注意事项。

- switch 后面的表达式必须是整型或字符表达式。
- case 后面的常量表达式也必须是整型或字符型表达式。各常量表达式的值必须互不相同。
- case 分支的"break;"语句可以缺省，需注意理解有或无"break;"语句的区别。
- case 分支的语句体也可以缺省，需注意理解有或无语句体的区别。
- default 分支一般写在最后，也可以写在前面，或者缺省。

5. 条件运算符

条件运算符是 C 语言中唯一的一个三目运算符，由问号（?）和冒号（:）将三个表达式连接起来，构成条件表达式，其一般格式：

表达式 1 ? 表达式 2 : 表达式 3

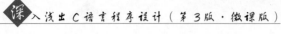

条件表达式的执行过程：首先计算表达式 1 的值，若为真（非 0）则执行表达式 2；若为假（0）则执行表达式 3。

3.8　习　　题

一、选择题

1. 假设 x、y、z 为整型变量，且 x = 2,y = 3,z = 10,则下列表达式的值为 1 的是（　　）。
   A. x && y || z   B. x > z
   C. (! x && y) || (y>z)   D. x && ! z || ! (y && z)

2. C 程序中，正确表示"10 < a < 20 或 a > 30"的条件表达式为（　　）。
   A. (a > 10 && a < 20) && (a> 30)
   B. (a > 10 && a < 20) || (a > 30)
   C. (a > 10 || a < 20) || (a > 30)
   D. (a > 10 && a < 20) || ! (a < 30)

3. 执行以下程序段后，w 的值为（　　）。

```
int  w = 'A', x = 14, y = 15;
w = ((x || y) && (w < 'a'));
```

   A. −1   B. NULL   C. 1   D. 0

4. 执行以下程序时输入 9，则输出结果是（　　）。

```
#include <stdio.h>
int main()
{
    int n;
    scanf("%d", &n);
    if(n++ < 10)    printf("%d\n", ++n);
    else    printf("%d\n", --n);
    return 0;
}
```

   A. 10   B. 8   C. 9   D. 11

5. 以下是 if 语句的基本形式：if(表达式) 语句,其中表达式（　　）。
   A. 必须是逻辑表达式   B. 必须是关系表达式
   C. 必须是逻辑表达式或关系表达式   D. 可以是任意合法的表达式

6. 以下程序运行后的输出结果是（　　）。

```
#include <stdio.h>
int main()
{
    int a = 1, b = 2, c = 3;
    if(a == 1 && b++ == 2)
        if(b != 2 || c-- != 3)  printf("%d, %d, %d\n", a, b, c);
        else  printf("%d, %d, %d\n", a, b, c);
    else printf("%d, %d, %d\n", a, b, c);
```

```
    return 0;
}
```

    A. 1，2，3　　　　　　B. 1，3，2　　　　　　C. 1，3，3　　　　　　D. 3，2，1

7. 以下程序运行后的输出结果是(　　)。

```
#include  <stdio.h>
int main()
{
    int i = 1, j = 1, k = 2;
    if((j++ || k++) && i++)
        printf("%d, %d, %d\n", i, j, k);
    return 0;
}
```

    A. 1，1，2　　　　　　B. 2，2，1　　　　　　C. 2，2，2　　　　　　D. 2，2，3

8. 以下程序运行后的输出结果是(　　)。

```
int  a, b, c;
a = 10;   b = 50;   c = 30
if(a > b)  a = b;   b = c;   c = a;
printf("a = %d  b = %d  c = %d \n", a, b, c);
```

    A. a ＝10　　b ＝ 50　　c ＝ 10　　　　B. a ＝ 10　　b ＝ 50　　c ＝ 30

    C. a ＝ 10　　b ＝ 30　　c ＝ 10　　　　D. a ＝ 50　　b ＝ 30　　c ＝ 50

9. 若有定义：

```
float  x = 1.5; int  a = 1, b = 3, c = 2;
```

则正确的 switch 语句是(　　)。

    A. `switch(x)`
```
    {
        case 1.0: printf(" * \n");
        case 2.0: printf("**\n");
    }
```
    B. `switch((int)x);`
```
    {
        case 1: printf( * \n");
        case 2: printf("**\n");
    }
```
    C. `switch(a+b)`
```
    {
        case 1:  printf(" * \n");
        case 2+1: printf("**\n");
    }
```
    D. `switch(a+b)`
```
    {
        case 1: printf(" * \n");
        case c: printf("**\n");
    }
```

10. 若 a、b、c1、c2、x、y 均是整型变量，正确的 switch 语句是(　　)。

    A. `switch(a+b);`
```
    {
        case 1: y = a + b;  break;
        case 0: y = a - b;  break;
    }
```
    B. `switch(a * a+b * b)`
```
    {  case 3:
        case 1: y = a + b;  break;
        case 3: y = b - a;  break;
    }
```

C. switch　a
  {
    case c1: y = a - b;　break;
    case c2: x = a * d;　break;
    default: x = a + b;
  }

D. switch(a-b)
  {　default: y = a * b;　break;
   case 3:
   case 4: x = a + b;　break;
   case 10:
   case 11: y = a - b;　break;
  }

11. 以下程序运行后的输出结果是(　　)。

```
#include <stdio.h>
int main()
{
    int a = 16, b = 21, m = 0;
    switch(a % 3)
    {   case 0:     m++;  break;
        case 1:     m++;
                    switch(b % 2)
                    {   default:  m++;
                        case 0:   m++;  break;
                    }
    }
    printf("%d\n", m);
    return 0;
}
```

  A. 1　　　　　　　　B. 2　　　　　　　　C. 3　　　　　　　　D. 4

12. C 语言对 if 语句的嵌套结构的规定：else 总是与(　　)配对。

  A. 其之前最近的 if　　　　　　　　　　B. 第一个 if
  C. 缩进位置相同的 if　　　　　　　　　D. 其之前最近且不带 else 的 if

13. 若有定义：

```
int w=1, x = 2, y = 3, z = 4;
```

则表达式 w ＞ x ? w : z ＞ y ? z : x 的值为(　　)。

  A. 4　　　　　　　　B. 3　　　　　　　　C. 2　　　　　　　　D. 1

14. 以下关于 switch 语句和 break 语句的描述中，正确的是(　　)。

  A. 在 switch 语句中必须使用 break 语句
  B. break 语句只能用于 switch 语句中
  C. 在 switch 语句中，可根据需要用或不用 break 语句
  D. break 语句是 switch 语句的一部分

15. 以下程序运行后的输出结果是(　　)。

```
#include <stdio.h>
int main ()
{
    int a = 0, b = 0, c = 0, d = 0;
    if (a = 1)  b = 1;   c = 2;
    else  d = 3;
```

```
    printf ("%d, %d, %d, %d\n",  a, b, c, d);
    return 0;
}
```

A. 0，1，2，0　　　B. 0，0，0，3　　　C. 1，1，2，0　　　D. 编译有错

二、填空题

1. 在 C 语言中，用 ＿＿ ① ＿＿ 表示真，用 ＿ ② ＿ 表示假。

2. 写"y 能被 4 整除但不能被 100 整除，或 y 能被 400 整除"的逻辑表达式＿＿＿＿＿＿。

3. 设 x、y、z 均为 int 型变量，写出描述"x、y、z 中有两个负数"的表达式＿＿＿＿＿＿。

4. 设"int x ＝ 3，y ＝ －4，z ＝ 5;"，则表达式（x && y）＝＝（x ‖ z）的值为＿＿＿＿＿＿。

5. 设"int x ＝3，y ＝ 4，z ＝ 3;"，则表达式（x＜y ? x : y）＝＝ z++ 的值是 ＿ ① ＿，变量 z 的值是 ＿ ② ＿。

三、编程题

1. 一辆汽车以 60km/h 的速度先开出半小时后，第二辆汽车以 80km/h 的速度开出，问多长时间后第二辆汽车可以追赶上第一辆汽车？

2. 输入三个数 a、b、c，然后交换它们中的值，把 a 中原来的值给 b，把 b 中原来的值给 c，把 c 中原来的值给 a，然后输出 a、b、c。

3. 输入三个正整数，判断能否构成三角形的三边。如果能，就按照以下提示的数学公式计算三角形的面积；如果不能，就输出"不能构成三角形"的提示信息。其中能构成三角形的判定条件：任意的两边之和均要大于第三边。计算三角形面积的公式：

$$s = \sqrt{x(x-a)(x-b)(x-c)}$$

其中，$x = \dfrac{1}{2}(a+b+c)$。

4. 输入三个正整数，判断能否构成三角形的三边。如果能，判断是构成哪种三角形（正三角形、等腰三角形、直角三角形还是普通三角形）；如果不能，就输出"不能构成三角形"的提示信息。

5. 根据月份判断季节，其中 2 月、3 月、4 月是春季，5 月、6 月、7 月是夏季，8 月、9 月、10 月是秋季，11 月、12 月、1 月是冬季。

6. 编写程序求一元二次方程 $ax^2 + bx + c = 0$ 的实根，一元二次方程求实根的公式：

$$x = \frac{-b \pm \sqrt{b^2 - 4ac}}{2a}$$

方程的三个系数 a、b、c 的值从键盘输入。

7. 输入一个字符，判断如果是小写字母就转换为大写字母，如果是大写字母就转换为小写字母，如果是其他字符就原样输出。

8. 输入一个百分制成绩，输出分数的等级。如果在 90 分及以上为 A 级，80～89 分为 B 级，70～79 分为 C 级，60～69 分为 D 级，60 分以下为 E 级。

第4章
循环结构

chapter 4

在实际应用中，有很多问题需要重复执行某些操作才能解决，如级数求和、穷举求解等，循环结构就是用于解决这类问题的。循环结构有两类问题：一是能确定重复次数，为计数控制的循环；二是不能确定重复次数，需由给定条件控制，为条件控制的循环。C 语言提供了三条控制循环的语句——for 语句、while 语句、do-while 语句，这是本章学习的重点。

内容导读：

- 掌握三种循环语句的格式及执行流程。
- 掌握循环初值、停止条件和循环控制变量的设置。
- 掌握循环嵌套的程序设计方法，理解内外层循环的过程。
- 掌握 break、continue 语句的使用方法。
- 了解 goto 语句。

4.1 while 语句

4.1.1 while 语句的一般形式

while 语句是先判断条件，后执行循环体的当型循环，其语句的一般形式：

```
while(表达式)
{
    循环体语句；
}
```

while 语句的执行流程如图 4-1 所示。首先判断表达式的值，当表达式值为真（非 0）时，执行循环体语句，而后再次判断表达式的值，如果表达式的值仍然为真，就继续执行循环体，直到表达式值为假（0）时，结束循环。

敲重点：

（1）while 是关键字，其后的表达式可以是任何符合 C 语言语法的表达式。当表达式的值为非 0 时表示真，为 0 时表示假。

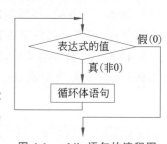

图 4-1 while 语句的流程图

（2）while 只能自动结合一条语句作为循环体。根据这一特性，循环体书写时应注意以下三点。

- 如果循环体有多条语句时，则必须用花括号将多条语句括起来构成复合语句，复合语句在语法上相当于一条语句，能够被 while 自动结合。
- 如果循环体只有一条语句时，可以省略花括号。对初学者的建议：即使循环体只有一条语句，也用花括号括起来，养成良好的代码编写习惯。
- while(表达式)后面不能加分号，因为一个单独的分号也是一条空语句，可以被 while 结合，导致真正的循环体未能被 while 结合，引起逻辑错误。

（3）应正确设置控制循环结束的条件，使循环趋于结束，否则将导致无限循环。

下面先通过一个实例来认识 while 语句如何实现循环结构。

【例 4.1】　使用 while 语句编程，求 $\sum_{n=1}^{100} n$，即 $1+2+3+\cdots+100$。

while 语句
求 1～100
的和

思路：这是一个累加问题，需重复进行求和操作，因此使用循环结构来解决。定义一个循环变量，初值为 1，每次循环将该变量自增 1，并将其值累加到求和变量中，直到循环变量自增到 100 便结束循环。程序的执行流程如图 4-2 所示。

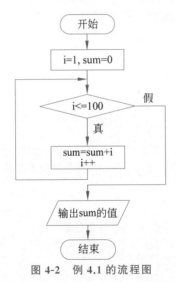

图 4-2　例 4.1 的流程图

```c
1.  #include <stdio.h>
2.  int main()
3.  {
4.      int i = 1, sum = 0;          //i 是循环变量,sum 是求和变量
5.      while(i <= 100)              //判断循环是否继续
6.      {
7.          sum = sum + i;           //求和
8.          i++;                     //i 自增 1
9.      }
10.     printf("1 + 2 + … + 100 = %d\n", sum);
11.     return 0;
12. }
```

程序运行结果：

$$1 + 2 + \cdots + 100 = 5050$$

本例属于计数控制的循环，循环过程中各变量值的变化过程如表 4-1 所示。

表 4-1　例 4.1 程序中各变量值的变化过程

while 循环次数	本次循环开始 变量 i 的值	条件表达式 i <= 100	变量 sum 的值	本次循环结束 变量 i 的值
第 1 次循环	1	真	1	2
第 2 次循环	2	真	3	3
第 3 次循环	3	真	6	4
…	…	…	…	…
第 100 次循环	100	真	5050	101
第 101 次循环	101	假，结束循环		

【例 4.2】　根据公式：$\dfrac{\pi}{4} \approx 1 - \dfrac{1}{3} + \dfrac{1}{5} - \dfrac{1}{7} + \cdots$，使用 while 语句编程，求 π 的近似值，直到最后一项的绝对值小于或等于 10^{-6} 为止。

思路：本题不能通过循环次数来控制循环，而需根据给定的条件来判断循环何时结束。程序的执行流程如图 4-3 所示。

while 语句
求 PI 的
近似值

```
1.   #include <stdio.h>
2.   #include <math.h>
3.   int main()
4.   {
5.       //n 为分母，t 为当前项，sum 求和
6.       float pi, n = 1, t = 1, sum = 0;
7.       int sign = 1;              //sign 表示符号
8.       while(fabs(t) > 1e-6)      //判断循环是否继续
9.       {
10.          sum += t;             //求和
11.          sign * = -1;          //求分子
12.          n += 2;               //求分母
13.          t = sign / n;         //求当前项
14.      }
15.      pi = sum * 4;
16.      printf("PI 的近似值:%f\n", pi);
17.      return 0;
18.  }
```

程序运行结果：

PI的近似值：3.141594

图 4-3　例 4.2 的流程图

比较例 4.1 和例 4.2，例 4.1 为循环次数确定的问题，属于计数控制的循环；例 4.2 为循环次数不确定的问题，属于条件控制的循环。

难点：

本例为级数求和问题，对初学者来说属于难点。不过这类问题的求解有较强的规律性，下面对其解题步骤进行总结。

第1步：观察数学表达式中的相邻两项，找规律，写通式（通式是指如何借助前一项求出后一项的表达式），将通式作为循环体语句。

第2步：根据各变量在第一次循环中的预期值，反推其初值。

第3步：再次循环2~3次，观察各变量数值的变化，判断代码是否正确。

根据以上步骤，对例4.2进行分析。

第1步：观察数学表达式 $\frac{\pi}{4} \approx 1 - \frac{1}{3} + \frac{1}{5} - \frac{1}{7} + \cdots$ 中的相邻两项，找到规律为分子 $1、-1、1、-1\cdots\cdots$ 有规律地变化，分母 $1、3、5、\cdots\cdots$ 也有规律地递增，于是可写出以下通式。

- 分子的通式：后一项分子 ＝ 前一项分子 ＊ （－1）。对应以上程序第11行"sign ＊ ＝ －1;"。

- 分母的通式：后一项分母 ＝ 前一项分母 ＋ 2。对应以上程序第12行"n ＋ ＝ 2;"。

第2步：在第一次循环中，分子 sign、分母 n、当前项 t、总和 sum 的预期值都为1，因此反推各变量的初值 sign＝1,n＝1,t＝1,sum＝0。

思考：

（1）程序第10行"sum ＋＝ t"；能否调整到第13行后面？

（2）程序第8行 while(fabs(t) ＞ 1e-6) 的判断条件中为何使用＞？初学者可能根据题目的条件"直到最后一项的绝对值小于或等于 10^{-6} 为止"认为应使用＜＝，对吗？

（3）程序第10行和第13行的变量t，分别代表什么含义？

4.1.2 while 语句常见错误

对初学者而言，循环结构较之前学习的顺序结构、选择结构有一定难度，稍有不慎，将引起程序的语法错误或逻辑错误，下面列举说明。

1. 忽略"while 仅能自动结合一条语句作为循环体"的语法规定

题目同例4.1，编程求 $1+2+\cdots+100$，观察以下两个程序，思考它们的运行结果。

程序一：

```
1.  int main()
2.  {
3.      int i = 1, sum = 0;
4.      while(i <= 100) ;
5.      {
6.          sum = sum + i;
7.          i++;
8.      }
9.      printf("1+2+…+100 = %d\n", sum);
10.     return 0;
11. }
```

程序二：

```
1.  int main()
2.  {
```

```
3.        int i = 1, sum = 0;
4.        while(i <= 100)
5.            sum = sum + i;
6.            i++;
7.        printf("1+2+…+100 = %d\n", sum);
8.        return 0;
9.    }
```

以上程序一、程序二均没有结果输出，因为 while 语句进入了无限循环。

程序一错在第 4 行 while(i ≤ 100) 后面添加了分号，使得 while 自动结合空语句作为循环体，而未结合第 5~8 行本应属于循环体的语句。

程序二错在循环体没有用花括号括起来，使得 while 仅结合第 5 行作为循环体，而未结合第 6 行，于是变量 i 的值始终为 1，表达式 i ≤ 100 始终为真，则循环无法停止。

总结：①while(表达式)后面不要加分号，这个分号会导致逻辑错误；②while 的循环体语句建议总是用花括号括起来，无论循环体内有多少条语句。

2. 未正确设置循环的初始条件及终止条件

循环结构的正确执行，依赖于正确设置循环的初始条件及终止条件，如果设置有误，将导致循环次数出错。

程序一：题目同例 4.1

```
1.    int main()
2.    {
3.        int i, sum = 0;
4.        while(i <= 100)
5.        {
6.            sum = sum + i;
7.            i++;
8.        }
9.        printf("1+2+…+100 = %d\n", sum);
10.       return 0;
11.   }
```

程序二：题目同例 4.2

```
1.    int main()
2.    {
3.        float pi, n = 1, t = 1, sum = 0;
4.        int sign = 1;
5.        while(fabs(t) < 1e-6)
6.        {
7.            sum += t;
8.            sign * = -1;
9.            n += 2;
10.           t = sign / n;
11.       }
12.       …
13.   }
```

程序一错在没有为循环变量 i 赋初值 1，于是变量 i 的初值是随机数，则循环次数不确定，求和结果错误。

　　程序二错在第 5 行 while(fabs(t) ＜ 1e-6) 的条件表达式,误用＜使得第一次循环条件即为假,则循环次数为 0 次。

4.2　do-while 语句

　　do-while 语句是先执行循环体,后判断条件的直到型循环,其语句的一般形式:

```
do
{
    循环体语句;
}while(表达式);
```

　　do-while 语句的执行流程如图 4-4 所示。首先执行循环体语句,再判断表达式的值,如果表达式的值为真(非 0),就继续循环;直到表达式的值为假(0)时,结束循环。

　　敲重点:

　　(1) do-while 语句末尾,即 while(表达式)后面必须有分号,表示语句到此结束。

　　(2) do-while 也是只能自动结合一条语句作为循环体。如果循环体仅有一条语句时,可以省略花括号;如果循环体有多条语句时,必须添加花括号。

　　(3) 如果表达式的值在第一次循环为假,do-while 语句也至少执行一次循环。

　　【例 4.3】　使用 do-while 语句编程,求 $\sum\limits_{n=1}^{100} n$ 。

　　本例将完成与例 4.1 相同的功能,流程如图 4-5 所示。

do-while 语句求 1~100 的和

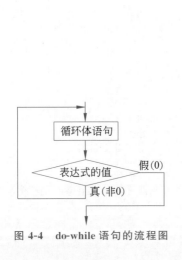

图 4-4　do-while 语句的流程图

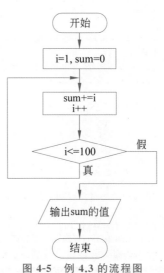

图 4-5　例 4.3 的流程图

```
1.  #include <stdio.h>
2.  int main()
3.  {
4.      int i = 1, sum = 0;              //i 是循环变量,sum 是求和变量
5.      do
6.      {
```

```
7.        sum += i;                    //求和
8.        i++;                         //i自增1
9.     }while(i <= 100);               //判断循环是否继续
10.    printf("1 + 2 … + 100 = %d\n", sum);
11.    return 0;
12. }
```

程序运行结果：

```
1 + 2 + … + 100 = 5050
```

思考：以上程序第 7、8 行的顺序可以颠倒吗？

【例 4.4】 泰勒展开式求 sinx 近似值的多项式：$\sin(x) = x - \dfrac{x^3}{3!} + \dfrac{x^5}{5!} - \dfrac{x^7}{7!} + \cdots$，直到最后一项的绝对值小于 10^{-7} 为止。使用 do-while 语句编程，求 sinx 的近似值。

思路：本题也属于级数求和问题，观察数学表达式中的相邻两项，找规律，可写出以下通式。

分子通式：后一项分子 ＝ 前一项分子 ＊（－x²）。对应程序第 14 行"zi ＊ ＝（－1）＊ x ＊ x;"。

分母通式：后一项分母 ＝ 前一项分母 ＊（(i － 1) ＊ i)。对应程序第 16 行"mu ＊ ＝（i － 1）＊ i;"。

do-while
语句求
正弦值

```
1.  #include <stdio.h>
2.  #include <math.h>
3.  int main()
4.  {
5.      float x, zi, mu=1, t, sum = 0;
6.      int i = 1;
7.      printf("请输入 x 的值:");
8.      scanf("%f", &x);
9.      t = x;
10.     zi = x;
11.     do
12.     {
13.         sum += t;                  //求和
14.         zi *= (-1) * x * x;        //求分子
15.         i += 2;                    //递增变量 i 自增 2
16.         mu *= (i - 1) * i;         //求分母
17.         t = zi / mu;               //求当前项
18.     }while(fabs(t) >= 1e-7);       //判断 t 的绝对值是否大于或等于 10⁻⁷
19.     printf("sin(%f) = %f\n", x, sum);
20.     return 0;
21. }
```

程序运行结果：

```
请输入x的值: 0.523
sin(0.523000) = 0.499481
```

分析：

（1）程序第 11～18 行为 do-while 循环体，循环过程：累加前一项→求当前项的分子→

求当前项的分母→求当前项→判断当前项是否大于或等于 10^{-7}。

（2）正确理解循环语句中多次出现的变量 t，第 13 行"sum += t;"中的 t 为前一项，即先累加前一项；第 17 行"t = zi / mu;"中的 t 为求出的当前项；第 18 行 fabs(t) >= 1e-7 条件表达式中的 t 是当前项，判断它是否大于或等于 10^{-7}，如果是就继续循环，否则就结束循环。

4.3　for 语句

for 语句是循环结构中使用最广泛的语句。也属于当型循环。

4.3.1　for 语句的一般形式

以下为 for 语句的一般形式，注意 for 语句有三个表达式。

```
for(表达式1; 表达式2; 表达式3)
{
    循环体语句;
}
```

for 语句的执行流程如图 4-6 所示。表达式 1 在循环之前执行；每次循环开始时，先判断表达式 2，其值为真（非 0）就执行循环体，其值为假（0）就结束循环；表达式 3 在循环体内执行，且位于循环体语句后执行。

敲重点：

（1）for 语句的三个表达式之间用分号隔开。

（2）表达式 1 为循环变量赋初值，表达式 2 是判断循环是否继续，表达式 3 是修改循环变量值。

（3）for 语句只能自动结合一条语句作为循环体。当循环体只有一条语句时，可以缺省花括号；当循环体有多条语句时，必须加上花括号。

【例 4.5】　使用 for 语句编程，求 n!。

思路：n! = 1 * 2 * … * n，这是一个累乘问题，可以使用循环结构编程求解。本例程序的执行流程如图 4-7 所示。

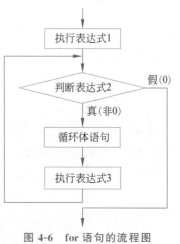

图 4-6　for 语句的流程图

```
1.   #include <stdio.h>
2.   int main()
3.   {
4.       int i, n, fac = 1;              //注意 fac 的初值是 1
5.       printf("请输入 n 值:");
6.       scanf("%d", &n);
7.       for(i = 1; i <= n; i++)
8.       {
9.           fac *= i;                   //累乘
10.      }
11.      printf("%d! = %d\n", n, fac);
12.      return 0;
13.  }
```

for 语句
求阶乘

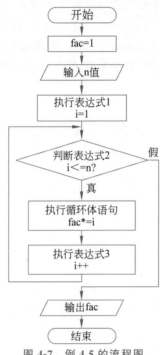

图 4-7　例 4.5 的流程图

程序运行结果：

```
请输入n值：5
5! = 120
```

分析：相比 while 语句和 do-while 语句，for 语句编写的代码更为简洁。正确认识 for 语句的三个表达式，对于 for 语句执行流程的理解至关重要。表 4-2 对 for 语句三个表达式的含义及作用进行了分析和比较。

表 4-2　for 语句三个表达式的含义及作用

比 较 内 容	表达式 1	表达式 2	表达式 3
表达式名称	初始表达式	条件表达式	循环表达式
表达式作用	为变量赋初值	判断循环是否继续	修改循环变量
何时执行	循环之前执行	每次循环开始时被判断	每次循环体之后执行
执行次数	1 次	N+1 次	N 次

4.3.2　for 语句缺省表达式的形式

for 语句的表达式 1、表达式 2、表达式 3 均可以缺省，但是表达式之间的分号不能缺省。

如果缺省了某个或某几个表达式，为保证循环的正确性，应在程序中合适的位置添加相应语句，以完成与被缺省表达式相同的功能。也就是说，虽然表达式缺省了，但是功能不能缺省。

以下为使用 for 语句的不同形式求 1+2+3+…+100。

1. for 语句未缺省表达式的写法

```
int main()
{
    int i, sum;
    for(i = 1, sum = 0; i <= 100; i++)
    {
        sum += i;
    }
    ...
}
```

2. for 语句缺省表达式 1 的写法

```
int main()
{
    int i = 1, sum = 0;          //在循环之前添加对应表达式1的赋值语句
    for(  ; i <= 100; i++)        //缺省表达式1
    {
        sum += i;
    }
    ...
}
```

由图 4-6 和表 4-2 可知, for 语句的表达式 1 是在循环之前被执行, 其作用是为变量赋初值。如果缺省表达式 1, 可在循环之前添加相应的赋值语句, 以完成与表达式 1 相同的功能。

3. for 语句缺省表达式 2 的写法

```
int main()
{
    int i, sum = 0;
    for(i = 1;  ; i++)            //缺省表达式2
    {
        if(i <= 100)              //在循环体内添加对应表达式2的判断条件
        {
            sum += i;
        }
        else
        {
            break;               //结束循环
        }
    }
    ...
}
```

由图 4-6 和表 4-2 可知, for 语句的表达式 2 是在每次循环开始时被判断, 用于决定循环是否继续。如果缺省表达式 2, 可在循环体内添加相应的判断条件, 当条件为假时需执行 break 语句结束循环。

4. for 语句缺省表达式 3 的写法

```
int main()
```

```
{
    int i, sum = 0;
    for(i = 1; i <= 100;  )              //缺省表达式 3
    {
        sum += i;
        i++;                             //在循环体内添加对应于表达式 3 的语句
    }
    ...
}
```

由图 4-6 和表 4-2 可知，for 语句的表达式 3 是在每次循环时被执行的，用于修改循环变量的值。如果缺省表达式 3，可在循环体内添加相应的语句，以完成与表达式 3 相同的功能。

5. for 语句缺省三个表达式的写法

```
int main()
{
    int i = 0, sum = 0;                  //对应表达式 1
    for(  ;  ;  )                        //for 语句缺省三个表达式
    {
        if(i <= 100)                     //对应表达式 2
        {
            sum += i;
            i++;                         //对应表达式 3
        }
        else
        {
            break;
        }
    }
    ...
}
```

特别地，当 for 语句同时缺省三个表达式时，可视为构成无限循环（也称死循环）。类似地，while 语句和 do-while 语句也有无限循环的表示方式，如下所示：

```
for( ; ; )                  while(1)                    do
{                           {                           {
    循环体；                     循环体；                     循环体；
}                           }                           }while(1);
```

4.3.3　比较三种循环语句

一般情况下，三种循环语句（for 语句、while 语句、do-while 语句）可以相互代替，表 4-3 对三种循环语句进行了比较。

表 4-3　比较三种循环语句

比较内容	for 语句	while 语句	do-while 语句

语句形式	for(表达式 1；表达式 2；表达式 3)
	{
	　　循环体语句；
	}
		while(表达式)
		{
		　　循环体语句；
		}
			do
			{
			　　循环体语句；
			}while(表达式)；

续表

比较内容	for 语句	while 语句	do-while 语句
循环类别	当型循环	当型循环	直到型循环
设置循环变量初值	表达式 1	循环之前	循环之前
设置循环结束条件	表达式 2	while 后面的表达式	while 后面的表达式
修改循环变量的值	表达式 3	循环体内用专门语句	循环体内用专门语句

说明：

（1）处理循环次数确定的问题，一般优先选择 for 语句，因为 for 语句编写的代码较为简洁；处理循环次数不确定的问题，一般选择 while 语句或者 do-while 语句，因为这两种语句便于书写控制循环的条件表达式。

（2）当第一次循环条件为真时，三种循环语句等效；当第一次循环条件为假时，do-while 语句至少执行一次循环，而 while 语句和 for 语句则不会执行循环。

4.4　循环嵌套

在一个循环内完整地包含另一个循环，称为循环嵌套（nested loop），也称多重循环。循环嵌套的层数根据需要而定，嵌套一层称为双重循环，嵌套两层称为三重循环。

三种循环语句（while 循环、do-while 循环、for 循环）可以相互嵌套，例如：

```
(1) for(…)        (2) for(…)        (3) while(…)        (4) do
    {  …              {  …              {  …                {  …
        for(…)            while(…)          for(…)              while(…)
        {                 {                 {                   {
            …                 …                 …                   …
        }                 }                 }                   }
    }                 }                 }              }while(…);
```

循环嵌套的执行流程：外循环执行一次，内循环全部执行完毕。

下面是一段双重嵌套的代码，外循环 10 次，内循环 5 次，则 1 次外循环对应 5 次内循环。语句 1 是内层 for 的循环体，将被执行 50 次。语句 2 是外层 for 的循环体，将被执行 10 次。

```
for(i = 0; i <10; i++)              //外循环执行 10 次
{
    for(j = 0; j < 5; j++)          //内循环执行 5 次
    {
        语句 1;                      //语句 1 是内层 for 的循环体
    }
    语句 2;                          //语句 2 是外层 for 的循环体
}
```

【例 4.6】　使用循环的嵌套结构编写程序，依次输出以下图形。

图形 1：用星号构成的矩形　　　　　　图形 2：用星号构成的直角三角形

```
*******                                    *
*******                                   ***
*******                                  *****
*******                                 *******
```

图形 3：用星号构成的正三角形　　　　图形 4：用数字构成的正三角形

```
                                            1
                                           222
                                          33333
            *                            4444444
           ***                          555555555
          *****                        66666666666
         *******                      7777777777777
                                     888888888888888
                                    99999999999999999
```

（1）图形 1：用星号构成的矩形。

思路：图形 1 为 4 行 7 列星号构成的矩形。使用双重循环嵌套结构编程，外循环 4 次，对应行数；内循环 7 次，对应列数。输出矩形的代码如下：

循环嵌套
输出矩形

```
1.   #include <stdio.h>
2.   int main()
3.   {
4.       int i, k;
5.       for(i = 1; i <= 4; i++)          //外循环 4 次,对应 4 行
6.       {
7.           for(k = 1; k <= 7; k++)      //内循环 7 次,对应每行的 7 个星号
8.           {
9.               printf(" * ");
10.          }
11.          printf("\n");                //每行末尾的换行符
12.      }
13.      return 0;
14.  }
```

程序运行结果：

```
*******
*******
*******
*******
```

（2）图形 2：用星号构成的直角三角形。

思路：图形 2 为 4 行星号构成的直角三角形，每行星号个数有规律地递增，仍使用双重循环嵌套结构编程。外循环 4 次，对应行数；内循环次数有规律地变化，对应每行变化的星号个数。图形 2 的难点在于如何确定内循环次数。表 4-4 列出了直角三角形的行号与每行星号个数的变化情况，可总结为一个数学关系式：星号个数＝2 * 行号－1。

表 4-4 直角三角形中行号、星号个数的变化情况

比较内容	第 1 行	第 2 行	第 3 行	第 4 行
行号	1	2	3	4
星号个数	1	3	5	7

以上数学关系式中的星号个数为内循环次数,行号为外循环变量的取值。于是可知,内循环次数随外循环变量 i 的取值变化而变化。输出直角三角形的代码如下:

```
1.  #include <stdio.h>
2.  int main()
3.  {
4.      int i, k;
5.      for(i = 1; i <= 4; i++)            //外循环 4 次,对应 4 行
6.      {
7.          for(k = 1; k <= 2 * i -1; k++) //内循环 2 * i-1 次,对应每行星号个数
8.          {
9.              printf(" * ");
10.         }
11.         printf("\n");                   //每行末尾的换行符
12.     }
13.     return 0;
14. }
```

循环嵌套
输出直角
三角形

程序运行结果:

```
*
***
*****
*******
```

（3）图形 3：用星号构成的正三角形。

思路：图形 3 为 4 行星号构成的正三角形,每行除了星号,还有空格,星号的变化规律与图形 2 相同。表 4-5 列出了正三角形的行号、每行星号个数、空格个数的变化情况,可总结为两个数学关系式：星号个数 = 2 * 行号 - 1;空格个数 = 4 - 行号。输出正三角形的代码如下:

表 4-5 正三角形中行号、星号个数、空格个数的变化情况

比较内容	第 1 行	第 2 行	第 3 行	第 4 行
行号	1	2	3	4
星号个数	1	3	5	7
空格个数	3	2	1	0

```
1.  #include <stdio.h>
2.  int main()
3.  {
4.      int i, j, k;
5.      for(i = 1; i <= 4; i++)            //外循环 4 次,对应行数
6.      {
7.          for(j = 1; j <= 4 - i; j++)    //此循环执行 4-i 次,控制每行空格个数
```

循环嵌套
输出正
三角形

```
8.          {
9.              printf(" ");
10.         }
11.         for(k = 1; k <= 2 * i -1; k++)      //此循环执行 2 * i -1 次,控制每行星号
                                               //个数
12.         {
13.             printf(" * ");
14.         }
15.         printf("\n");                        //每行末尾的换行符
16.     }
17.     return 0;
18. }
```

程序运行结果：

```
   *
  ***
 *****
*******
```

（4）图形 4：用数字构成的正三角形。

思路：图形 4 为 9 行数字构成的正三角形，编程思路与图形 3 类似，不同之处在于用数字替换星号。输出正三角形的代码如下：

循环嵌套
输出数字
正三角形

```
1.  #include <stdio.h>
2.  int main()
3.  {
4.      int i, j, k;
5.      for(i = 1; i <= 9; i++)          //外循环 9 次,对应行数
6.      {
7.          for(j = 1; j <= 9 - i; j++) //此循环执行 9-i 次,控制每行空格的个数
8.          {
9.              printf(" ");
10.         }
11.         for(k = 1; k <= 2 * i -1; k++)
                                          //此循环执行 2 * i-1 次,控制每行数字的个数
12.         {
13.             printf("%d", i);         //输出数字,该数值正好等于行号
14.         }
15.         printf("\n");
16.     }
17.     return 0;
18. }
```

程序运行结果：

```
        1
       222
      33333
     4444444
    555555555
   66666666666
  7777777777777
 888888888888888
99999999999999999
```

说明：

程序第 13 行"printf("%d", i);"是将每行中的数字看作整数 1～9。如果将每个数字看作数字字符'1'～'9'，则第 13 行可以修改为以下两种写法：

(1) printf("%c", '0' + i);

(2) printf("%c", 48 + i);

4.5 break *语句*

C 语言中的 break 语句有两个用途：其一是放在 switch 语句的 case 分支末尾，用于使流程跳出 switch 语句；其二是放在循环结构（for 语句、while 语句、do-while 语句）中，用于结束循环，控制流程跳出循环体，执行循环之后的语句。以下为 break 语句的格式：

```
break;
```

敲重点：

(1) 如果循环是嵌套结构，break 语句只能结束它所在的那一层循环，对其他层循环没有影响。

(2) break 语句一般放在 if 语句中，判断当某条件满足时，就提前结束循环，或称强制结束循环。

【例 4.7】 输出 500 以内能同时被 3 和 7 整除的前 10 个正整数。

思路：使用循环结构遍历 1～500 的数，输出满足条件的数，并统计个数。当满足条件的数达到 10 个，就结束循环。其执行流程如图 4-8 所示。

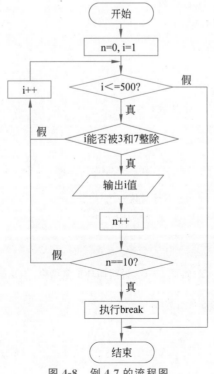

图 4-8 例 4.7 的流程图

break 语句

```c
1.  #include <stdio.h>
2.  int main()
3.  {
4.      int i, n = 0;
5.      printf("500 以内能被 3 和 7 整除的前 10 个正整数:\n");
6.      for(i = 1; i <= 500; i++)
7.      {
8.          if(i%3==0 && i%7==0)              //查找满足条件的数
9.          {
10.             printf("%d\t", i);            //输出满足条件的数
11.             n++;                          //统计个数
12.             if(n == 10)                   //判断是否找到 10 个数
13.             {
14.                 break;                    //提前结束循环
15.             }
16.         }
17.     }
18.     return 0;
19. }
```

程序运行结果：

500以内能被3和7整除的前10个正整数:									
21	42	63	84	105	126	147	168	189	210

【例 4.8】　输入一个整数，判断该数是否为素数。（素数即质数，是指只能被 1 和它本身整除的数）

思路：如何判断整数 n 是否为素数？可将 n 依次除以 2、3、……、n−1，如果都不能除尽，则 n 是素数；否则，n 不是素数。

方法一：循环变量终值法。

素数的判断

```c
1.  #include <stdio.h>
2.  int main()
3.  {
4.      int n, i;
5.      printf("请输入一个整数: ");
6.      scanf("%d", &n);
7.      for (i = 2; i < n; i++)
8.      {
9.          if (n % i == 0)      //如果 n 能被 i 整除，说明 n 不是素数
10.         {
11.             printf("%d 不是素数\n", n);
12.             break;            //提前结束循环
13.         }
14.     }
15.
16.     if (i == n)      //如果 i==n，说明循环正常结束，未执行 break 语句，反推 n 是素数
17.     {
18.         printf("%d 是素数\n", n);
19.     }
20.     return 0;
21. }
```

程序运行结果：

| 请输入一个整数：17 | 请输入一个整数：15 |
| 17是素数 | 15不是素数 |

分析：

(1)"是素数"的判断：以 n＝17 为例，循环变量 i 的取值范围是[2，16]，由于 17 不能被[2，16]范围内的所有数整除，于是 for 循环正常结束，循环结束后，i＝17，于是程序第 16 行 if(i＝＝n) 条件判断为真，输出 17 是素数。

(2)"不是素数"的判断：以 n＝15 为例，循环变量 i 的取值范围是[2，14]，循环执行到 i＝3 时，程序第 9 行 if(n ％ i ＝＝ 0) 条件判断为真，输出 15 不是素数，同时执行break 语句提前结束循环。

思考：

以下两个判断素数的程序段是否正确？为什么？

程序段一

```
for (i = 2; i < n; i++)
{
    if (n % i == 0)
    {
        printf("%d不是素数\n", n);
        break;
    }
    else
    {
        printf("%d是素数\n", n);
    }
}
```

程序段二

```
for (i = 2; i < n; i++)
{
    if (n % i == 0)
    {
        break;
    }
}
if(i == n)
    printf("%d不是素数\n", n);
else
    printf("%d是素数\n", n);
```

分析：

(1) 程序段一错误，else 分支不能放在 for 循环体内。读者请自行分析原因。

(2) 程序段二正确，"不是素数"既可以放在 for 循环的 if 语句内输出，也可以放在for 循环外输出，但"是素数"只能放在 for 循环外输出。请读者仔细体会以上结论。

方法二：标记变量法。

```
1.  #include <stdio.h>
2.  int main()
3.  {
4.      int n, i, flag = 1;              //flag是一个标记变量,flag=1默认该数是素数
5.      printf("请输入一个整数: ");
6.      scanf("%d", &n);
7.      for (i = 2; i < n; i++)
8.      {
9.          if (n % i == 0)              //判断n能否被i整除
10.         {
11.             flag = 0;                //flag=0标记该数不是素数
12.             break;                   //提前结束循环
13.         }
14.     }
15.     if (flag == 1)                   //根据flag的最终值,确定n是不是素数
16.     {
17.         printf("%d是素数\n", n);
18.     }
19.     else
20.     {
21.         printf("%d不是素数\n", n);
22.     }
23.     return 0;
24. }
```

程序运行结果：

请输入一个整数: 17 17是素数	请输入一个整数: 15 15不是素数

分析：标记变量法通过 flag 变量标识判断结果的真与假，是一种常见的编程方法。

4.6　continue 语句

continue 语句放在循环结构中，用于改变循环体语句的执行流程。当 continue 语句被执行，位于 continue 之后的所有循环体语句将被跳过，本次循环提前结束，并继续下一次循环。以下为 continue 语句格式：

continue;

敲重点：

注意区分 break 语句和 continue 语句，break 语句的执行将提前结束它所在的那一层循环结构，即跳出循环体；continue 语句的执行将提前结束本次循环，但还要继续下一次循环。

【例 4.9】 输出 20 以内不能同时被 2 和 3 整除的正整数。

思路：分析题意可知。

（1）满足以下三个条件的数被输出：①能被 2 整除但不能被 3 整除；②能被 3 整除但不能被 2 整除；③不能被 2 整除也不能被 3 整除。

（2）能同时被 2 和 3 整除的数则不输出。显然，判断不输出的条件容易书写，可配合
continue 语句设计程序。程序执行流程如图 4-9 所示。

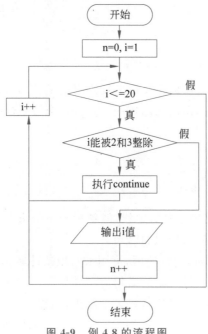

图 4-9 例 4.8 的流程图

```
1.  #include <stdio.h>
2.  int main()
3.  {
4.      int i, n = 0;
5.      printf("20以内不能同时被 2 和 3 整除的数是：\n");
6.      for (i = 1; i <= 20; i++)
7.      {
8.          if (i % 2 == 0 && i % 3 == 0)
9.          {
10.             continue;
11.         }
12.         printf("%-6d", i);              //输出满足题意的数
13.         n++;
14.     }
15.     printf("\n满足条件的数有%d 个\n", n);
16.     return 0;
17. }
```

continue
语句

程序运行结果：

20以内不能同时被2和3整除的数是：																
1	2	3	4	5	7	8	9	10	11	13	14	15	16	17	19	20
满足条件的数有17个																

分析：程序第 8 行条件满足时，执行 continue 语句，而不执行第 12、13 行语句。

4.7　goto 语 句

goto 语句也称无条件转移语句，其一般形式如下：

> **goto 语句标号；**

其中，语句标号（label）是按标识符命名规则书写的符号，放在某一语句行前面，标号后加冒号（:）。语句标号起标识语句的作用，与 goto 语句配合使用。

例如：

```
goto label;
...
label:i++;          //label 是一个语句标号
```

C 语言不限制程序中使用标号的次数，但各标号不得重名。goto 语句的语义是改变程序流向，转去执行语句标号所标识的语句。

goto 语句通常与条件语句配合使用，可用来实现条件转移。往前跳转，可构成循环；往后跳转，可跳过截至语句标号中间的语句。

【例 4.10】　输入一行字符，以换行符表示结束，编程统计字符的个数。

思路：本例使用 goto 语句实现非结构化的转向，从而构成循环。

goto 语句

```
1.   #include <stdio.h>
2.   int main()
3.   {
4.       int n = 0;
5.       printf("请输入一个字符串:");
6.   loop:
7.       if(getchar() != '\n')
8.       {
9.           n++;
10.          goto loop;                    //跳转到标号 loop 处
11.      }
12.      printf("字符个数:%d\n", n);
13.      return 0;
14.  }
```

程序运行结果：

```
请输入一个字符串：abcdefg
字符个数：7
```

分析：本例用 if 语句和 goto 语句构成循环结构。当输入字符不为 '\n' 时执行"n++;"进行计数，然后执行"goto loop;"，跳转至 if 语句构成循环，直至输入字符为 '\n' 才停止循环。

注意：goto 语句允许任意转向，是非结构化语句，在结构化程序设计中不主张使用 goto 语句，以免造成程序流程的混乱，使理解和调试程序都产生困难。初学者自己编写程序时应做到少用或不用 goto 语句。

4.8 循环结构综合实例

【例 4.11】　将一张面值为 100 元的人民币等值换成 100 张 5 元、1 元和 0.5 元的零钞,要求每种零钞不少于 1 张,问有哪几种组合?

思路:如果用 x、y、z 来分别代表 5 元、1 元和 0.5 元零钞的张数,根据题意可得到下面两个方程:

$$x+y+z=100$$
$$5x+y+0.5z=100$$

从数学上,本题无法得到解析求解且解不唯一,但用计算机便可方便地求出各种可能的解,属于穷举法问题。基本思想:一一列举各种可能的情况,并判断哪种可能是符合要求的解。

因每种面值不少于 1 张,x 最大取值应小于 20,于是 y 最大取值应为 100−x,同时在 x、y 取值确定后,z 的值便确定了:z=100−x−y,且 x,y,z 均为整数。

整钱换零钱

```c
1.   #include <stdio.h>
2.   int main()
3.   {
4.       int x, y, z, n;
5.       printf("一张 100 元的人民币可以有以下兑换方式:\n");
6.       printf("5元(张)\t1元(张)\t5角(张)\n");
7.       n = 0;
8.       for (x = 1; x <= 20; x++)
9.       {
10.          for (y = 1; y <= 100 - x; y++)
11.          {
12.              z = 100 - x - y;
13.              if (5 * x + y + 0.5 * z == 100)
14.              {
15.                  printf("%d\t%d\t%d\n", x, y, z);
16.                  n++;
17.              }
18.          }
19.      }
20.      printf("\n组合数: %d\n", n);
21.      return 0;
22.  }
```

程序运行结果:

```
一张100元的人民币可以有以下兑换方式:
5元(张)  1元(张)  5角(张)
1        91       8
2        82       16
3        73       24
4        64       32
5        55       40
6        46       48
7        37       56
8        28       64
9        19       72
10       10       80
11       1        88

组合数: 11
```

【例 4.12】　用迭代法求某个数的平方根。

已知求平方根 $\sqrt{a}$ 的迭代公式为

$$x_1 = \frac{1}{2}\left(x_0 + \frac{a}{x_0}\right)$$

思路：设平方根 $\sqrt{a}$ 的解为 x，可假定一个初值 x0＝a/2（估计值），根据迭代公式得到一个新的 x1，这个新值 x1 比初值 x0 更接近要求的值 x；再以新值作为初值，即 x1→x0，重新按原来的方法求 x1，重复这一过程直到 $|x_1 - x_0| < \varepsilon$（某一给定的精度），此时可将 x1 作为问题的解。

迭代法求
平方根

```c
1.  #include <stdio.h>
2.  #include <stdlib.h>
3.  #include <math.h>
4.  int main()
5.  {
6.      float x, x0, x1, a;
7.      printf("请输入一个正数：");
8.      scanf("%f", &a);
9.      if(fabs(a) < 0.000001)
10.     {
11.         x = 0;
12.     }
13.     else if(a < 0)
14.     {
15.         printf("输入错误\n");
16.         exit(0);
17.     }
18.     else
19.     {
20.         x0 = a / 2;                   //取迭代初值
21.         x1 = 0.5 * (x0 + a / x0);
22.         while (fabs(x1 - x0) > 0.00001)
23.         {
24.             x0 = x1;                  //为下一次迭代做准备
25.             x1 = 0.5 * (x0 + a / x0);
26.         }
27.         x = x1;
28.     }
29.     printf("%.2f 的平方根：%.2f\n", a, x);
30.     return 0;
31. }
```

程序运行结果：

请输入一个正数：2	请输入一个正数：-1
2.00的平方根：1.41	输入错误

迭代法在数学上也称递推法，由给定的初值，通过某一算法（公式）迭代可求得新值，再由新值按照同样的算法又可求得另一个新值，这样经过有限次迭代，即可求得其解。

4.9 本 章 小 结

第 4 章知识
点总结

1. while 语句

(1) while 语句的一般形式：

```
while(表达式)
{
    循环体语句;
}
```

(2) while 语句使用时需注意的问题。

- while(表达式)只能自动结合一条语句。因此当循环体仅有一条语句时，可以缺省花括号；当循环体有多条语句时，必须加上花括号构成复合语句，复合语句在语法上相当于一条语句，能够被 while 结合。
- 表达式类型不限，但需符合语法要求，表达式值为非 0 表示真，值为 0 表示假。

2. do-while 语句

(1) do-while 语句的一般形式：

```
do
{
    循环体语句;
}while(表达式);
```

注意：do-while 语句末尾有一个分号，不能缺省。

(2) do-while 语句与 while 语句的不同。

- while 语句属于当型循环，即先判断表达式，再执行循环体；do-while 语句属于直到型循环，先执行循环体，再判断表达式。
- 当第一次表达式为假时，while 执行 0 次循环，do-while 至少执行 1 次循环。

3. for 语句

(1) for 语句的一般形式：

```
for(表达式 1; 表达式 2; 表达式 3)
{
    循环体语句;
}
```

for 语句有三个表达式，它们之间用分号隔开。

同 while 语句，如果循环体仅有一条语句时，可以缺省花括号；否则，必须添加花括号。

(2) 对 for 语句三个表达式的理解。

- 表达式 1 又称初始表达式，用于为变量赋初值，在循环之前执行。
- 表达式 2 又称条件表达式，用于控制循环何时结束，在每次循环开始时对其进行判断，如果表达式 2 的值为真就继续循环，否则就结束循环。
- 表达式 3 又称循环表达式，用于修改循环变量的值，在每次循环体语句之后执行。

（3）for 语句的三个表达式都可以缺省，但是两个分号不能缺省。

4. break 语句

break 语句用于循环结构中，作用是提前结束循环，也称强制结束循环。

如果是循环嵌套结构，"break;"语句仅结束它所在的那一层循环，对外层循环没有影响。

5. continue 语句

continue 语句用于循环结构中，作用是提前结束本次循环，继续下一次循环，即跳过本次循环中 continue 之后的语句。

6. goto 语句

goto 语句为无条件转移语句，尽量少用。语法格式为"goto 语句标号;"，语句标号一般在语句行前面，标号后加冒号(:)。goto 语句一般与条件语句配合使用，满足条件则跳转到语句标号位置。

4.10 习 题

一、选择题

1. 以下描述正确的是(　　)。

    A. do-while 语句和 while 语句一样，构成的循环可能一次都不执行

    B. do-while 语句不能用 break 退出循环

    C. 用 for 语句，无法实现无限循环

    D. do-while 语句和 while 语句中，条件表达式均为真时执行循环

2. for 语句一般形式为

```
for(表达式 1; 表达式 2; 表达式 3)
{
    循环语句体;
}
```

其中，表示循环条件的是(　　)。

    A. 表达式 1　　　　　　　　　　B. 表达式 2

    C. 表达式 3　　　　　　　　　　D. 循环体

3. 设有以下程序段，则下面描述中正确的是(　　)。

```
int k = 10;
while(k == 0)
    k = k - 1;
```

    A. while 循环执行 10 次　　　　　B. 循环是无限循环

    C. 循环体语句一次也不执行　　　　D. 循环体语句执行一次

4. 关于下面的程序表达正确的是(　　)。

```
#include <stdio.h>
int main()
{
```

```
    int x = 3;
    do{
        printf("%d\n", x - 2);
    }while(!(--x));
    return 0;
}
```

A. 输出的是 1　　　　　　　　　　B. 输出的是 1 和－2

C. 输出的是 3 和 0　　　　　　　　D. 是死循环

5. 变量已正确定义，能正确计算 $1×2×3×\cdots×10$ 的程序段是（　　）。

A. do{ i = 1; s = 1; s = s * i; i++; }while(i <= 10);

B. do{ i = 1; s = 0; s = s * i; i++; }while(i <= 10);

C. i = 1; s = 1; do{ s = s * i; i++; }while(i <= 10);

D. i = 1; s = 0; do{ s = s * i; i++; }while(i <= 10);

6. 不能正确显示 1!、2!、3!、4! 的程序段是（　　）。

A. for(i = 1; i <= 4; i++)
```
    {
        n = 1;
        for(j = 1; j <= i; j++)
            n = n * j;
        printf("%d  \n", n);
    }
```

B. for(i = 1; i <= 4; i++)
```
        for(j = 1; j <= i; j++)
        {
            n = 1;
            n = n * j;
            printf("%d  \n", n);
        }
```

C. n = 1;
```
    for(j = 1; j <= 4; j++)
    {
        n = n * j;
        printf("%d  \n", n);
    }
```

D. n = 1; j = 1;
```
    while(j <= 4)
    {   n = n * j;
        printf("%d  \n", n);
        j++;
    }
```

7. 下段程序执行的输出结果是（　　）。

```
int s = 0, t = 0, u = 0, i, j, k;
for(i = 1; i <= 3; i++)
{
    for(j = 1; j <= i; j++)
    {
        for(k = j; k <= 3; k++)
            s++;
        t++;
    }
    u++;
}
printf("%d%d %d\n",s,t,u);
```

A. 3 6 14　　　　　B. 14 6 3　　　　　C. 14 3 6　　　　　D. 16 4 3

二、填空题

1. 执行以下程序，运行结果是_____。

```c
#include <stdio.h>
int main()
{
    int a, b;
    for(a = 1, b = 1; a <= 100; a++)
    {
        if(b >= 20)
            break;
        if(b % 3 == 1)
        {
            b += 3;
            continue;
        }
        b -= 5;
    }
    printf("a = %d\n", a);
    return 0;
}
```

2. 执行以下程序时，如果输入：ABC123def<回车>，运行结果是_____。

```c
#include <stdio.h>
int main()
{
    char ch;
    while((ch = getchar()) != '\n')
    {
        if (ch >= 'A' && ch <= 'Z')        ch = ch + 32;
        else if (ch >= 'a' && ch < 'z')   ch = ch - 32;
        printf("%c", ch);
    }
    printf("\n");
    return 0;
}
```

3. 下面程序的功能是输出 100 以内能被 3 整除且个位数为 6 的所有整数，请填空。

```c
#include <stdio.h>
int main()
{
    int i, j;
    for(i = 0;_____①_____; i++)
    {
        j = i * 10 + 6;
        if(_____②_____)
        continue;
        printf("%d\t", j);
    }
    return 0;
}
```

4. 下面程序的运行结果是_____。

```c
#include <stdio.h>
int main()
```

```
{
    int i, m = 0, n = 0, k = 0;
    for(i=9; i<=11; i++)
    {
        switch(i / 10)
        {
            case 0:    m++;  n++;  break;
            case 10:   n++;         break;
            default:  k++;  n++;
        }
    }
    printf("m = %d   n = %d   k = %d\n", m, n, k);
    return 0;
}
```

三、编程题

1. 编程序计算：$1-\dfrac{1}{2!}+\dfrac{1}{3!}-\dfrac{1}{4!}+\cdots+(-1)^{n-1}\dfrac{1}{n!}$，直到某一项小于 0.000001。

2. 编写程序，显示所有的水仙花数。水仙花数是指一个三位数，其各位数立方和等于该数本身。例如，153 是水仙花数，因为 $153=1^3+5^3+3^3$。

3. 编程解决百钱买百鸡问题，公元前 5 世纪，我国数学家张丘建在《算经》中提出"百鸡问题"：鸡翁一值钱五，鸡母一值钱三，鸡雏三值钱一。百钱买百鸡，问鸡翁、鸡母、鸡雏各几何？

4. 编程输出九九乘法表。

5. 编写程序，输出 6～1000 的所有合数，合数是指一个数等于其诸因子之和的数。例如，6＝1＋2＋3，28＝1＋2＋4＋7＋14，则 6、28 就是合数。

6. 编程输出以下图形。

```
*            *              *       *******      *******      *******
***          ***           ***       *****       ******        ******
*****        *****        *****        ***       *******       *******
*******      *******      *******       *        *******       *******
*****        *****        *****        ***       *******       *******
***          ***           ***        *****      ******        ******
*            *              *       *******      *******      *******
```

7. 用迭代法求 $x=\sqrt[3]{a}$。求立方根的迭代公式为

$$x_1=\frac{2}{3}x_0+\frac{a}{3x_0^2}$$

提示：初值 x_0 可取为 a，精度为 0.000001。a 值由键盘输入。

8. 计算 π 的近似值，π 的计算公式为

$$\pi=2\times\frac{2^2}{1\times 3}\times\frac{4^2}{3\times 5}\times\cdots\times\frac{(2n)^2}{(2n-1)(2n+1)}$$

要求：精度为 0.000001，并输出 n 的大小，注意表达式的书写，避免数据溢出。

第二部分

进阶提高

第 5 章

chapter 5

数 组

数组是数据的集合,是将若干具有相同数据类型的变量按有序形式组织起来,在内存中连续存放,便于数据的存取。

当有大量数据需要批量存储及处理时,数组便是很好的选择。本章主要介绍一维数组、二维数组的定义、初始化、元素引用等基本概念,以及数组的遍历、查找、排序等编程方法。

内容导读:

- 掌握一维数组、二维数组的定义、初始化、元素引用等基本概念。
- 理解数组名的特殊含义。
- 掌握对数组元素求最大值、最小值、查找、排序等常用算法。

5.1 为何要使用数组

假设有 10 名学生,每名学生有一门课成绩需要存储,根据已学知识,需定义 10 个变量进行存放,例如,"int score1, score2, …, score10;",但如果有 100、1000 门课成绩需要存储,难道要依次定义 100 个,甚至 1000 个变量吗? 显然,程序设计不应该如此烦琐。为便于对类似这样的批量数据进行处理,C 语言提供了数组(array)的概念。

对于 10 名学生,每名学生一门课成绩,共有 10 个数据,可定义一个一维数组对其进行存储,如"int score[10];"。而如果每名学生有 5 门课成绩,共有 50 个数据,则可以定义一个二维数组对其进行存储,如"int score[10][5];"。

以上是数组的应用场景,定义数组可一次性批量定义若干相同类型的变量,这些变量称为数组元素,编译系统为这些变量批量分配内存单元,它们在内存中占用一段连续的存储空间。地址的连续性使得程序对批量数据的访问及处理变得较为容易。本章将重点介绍一维数组和二维数组的定义及使用方法。

5.2 一维数组

5.2.1 一维数组定义

一维数组是按序排列的同类数据元素的集合。如前所述,一维数组定义即表示批量定义若干类型相同的变量，以下为其定义格式：

数据类型　数组名[整型常量表达式]；

例如，"int score[10];"表示定义了一个大小为 10 的整型数组，数组名为 score，该数组中包含 10 个整型变量。

敲重点：

（1）一维数组定义即表示批量定义了若干同类型的变量，将这些变量称为数组元素（element）。

（2）数据类型指定了所有数组元素共同的类型。可以是基本类型，如 int、char、float、double 等，也可以是第 7、9 章中介绍的指针类型、结构体类型等。

（3）数组名是所有数组元素共同的标识，属于用户标识符，应遵循标识符的命名规则。特别地，所有数组元素在内存中占用一段连续的内存空间，数组名代表了这段内存空间的起始地址，因此数组名是地址常量。

（4）数组大小由整型常量表达式指定，即数组元素的个数。数组一旦定义，其大小将不能改变。

5.2.2　一维数组元素引用

一维数组定义后，其中的数组元素是变量，可存放数据，对数组元素的引用即是对数据的访问，以下为数组元素的引用格式：

数组名[下标]

假设有定义"int score[10];"，数组中包含 10 个 int 型变量，依次为 score[0]、score[1]、……、score[9]，系统为该数组分配 40B 的连续存储空间，每个数组元素占 4B，其存储结构如图 5-1 所示。

图 5-1　一维数组 score 的存储结构示意图

敲重点：

（1）数组元素是变量，用于存放数值。

（2）数组元素的下标（subscript）从 0 开始，最大下标为"元素个数-1"。下标确定了该数组元素在数组中的序号，可以是整型常量、变量、表达式。

【例 5.1】　定义一个大小为 5 的整型数组，输入 5 个分数存入数组中并求总分。

思路：假设数组定义为"int a[5];"，输入的 5 个分数将依次存放到数组元素 a[0]～a[4]中，利用数组元素下标的连续性，可使用循环结构对数组元素依次进行访问。

一维数组定义及元素引用

```
1.  #include <stdio.h>
2.  int main()
3.  {
```

```
4.      int a[5], i, sum = 0;              //注意:求和变量 sum 的初值应为 0
5.      printf("请输入 5 个分数:");
6.      for(i = 0; i < 5; i++)             //循环 5 次,遍历 5 个数组元素
7.      {
8.          scanf("%d", &a[i]);           //将每次输入的整数放到数组元素 a[i]中
9.          sum += a[i];                  //求总分
10.     }
11.     printf("总分: %d\n", sum);
12.     return 0;
13. }
```

程序运行结果:

```
请输入5个分数: 78  90  82  95  84
总分: 429
```

分析:for 循环变量 i 的取值范围是[0,4],变量 i 有两个作用,一是控制循环次数,二是作为数组元素的下标(符合下标从 0 开始的语法规定)。

5.2.3 一维数组初始化

一维数组初始化是指在定义数组时为数组元素赋初值。以下为一维数组的初始化格式:

数据类型 数组名 [整型常量表达式] = {初值表};

一维数组的初始化主要有以下四种形式。

(1) 全部元素初始化。

例如:

```
int a[5] = {10, 20, 30, 40, 50};
```

注意:初值的个数不能超过数组大小。

(2) 全部元素初始化,可缺省数组大小。

例如:

```
int a[ ] = {10, 20, 30, 40, 50};
```

编译系统根据花括号内的初值个数可确定数组大小为 5。

(3) 部分元素初始化。

例如:

```
int a[5] = {10, 20, 30};
```

花括号内仅给定 3 个数值,而数组大小为 5,于是编译系统自动将 a[3]、a[4]赋初值为 0。

(4) 所有数组元素赋初值为 0。

例如:

```
int a[5] = {0};
```

以上是数组元素 a[0]～a[4] 均赋初值为 0 的一种方法。需要说明的是，如果数组定义后未赋初值，则所有元素的初值是随机数。

【例 5.2】　定义大小为 10 的整型数组，初始化所有数组元素，查找数组中的最大值。

思路：查找最大值的方法是，首先默认第一个数最大，将其放入 max 变量中，然后用 max 的值与后续元素依次比较，每次比较总是将较大值放入 max 中，如此当所有元素比较完毕后，max 中即存放数组中的最大值。

顺序法查找最大值

```
1.  #include <stdio.h>
2.  int main()
3.  {   //初始化数组元素
4.      int a[10] = {85, 92, 78, 66, 95, 70, 80, 82, 56, 88}, i, max;
5.      printf("数组初值:");
6.      for(i = 0; i < 10; i++)
7.      {
8.          printf("%-6d", a[i]);
9.      }
10.     max = a[0];                        //默认第一个数 a[0]最大,暂存于变量 max 中
11.     for(i = 1; i < 10; i++)            //依次比较后续元素
12.     {
13.         if(a[i] > max)                 //判断 a[i]是否大于 max 中的值
14.         {
15.             max = a[i];                //将找到的更大的值放入 max 中
16.         }
17.     }
18.     printf("\n 最大值:%d\n", max);
19.     return 0;
20. }
```

程序运行结果：

```
数组初值: 85     92     78     66     95     70     80     82     56     88
最大值: 95
```

分析：关于数组求最大值的问题，初学者容易将程序第 13 行的 if 判断条件误写成 if (a[i] > a[i+1])。注意，求最大值不是对相邻数组元素进行比较，而是预设一个保存最大值的变量 max，用 max 依次与各数组元素进行比较，每次比较结束后，总是将较大值存入 max 中。

5.2.4　一维数组常见错误

1. 数组定义的常见错误

（1）数组名是地址常量，不是变量。

例如：

```
int score[10];
score = 80;                              //错误
```

错误原因：数组名 score 是地址常量，不能被赋值，只有变量才能被赋值。

（2）数组定义时，必须用常量值标识数组的大小。

例如：

```
int m = 10;
int a[m];                                    //错误
```

错误原因：数组定义时，方括号内必须为整型常量表达式，用于标识数组的大小。而定义语句"int a[m];"中的 m 是变量，不符合语法规定。

2. 数组元素引用的常见错误

数组元素的下标范围是 **0～数组大小－1**，如果下标超过此范围，称为下标越界。编译系统通常不会对下标越界报错，但是下标越界会导致访问无效的数组元素，从而引起程序运行错误。

【例 5.3】 数组元素下标越界导致程序运行出错。

数组元素
下标越界
的问题

```
1.   #include <stdio.h>
2.   int main()
3.   {
4.      int a[5], i;
5.      a[0] = 10;    a[1] = 20;    a[2] = 30;    a[3] = 40;    a[4] = 50;
6.      printf("数组元素: \n");
7.      for(i = 0; i <= 5; i++)
8.      {
9.         printf("%d\t", a[i]);
10.     }
11.     return 0;
12.  }
```

程序运行结果：

数组元素：					
10	20	30	40	50	0

分析：

（1）程序第 5 行是对数组元素分别赋值，数组元素 a[0]～a[4] 是 5 个独立的变量，不能整体赋值，需分别赋值。

（2）程序第 7 行的 for 语句循环了 6 次，错误引用了 a[5]，而 a[5] 是无效元素，但是编译器并不会对下标越界给出错误提示，程序设计者需自行检查数组元素下标的合法性。

5.2.5 一维数组应用举例

【例 5.4】 使用一维数组编程，求斐波那契（Fibonacci）数列的前 20 项。斐波那契数列定义：第一个数是 1，第二个数是 1，从第三个数开始，每个数等于前两个数之和。可以用数学上的递推公式来表示：

$$f(n) = \begin{cases} 1 & (\text{当 } n=1 \text{ 或 } n=2 \text{ 时}) \\ f(n-1) + f(n-2) & (\text{当 } n>2 \text{ 时}) \end{cases}$$

思路：斐波那契数列的前几项为 1、1、2、3、5、8、13、21、34……根据题意，本题可定义一个大小为 20 的整型数组 a，为数组元素 a[0]、a[1] 赋初值 1、1，再循环 18 次，依次求出

a[2]～a[19]的值。

求斐波那
契数列

```
1.   #include <stdio.h>
2.   #define  N  20
3.   int main()
4.   {
5.       int a[N] = {1, 1}, i;                //仅初始化数组元素 a[0]、a[1]
6.       for(i = 2; i < N; i++)
7.       {
8.           a[i] = a[i-1] + a[i-2];
9.       }
10.      printf("斐波那契数列的前%d项：\n", N);
11.      for(i=0; i<N; i++)
12.      {
13.          printf("%d\t", a[i]);
14.      }
15.      return 0;
16.  }
```

程序运行结果：

```
斐波那契数列的前20项：
1     1     2     3     5     8     13    21    34    55
89    144   233   377   610   987   1597  2584  4181  6765
```

【例 5.5】 用冒泡排序法将 N 个整数按照由小到大的顺序（升序）进行排序。

冒泡排序法思想（以升序排序为例）：对待排序的数组，依次两两比较相邻元素，如果前面的数大于后面的数，则交换两数，不断重复以上过程，直至排序结束。

假设有 5 个数 3，5，4，2，1，使用冒泡法对它们进行升序排序，排序过程如表 5-1 所示。表中将每次被比较的相邻元素加框显示。

表 5-1　冒泡法对 5 个数排序的过程

排序的轮数	本轮等待排序的数	每轮排序中的比较过程				本轮排序的结果
		第 1 次	第 2 次	第 3 次	第 4 次	
第 1 轮	3 5 4 2 1	3 5 4 2 1	3 4 5 2 1	3 4 2 5 1	3 4 2 1 5	5 被放到队列第五的位置
第 2 轮	3 4 2 1	3 4 2 1 5	3 2 4 1 5	3 2 1 4 5		4 被放到队列第四的位置
第 3 轮	3 2 1	2 3 1 4 5	2 1 3 4 5			3 被放到队列第三的位置
第 4 轮	2 1	1 2 3 4 5				2 被放到队列第二的位置

由表 5-1 可知，共进行了 4 轮排序，每轮排序又进行若干次比较。可使用双层循环嵌套实现，外循环控制排序的轮数，内循环控制每轮排序中比较的次数。假设外循环变量是 i，内循环变量是 j，则 i、j 的取值范围见表 5-2 的分析。

表 5-2　冒泡排序过程中内、外循环变量取值范围的分析

排序的轮数	外循环变量 i 的取值	每轮排序中依次比较相邻两数				内循环次数/次	内循环变量 j 的取值
		第 1 次比较	第 2 次比较	第 3 次比较	第 4 次比较		
第 1 轮	i = 0	a[0]和a[1]	a[1]和a[2]	a[2]和a[3]	a[3]和a[4]	4	j: 0～3
第 2 轮	i = 1	a[0]和a[1]	a[1]和a[2]	a[2]和a[3]		3	j: 0～2

续表

排序的 轮数	外循环变 量 i 的取值	每轮排序中依次比较相邻两数				内循环 次数/次	内循环变 量 j 的取值
		第 1 次比较	第 2 次比较	第 3 次比较	第 4 次比较		
第 3 轮	i = 2	a[0]和 a[1]	a[1]和 a[2]			2	j: 0~1
第 4 轮	i = 3	a[0]和 a[1]				1	j: 0

由表 5-2 可知,外循环 4 次,外循环变量 i 的取值范围是 0~3;内循环次数逐渐递减,可理解为内循环次数随着外循环变量 i 的增大而减少,于是内循环变量 j 的取值范围是 0~3−i。

冒泡排序法程序如下:

```
1.  #include <stdio.h>
2.  int main()
3.  {
4.      int a[5] = {3, 5, 4, 2, 1}, i, j, t;
5.      printf("(1)排序之前的数: ");
6.      for(i = 0; i < 5; i++)
7.      {
8.          printf("%-4d", a[i]);
9.      }
10.     for(i = 0; i < 4; i++)              //外循环控制排序的轮数
11.     {
12.         for(j = 0; j < 4 - i; j++)      //内循环控制每轮排序比较的次数
13.         {
14.             if(a[j] > a[j+1])           //a[j]和 a[j+1]是被比较的相邻两数
15.             {
16.                 t = a[j];               //用三条赋值语句实现 a[j]和 a[j+1]的交换
17.                 a[j] = a[j+1];
18.                 a[j+1] = t;
19.             }
20.         }
21.     }
22.     printf("\n(2)升序排序后的数: \n");
23.     for(i = 0; i < 5; i++)
24.     {
25.         printf("%-4d", a[i]);
26.     }
27.     return 0;
28. }
```

冒泡排序

程序运行结果:

```
(1)排序之前的数:   3   5   4   2   1
(2)升序排序后的数: 1   2   3   4   5
```

5.3 二维数组

5.3.1 二维数组定义

假设有 3 名学生,每名学生有 4 门课成绩,共 12 个分数,如何存储更为合理? 联想用

Excel 表存储学生成绩的格式，通常为每行对应一名学生，每列对应一门课程。类似于生活中这种使用矩阵结构存储数据的形式，在 C 语言中就是二维数组。

以下为二维数组定义的格式：

数据类型　数组名[整型常量表达式 1] [整型常量表达式 2]；

例如，"int a[3][4]；"表示定义了一个 3 行 4 列共 12 个元素的二维数组，数组名为 a。

敲重点：

（1）二维数组定义时，数组名后面有两对方括号，方括号内都是整型常量表达式，分别指定二维数组的行长度和列长度。

（2）二维数组定义与一维数组定义相同，都是批量定义若干同类型的变量，将这些变量称为二维数组元素，它们在内存中按行存放。

5.3.2　二维数组元素引用

以下为二维数组元素引用的格式：

数组名[行下标] [列下标]

假设有定义"int a[3][4]；"，则二维数组 a 中包含 12 个元素，其存储结构如图 5-2 所示。

图 5-2　二维数组 a 的存储结构示意图

敲重点：

（1）二维数组元素的行、列下标取值都是从 0 开始。

（2）观察图 5-2 可知，对于二维数组的同一行元素，其行下标相同，列下标不同；而对于同一列元素，其列下标相同，行下标不同。

（3）二维数组元素由行和列组成，也可以将二维数组看作一个特殊的一维数组，其元素的排列顺序如图 5-3 所示。

图 5-3　二维数组元素在内存中按行存放的示意图

5.3.3　二维数组初始化

二维数组的初始化与一维数组类似，用花括号将初值括起来。由于二维数组既可以理解为行列矩阵的形式，其各行元素按行存放；又可以理解为是一个特殊的一维数组，其各行元素顺序存放，于是二维数组的初始化有分行初始化和不分行初始化两种形式。

(1) 分行初始化——对全部元素赋初值。

例如：

```
int a[3][4] = {{1, 2, 3, 4}, {5, 6, 7, 8}, {9, 10, 11, 12}};
```

以上写法用两层花括号直观地表示了所有数值与各行元素的对应关系，其中内层有3对花括号，对二维数组3行元素的初值进行了界定。

(2) 分行初始化——对部分元素赋初值。

例如：

```
int b[3][4] = {{1, 2}, {3, 4, 5}, {6}};
```

以上写法仅给定了部分元素的初值，而对于未赋值的数组元素，系统自动赋初值为0。这些默认赋初值为 0 的数组元素分别是 b[0][2]、b[0][3]、b[1][3]、b[2][1]、b[2][2]、b[2][3]。

(3) 不分行初始化——对全部元素赋初值。

例如：

```
int c[3][4] = {1, 2, 3, 4, 5, 6, 7, 8, 9, 10, 11, 12};
```

以上写法将 12 个初值根据按行存放的原则，依次对应赋初值给 12 个数组元素。

(4) 不分行初始化——对部分元素赋初值。

例如：

```
int d[3][4] = {1, 2, 3, 4, 5, 6};
```

以上写法仅对数组前面的 6 个元素给定初值，后面的 6 个元素系统自动赋初值为 0。

(5) 二维数组定义时，可以缺省数组的行长度表达式，编译系统将根据初始化的数值个数自动确定二维数组的行长度。

例如：

```
int e[ ][3] = {{1, 2, 3}, {5, 6}};     //此时系统自动确定二维数组为 2 行 3 列
int f[ ][4] = {1, 2, 3, 4, 5, 6, 7, 8};  //此时系统自动确定二维数组为 2 行 4 列
```

注意：语法规定只能缺省二维数组的行长度，不能缺省列长度。

5.3.4　二维数组应用举例

由图 5-2 可知，二维数组元素可视为由行和列组成，同一行元素的行标相同，同一列元素的列标相同，于是对二维数组元素的访问有两种方法：按行遍历和按列遍历。

使用双层循环嵌套可实现对二维数组的遍历，如表 5-3 所示。

表 5-3　二维数组的遍历

遍历方法	特　点	外循环	内循环
按行遍历	以行为单位对二维数组元素进行访问	控制行	控制列
按列遍历	以列为单位对二维数组元素进行访问	控制列	控制行

【例 5.6】 有 3 名学生，每名学生有 4 门课(高数、C 语言、政治、英语)的成绩，定义一

个二维数组存放学生成绩,编程计算每名学生的平均分,以及每门课程的平均分。

　　思路：计算每名学生的平均分,需对每名学生的 4 门课成绩求总分,可使用按行遍历的方法访问二维数组。计算每门课程的平均分,需对每门课程的 3 名学生成绩求总分,可使用按列遍历的方法访问二维数组。

二维数组
处理成绩

```
1.  #include <stdio.h>
2.  int main()
3.  {
4.      int s[3][4] = {{64, 72, 78, 66}, {88, 95, 94, 85}, {78, 82, 87, 80}};
5.      int i, j, sum;
6.      printf("---------3名学生 4 门课的成绩---------\n");
7.      printf("\t 高数 \t C 语言 \t 政治 \t 英语 \n");
8.      for(i = 0; i < 3; i++)              //按行访问二维数组
9.      {
10.         printf("学生%d\t", i+1);
11.         for(j = 0; j < 4; j++)
12.         {
13.             printf("%d\t", s[i][j]);
14.         }
15.         printf("\n");
16.     }
17.
18.     printf("\n3 名学生的平均分:");
19.     for(i = 0; i < 3; i++)             //按行访问二维数组
20.     {
21.         sum = 0;
22.         for(j = 0; j < 4; j++)
23.         {
24.             sum += s[i][j];
25.         }
26.         printf("%.2f\t", sum / 4.0); //每名学生的总分除以课程门数得学生平均分
27.     }
28.
29.     printf("\n4 门课程的平均分:");
30.     for(i = 0; i < 4; i++)             //按列访问二维数组
31.     {
32.         sum = 0;
33.         for(j = 0; j < 3; j++)
34.         {
35.             sum += s[j][i];
36.         }
37.         printf("%.2f\t", sum / 3.0); //每门课程的总分除以学生人数得课程平均分
38.     }
39.     return 0;
40. }
```

程序运行结果：

```
---------3名学生4门课的成绩---------
        高数    C语言   政治    英语
学生1    64      72      78      66
学生2    88      95      94      85
学生3    78      82      87      80

3名学生的平均分：70.00  90.50   81.75
4门课程的平均分：76.67  83.00   86.33   77.00
```

【例 5.7】 定义一个 4 行 4 列的矩阵并初始化所有元素的值,编程将矩阵左下三角元素置 0(包括对角线元素在内)。

思路:图 5-4(c)的阴影部分为矩阵中被置 0 的左下三角,这些元素的行、列下标特点为"行下标≥列下标"。本例给出两种编程方法,初学者可仔细比较这两种方法的不同。

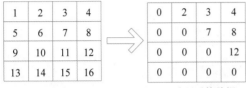

1	2	3	4
5	6	7	8
9	10	11	12
13	14	15	16

0	2	3	4
0	0	7	8
0	0	0	12
0	0	0	0

a[0][0]	a[0][1]	a[0][2]	a[0][3]
a[1][0]	a[1][1]	a[1][2]	a[1][3]
a[2][0]	a[2][1]	a[2][2]	a[2][3]
a[3][0]	a[3][1]	a[3][2]	a[3][3]

(a) 原始数组 (b) 处理后的数组 (c) 数组元素的下标

图 5-4 例 5.7 二维数组的示意图

程序一:

二维数组
处理矩阵

```
1.  #include <stdio.h>
2.  #define  N  4
3.  int main()
4.  {
5.      int a[N][N] = {{1,2,3,4},{5,6,7,8},
            {9,10,11,12},{13,14,15,16}};
6.      int i, k;
7.      printf("矩阵初值: \n");
8.      for(i = 0; i < N; i++)
9.      {
10.         for(k = 0; k < N; k++)
11.             printf("%-6d", a[i][k]);
12.         printf("\n");
13.     }
14.     for(i = 0; i < N; i++)
15.         for(k = 0; k < N; k++)
16.             if(i >= k)
17.                 a[i][k] = 0;
18.     printf("\n左下三角置 0 的矩阵: \n");
19.     for(i = 0; i < N; i++)
20.     {
21.         for(k = 0; k < N; k++)
22.             printf("%-6d", a[i][k]);
23.         printf("\n");
24.     }
25.     return 0;
26. }
```

程序二:

```
1.  #include <stdio.h>
2.  #define  N  4
3.  int main()
4.  {
5.      int a[N][N] = {{1,2,3,4},{5,6,7,8},{9,10,11,12},{13,14,15,16}};
6.      int i, k;
```

```
7.        printf("矩阵初值: \n");
8.        for(i = 0; i < N; i++)
9.        {
10.           for(k = 0; k < N; k++)
11.               printf("%-6d", a[i][k]);
12.           printf("\n");
13.        }
14.       for(i = 0; i < N; i++)
15.           for(k = 0; k <= i; k++)
16.               a[i][k] = 0;
17.       printf("\n 左下三角置 0 的矩阵: \n");
18.       for(i = 0; i < N; i++)
19.       {
20.           for(k = 0; k < N; k++)
21.               printf("%-6d", a[i][k]);
22.           printf("\n");
23.       }
24.       return 0;
25. }
```

程序运行结果：

```
矩阵初值:
1      2      3      4
5      6      7      8
9      10     11     12
13     14     15     16

左下三角置 0 的矩阵:
0      2      3      4
0      0      7      8
0      0      0      12
0      0      0      0
```

分析：程序一第 14～17 行的循环嵌套结构执行了 16 次，遍历了所有数组元素，用 if 语句判断条件"行下标≥列下标"，将满足该条件的元素置 0。程序二第 14～16 行的循环嵌套结构执行了 10 次，仅遍历了满足条件"行下标≥列下标"的元素，并将这些元素置 0。显然，程序二的执行效率高于程序一的执行效率。

5.4　数组综合实例

【例 5.8】　定义一个大小为 10 的整型数组，为数组初始化 10 个按升序排序的初值，输入 1 个整数，查找该数是否在该数组中。要求使用折半法进行查找。

思路：如图 5-5 所示，假设有序序列 9，13，15，16，19，23，37，56，78，90，查找序列中是否有 56。将序列分为左、右两个区域，将待查找数与中间值进行比较，如果"待查找数等于中间值"，说明找到该数；如果"待查找数小于中间值"，则查找区间缩小为左侧区域；如果"待查找数大于中间值"，则查找区间缩小为右侧区域。重复以上过程，直到找到待查找数为止，或者整个序列查找完毕为止。

使用折半法在图 5-5 所示的序列中查找 56，仅查找两次便找到该数；若使用顺序法查找，则需要查找 8 次，因此折半法的查找速度通常较顺序法快。

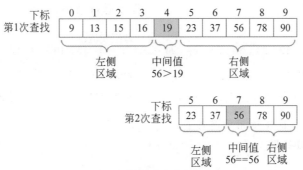

图 5-5 折半法查找示意图

折半法查找

```c
1.   #include <stdio.h>
2.   int main()
3.   {
4.       int a[10]={9, 13, 15, 16, 19, 23, 37, 56, 78, 90};
5.       int i, x, left=0, right=9, mid, flag=0;
                                     //left、right 记录查找区域的左、右边界下标
6.       printf("数组初值:\n ");        //flag 标记是否在序列中找到了待查找数
7.       for(i=0; i<10; i++)
8.       {
9.           printf("%d\t", a[i]);
10.      }
11.      printf("\n 请输入待查找数:");
12.      scanf("%d", &x);
13.      while(left <= right)
14.      {
15.          mid = (left + right) / 2; //求中间值的下标
16.          if(x == a[mid])            //如果 x 等于中间值,说明找到该数
17.          {
18.              flag = 1;
19.              break;
20.          }
21.          else if(x < a[mid])        //如果 x 小于中间值,则需缩小查找范围到其左侧
22.          {
23.              right = mid - 1;        //修改查找范围的右边界
24.          }
25.          else if(x > a[mid])        //如果 x 大于中间值,则需缩小查找范围到其右侧
26.          {
27.              left = mid + 1;         //修改查找范围的左边界
28.          }
29.      }
30.      if(flag == 1)
31.      {
32.          printf("\n 查找结果:%d 在此序列中,下标为 %d\n", x, mid);
33.      }
34.      else
35.      {
36.          printf("\n 查找结果:%d 不在此序列中\n", x);
37.      }
38.      return 0;
39.  }
```

程序运行结果一：

```
数组初值：
 9  13  15  16  19  23  37  56  78  90
请输入待查找数：56
查找结果：56在此序列中，下标为7
```

程序运行结果二：

```
数组初值：
 9  13  15  16  19  23  37  56  78  90
请输入待查找数：47
查找结果：47不在此序列中
```

注意：折半法查找仅适用于有序序列。

【例 5.9】 已知矩阵

$$A = \begin{bmatrix} 1 & 2 & 3 \\ 4 & 5 & 6 \\ 7 & 8 & 9 \end{bmatrix}$$

$$B = \begin{bmatrix} 1 & 2 \\ 3 & 4 \\ 5 & 6 \end{bmatrix}$$

求 $C = AB$。

思路：矩阵相乘 AB 也称为矩阵求内积，是使用矩阵 A 的每行元素乘以矩阵 B 对应列的元素，再求和。矩阵 A 为 3 行 3 列，矩阵 B 为 3 行 2 列，则矩阵 C 为 3 行 2 列。

求矩阵内积

```c
1.   #include <stdio.h>
2.   int main()
3.   {
4.       int A[3][3] = {{1,2,3},{4,5,6},{7,8,9}}, B[3][2] = {{1,2},{3,4},{5,
6}}, C[3][2] = {0};
5.       int i, j, k;
6.       for (i = 0; i < 3; i++)
7.       {
8.           for (j = 0; j < 2; j++)
9.           {
10.              for (k = 0; k < 3; k++)
11.              {
12.                  C[i][j] = C[i][j] + A[i][k] * B[k][j];  //特别注意下标的变化
13.              }
14.          }
15.      }
16.      printf("矩阵 A\t\t 矩阵 B\t\t 矩阵 C\n");
17.      for (i = 0; i < 3; i++)
18.      {
19.          for (j = 0; j < 3; j++)                          //输出矩阵 A 的每行
20.          {
21.              printf("%d  ", A[i][j]);
22.          }
23.          printf("\t");
24.          for (j = 0; j < 2; j++)                          //输出矩阵 B 的每行
25.          {
26.              printf("%d  ", B[i][j]);
27.          }
28.          printf("\t\t");
```

```
29.         for (j = 0; j < 2; j++)                    //输出矩阵 C 的每行
30.         {
31.             printf("%d  ", C[i][j]);
32.         }
33.         printf("\n");
34.     }
35.     return 0;
36. }
```

程序运行结果：

矩阵A			矩阵B		矩阵C	
1	2	3	1	2	22	28
4	5	6	3	4	49	64
7	8	9	5	6	76	100

5.5 本章小结

第5章知识
点总结

1. 数组的三个基本概念

(1) 数组：一组具有相同数据类型的数据的集合。

(2) 数组名：所有数组元素共同拥有的名称，数组名是地址常量。

(3) 数组元素：数组中具有相同类型的、连续存放的若干变量。

2. 一维数组

(1) 一维数组定义。

定义格式：

> 数据类型 数组名[整型常量表达式]；

说明：

① 方括号内的常量表达式确定了一维数组的长度(即元素个数)。

② 数组一旦定义，其长度不能改变。

(2) 一维数组元素引用。

引用格式：

> 数组名[下标]

说明：

① 数组元素的下标从 0 开始。

② 数组元素的下标范围是确定的，如果超过了上限或下限，称为下标越界，将导致引用无效数值而使得程序运行出错。

(3) 一维数组初始化。

一维数组定义时，可以对全部元素或者部分元素赋初值，称为数组初始化。

初始化数值的个数不能超过数组的大小。

初始化数值时，可缺省数组大小，系统将根据数值个数自动确定数组大小。

（4）冒泡排序法。

核心思想：依次比较数组中的相邻两数，如果两数的大小关系不满足题意，则交换其位置。

程序结构：双层 for 循环嵌套 if 语句。外循环控制排序的轮数，内循环控制每轮排序比较的次数，if 语句对相邻两数进行比较并交换位置。

3. 二维数组

（1）二维数组定义。

定义格式：

数据类型 数组名[整型常量表达式 1][整型常量表达式 2]；

说明：

① 二维数组定义后，在内存中分配连续的存储空间，将二维数组元素在其中"按行存放"。

② 方括号内的两个整型常量表达式确定了二维数组的行长度和列长度。

（2）二维数组元素引用。

引用格式：

数组名[行下标][列下标]

说明：二维数组元素的行下标和列下标都是从 0 开始的。

（3）二维数组初始化。

二维数组的初始化分为分行初始化和不分行初始化两种。可对全部元素或部分元素赋初值。

初始化数值时，可缺省二维数组的行长度，系统将根据数值个数自动确定二维数组的行长度。注意：列长度不能缺省。

（4）二维数组编程方法。

对二维数组元素的访问，分为按行遍历和按列遍历两种方法。

若使用按行遍历，则外循环控制行，内循环控制列；若使用按列遍历，则外循环控制列，内循环控制行。

5.6 习 题

一、选择题

1. 以下关于数组的描述正确的是（   ）。

　　A. 数组大小是固定的，但可以有不同类型的数组元素

　　B. 数组大小是可变的，但所有数组元素的类型必须相同

　　C. 数组大小是固定的，所有数组元素的类型必须相同

　　D. 数组大小是可变的，可以有不同类型的数组元素

2. 若有定义"int m[ ]={5,4,3,2,1}, i=4；"，则下面对 m 数组元素的引用中错误的是（   ）。

　　A. m[－－i]　　　　B. m[2*2]　　　　C. m[m[0]]　　　　D. m[m[i]]

3. 以下程序段执行后,数组 a 的数值是(   )。

```
int a[ ] = {9, 3, 0, 4, 8, 1, 7, 2, 5, 6}, i = 0, j = 9, t;
while(i < j)
{
    t = a[j];      a[j] = a[i];      a[i] = t;
    i++;
    j--;
}
```

    A. {9, 3, 0, 4, 8, 1, 7, 2, 5, 6}   B. {0, 1, 2, 3, 4, 5, 6, 7, 8, 9}

    C. {6, 5, 2, 7, 1, 8, 4, 0, 3, 9}   D. {9, 8, 7, 6, 5, 4, 3, 2, 1, 0}

4. 以下程序的运行结果是(   )。

```
#include <stdio.h>
int main()
{
    int i, t[ ][3] = {9, 8, 7, 6, 5, 4, 3, 2, 1};
    for(i=0; i<3; i++)
        printf("%d ", t[2-i][i]);
    return 0;
}
```

    A. 7 5 3   B. 3 5 7   C. 3 6 9   D. 7 5 1

5. 假设有定义语句"int a[ ][3] = {{1, 2}, {1, 2, 3, 4}, {1}, {2, 3, 4}};",则以下叙述正确的是(   )。

    A. 数组 a 中共有 10 个元素

    B. 数组 a 为 4 行 3 列的二维数组

    C. 数组 a 初始化后的实际值是{{1, 2, 1}, {2, 3, 4}, {1, 0, 0}, {2, 3, 4}}

    D. 编译报错

6. 以下数组定义中不正确的是(   )。

    A. int a[2][3];

    B. int b[][3]={0,1,2,3};

    C. int c[100][100]={0};

    D. int d[3][]={{1,2},{1,2,3},{1,2,3,4}};

7. 以下程序的输出结果是(   )。

```
#include <stdio.h>
int main()
{
    int p[7]={11,13,14,15,16,17,18}, i=0, k=0;
    while(i < 7 && p[i] % 2) {k = k + p[i];   i++;}
    printf("%d\n", k);
    return 0;
}
```

    A. 58   B. 56   C. 45   D. 24

8. 以下程序的输出结果是(   )。

```
#include <stdio.h>
int main()
{
    int a[3][3] = {{1, 2}, {3, 4}, {5, 6}}, i, j, s = 0;
    for(i = 1; i < 3; i++)
        for(j = 0; j <= i; j++)
            s += a[i][j];
    printf("%d\n",  s);
    return 0;
}
```

    A. 18　　　　　　　　B. 19　　　　　　　　C. 20　　　　　　　　D. 21

9. 以下程序的输出结果是(　　　)。

```
#include <stdio.h>
int main()
{
    int aa[4][4]={{1,2,3,4},{5,6,7,8},{3,9,10,2},{4,2,9,6}};
    int i, s = 0;
    for(i=0; i<4; i++)    s += aa[i][1];
    printf("%d\n", s);
    return 0;
}
```

    A. 11　　　　　　　　B. 19　　　　　　　　C. 13　　　　　　　　D. 20

二、填空题

1. 设有定义语句"int a[ ][3] = {{0}, {1}, {2}};"，则数组元素 a[1][2] 的值为_____。

2. 若有定义语句"double x[3][5];"，则数组 x 行下标的下限是 0，列下标的上限是_____。

3. 以下程序的功能：数组 x 中各相邻两个元素的和依次存放到数组 a 中，然后输出，请填空。

```
#include <stdio.h>
int main()
{
    int x[10], a[9], i;
    for (i = 0; i < 10; i++)
        scanf("%d", &x[i]);
    for(    ①    ; i < 10; i++)
        a[i-1] = x[i] +    ②    ;
    for(i = 0; i < 9; i++)
        printf("%d\t", a[i]);
    printf("\n");
    return 0;
}
```

4. 以下程序的输出结果是_____。

```
#include <stdio.h>
int main()
```

```
{
    int a[3][3] = {{1,2,9},{3,4,8},{5,6,7}}, i, s=0;
    for(i = 0; i < 3; i++)
        s += a[i][i] + a[i][3-i-1];
    printf("%d\n", s);
}
```

三、编程题

1. 编写程序,输入 10 个整数,输出它们的平均值及大于平均值的数据。

2. 编写程序,把数组中所有奇数放在另一个数组中并输出。

3. 编写程序,把字符数组中的字母按由小到大的顺序排序并输出。

4. 输入若干有序数放在数组中,然后再输入一个数,插入此有序数列中,插入后数组中的数仍然有序,输出最终结果。

5. 给定一个二维数组,并初始化所有元素,求其中的最大值,以及最大值的行、列下标。

6. 给定一个 N×N 矩阵,判断它是否是上三角阵? 上三角阵是指左下三角(不含对角线)都是 0 的矩阵。

7. 求任意矩阵周边元素之和。

8. 求任意方阵每行、每列上的元素之和。

9. 找出一个二维数组中的鞍点,即该位置上的元素在该行最大、在该列最小。二维数组中也可能没有鞍点。

10. 编写程序,输出杨辉三角形的前 5 行,杨辉三角如下。

1

1 1

1 2 1

1 3 3 1

1 4 6 4 1

第 6 章

chapter 6

函 数

函数(function)是 C 语言实现模块化程序设计思想的体现。模块化程序设计思想是指自顶向下地把复杂问题分解为若干小问题,依次解决、逐个突破。每个小问题的解决对应一个模块,将若干模块的功能拼装起来,便达到了解决复杂问题的目的。

函数是模块的最小单位,将一段完成特定功能的代码封装起来,命名为函数。分模块解决问题使程序结构分明,便于查找问题及维护程序。

本章主要介绍函数相关的基础知识,包括函数定义、函数调用、函数声明、实参与形参、函数返回值等概念,以及变量的作用范围和存储类别、函数递归调用、编译预处理命令等知识。

内容导读:

- 掌握函数定义的格式,以及函数定义的四种方法。
- 掌握函数调用的格式,以及函数调用的三种形式。
- 掌握实参与形参的概念,以及实参与形参之间的对应关系。
- 掌握函数返回值类型与 return 语句之间的对应关系。
- 掌握函数声明的作用及格式,理解函数声明可缺省的场合。
- 掌握函数参数的传值方式与传地址方式,以及它们之间的区别。
- 理解变量的不同作用范围和存储类别。
- 能够使用函数递归进行程序设计,理解递归调用时逐层递进与逐层返回的过程。

6.1 为何要使用函数

前 5 章涉及的都是较小规模的程序,代码仅有几行到几十行。而在实际应用中,一个商业应用程序通常有几万、几十万、几百万,甚至更多代码。为了提升程序开发的效率,同时降低开发难度,必须将一个大型程序或者复杂任务分成若干模块,由若干程序员合作完成,于是便有了模块化程序设计思想。图 6-1 为 C 程序模块化设计的层次图。

一个 C 程序可以由一个或多个源文件组成,一个源文件又由一个或多个函数组成。源文件和函数都称为模块,而函数是模块的最小单位。

如果将编写大型程序比作生产一辆汽车,那么函数便是组装汽车的各种零部件。这些零部件可以是遵循行业标准制造的,也可以是根据各汽车品牌实际需求自行设计制造的。事先将这些零部件准备好,生产汽车时直接拿来进行组装,最后再进行汽车的总体

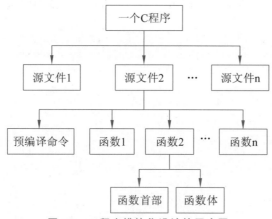

图 6-1　C 程序模块化设计的层次图

性能测试。这些事先调试好的零部件能够让汽车的性能更稳定,并提高生产汽车的效率。

函数概念的引入,在程序设计中体现了以下重要作用。

(1) 提供了分而治之(divide and conquer)的思想。这是人们解决复杂问题时的常用方法,自顶向下、逐步求精、各个击破,直到将复杂问题解决完毕。

(2) 提供了代码复用(code reuse)的便捷性。方便他人或者自己使用已经写好的代码,提高程序设计的效率,同时减少代码量。

(3) 提供了信息隐藏(information hiding)的优点。函数是一个封装体,向外界隐藏了它的内部细节,函数调用时无须关心函数内部实现,仅关心接口部分即可。

6.2　函数定义

6.2.1　函数的分类

在前 5 章的学习中,我们接触了两类函数:一是主函数 main();二是库函数(例如,printf()、scanf()、sqrt()、pow()等)。本章将学习第三类函数——用户自定义函数。

一个程序有且仅有一个主函数,可将其视为程序的总管。程序从主函数开始执行,在中间循环、迭代地调用一个又一个函数,最后又从主函数结束,因此主函数是一个程序的入口和出口。

库函数又分为标准库函数和第三方库函数。标准库函数由 C 语言编译器提供,使用时需包含对应的头文件。例如,使用 printf()函数时,需包含头文件 stdio.h。第三方库函数由厂家自行开发,可扩充 C 语言在图形、数据库等方面的应用。

【例 6.1】　输入一个数,求该数的绝对值,并输出结果。

分析:本例使用三种方法编程。方法一,在主函数中完成所有代码;方法二,调用库函数 fabs()实现求绝对值;方法三,用户自定义求绝对值的函数(见 6.2.2 节)。读者通过对比这三种编程方法,理解并体会用户自定义函数的功能及使用方法。

认识用户自定义函数

方法一：在主函数中完成所有代码。　　　方法二：调用库函数。

```
1.  #include <stdio.h>
2.  int main()
3.  {
4.      float x, y;
5.      printf("请输入一个数: ");
6.      scanf("%f", &x);
7.      if(x >= 0)
8.          y = x;
9.      else
10.         y = -x;
11.     printf("|%.2f| = %.2f\n", x, y);
12.     return 0;
13. }
```

```
1.  #include <stdio.h>
2.  #include <math.h>
3.  int main()
4.  {
5.      float x, y;
6.      printf("请输入一个数: ");
7.      scanf("%f", &x);
8.      y = fabs(x);
9.      printf("|%.2f| = %.2f\n", x, y);
10.     return 0;
11. }
```

本例虽然简单，但我们仍使用模块化程序设计思想对其进行分析。将问题分解为三个任务：①输入数据；②求绝对值；③输出结果。其中，求绝对值是核心任务。方法一程序第 7~10 行和方法二程序第 8 行均为完成此核心任务。程序二第 8 行的库函数 fabs() 便是系统封装好的求绝对值模块，需要该功能时，拿来用即可。假设编译系统未提供此库函数，用户能否自行定义功能类似的函数？显然是可以的，这将是本章的重点内容——用户自定义函数。

6.2.2　用户自定义函数

用户自定义函数也称子函数，是指用户根据实际需要，当标准库函数无法满足需求时，自行编写函数来完成所需功能，同时也方便自己编写的代码供给其他人使用。

以下为例 6.1 的方法三，定义了 my_fabs() 函数实现求绝对值功能，并在主函数中调用该函数，达到与标准库函数 fabs() 类似的功能，其流程图如图 6-2 所示。方法三无须包含头文件 math.h。

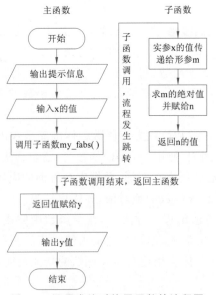

图 6-2　调用求绝对值子函数的流程图

方法三：用户自定义函数。

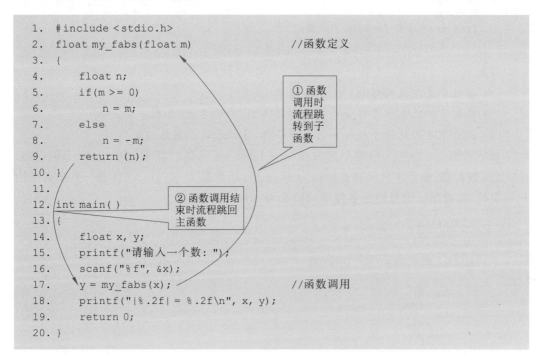

```
1.   #include <stdio.h>
2.   float my_fabs(float m)              //函数定义
3.   {
4.       float n;
5.       if(m >= 0)
6.           n = m;
7.       else
8.           n = -m;
9.       return (n);
10.  }
11.
12.  int main( )
13.  {
14.      float x, y;
15.      printf("请输入一个数: ");
16.      scanf("%f", &x);
17.      y = my_fabs(x);                 //函数调用
18.      printf("|%.2f| = %.2f\n", x, y);
19.      return 0;
20.  }
```

① 函数调用时流程跳转到子函数

② 函数调用结束时流程跳回主函数

程序运行结果一：

```
请输入一个数: -3.5
|-3.50| = 3.50
```

程序运行结果二：

```
请输入一个数: 5
|5.00| = 5.00
```

分析：

（1）程序第 2～10 行为自定义 my_fabs()函数，实现求绝对值功能。参与运算的数是参数 m，运算后的绝对值保存于变量 n 中，通过"return (n);"语句返回求出的绝对值。

（2）程序由主函数和子函数组成，先执行主函数，执行到第 17 行"y = my_fabs(x);"时，流程跳转到子函数，从第 2 行执行到第 10 行，再跳回第 17 行继续执行主函数。

从这个简单的实例，初学者能够领悟到模块化程序设计的思想，将特定任务通过自定义函数实现，每个函数都是一个模块。对于大型程序而言，任务分解使得程序的层次分明，同时利于程序的维护和调试。

再次强调，一个 C 程序中有一个主函数和任意多个子函数，无论主函数放在任何位置，程序都是从主函数开始执行。

6.2.3 函数定义的格式

1. 函数定义的一般格式

函数定义是指将完成特定功能的程序段封装为一个整体。注意：未经定义的函数是不能调用的。以下为函数定义的一般格式：

返回值类型 函数名([类型说明符 形参 1，类型说明符 形参 2，…])
{

> 说明语句
> 执行语句
> **[return；]** 或者 **[return** 表达式；**]**
> }

敲重点：

（1）函数定义包括两部分——函数首部、函数体。

（2）函数首部又包括三部分——返回值类型、函数名、形参表。

（3）函数体是用花括号括起来的若干语句，花括号是函数体的定界符。

如下为例 6-1 方法三程序中定义的 my_fabs() 子函数。其中，float my_fabs(float m) 是函数首部，确定了该函数返回值为 float 型；函数名为 my_fabs（注意：函数名是用户标识符，需遵循标识符的命名规则）；形参为 float 型变量 m。

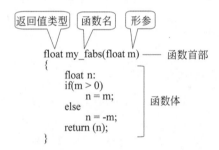

2. 函数定义的两个关键——形参与返回值

函数是完成特定功能的代码段的封装体，对外界而言，可将函数视为一个"黑盒子"，外界无须关心它的内部实现，而形参（parameter）与返回值是函数与外界进行信息交互的通道。如图 6-3（a）所示，外界通过形参向函数输入数据，这些数据将在函数内部进行运算，运算结果再通过返回值向外界输出。图 6-3（b）则是换一个角度看待形参与返回值作为函数之间进行信息交互桥梁的作用。

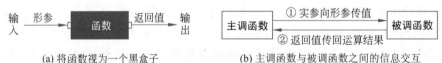

(a) 将函数视为一个黑盒子　　　　　(b) 主调函数与被调函数之间的信息交互
图 6-3　形参与返回值是函数与外界进行信息交互的通道

敲重点：

（1）形参。

形参即形式参数，是函数定义时写在函数首部圆括号内的参数。

形参的作用：形参本身没有值，发生函数调用时，形参接收实参传递过来的数值，因此形参可看作函数这个"黑盒子"与外界联系的输入通道。（注意：实参的概念详见 6.3.1 节）

形参的特点：形参的本质是变量，属于函数的内部变量。

形参的两种情况：根据外界是否有数据输入函数，分为有参和无参两种情况。①有参时，每个形参前面都必须加数据类型，各形参之间用逗号隔开。②无参时，函数名后写空的圆括号，或者写成(void)。

（2）返回值类型。

返回值类型标识了函数需返回的运算结果的数据类型，函数定义时将返回值类型写在函数名前面。

返回值的作用：如果函数有返回值，则在函数调用结束时，通过 return 语句返回运算结果，因此返回值是函数这个"黑盒子"与外界联系的输出通道。

返回值的两种情况：根据函数是否有运算结果向外界输出，分为有返回值和无返回值两种情况。①有返回值时，需在函数名前面写数据类型说明符。特别地，如果缺省返回值类型，则默认为 int 型。②无返回值时，需在函数名前面写 void。

返回值与 return 语句：①有返回值时，函数体内必须有"return 表达式;"语句，且表达式类型应与返回值类型一致。②无返回值时，函数体内可以缺省 return 语句，或者写成"return;"的形式。

注意：函数只有一个返回值，函数体内可以有多条 return 语句，但仅有一条 return 语句会被执行。

6.2.4 函数定义的四种形式

根据函数是否有参数、是否有返回值，将函数定义分为四种形式，如表 6-1 所示。

表 6-1 函数定义的四种形式

函数定义的四种形式	函数是否有输入	函数是否有输出	函 数 首 部
有参、有返回值	有	有	数据类型 函数名(形参表)
有参、无返回值	有	无	void 函数名(形参表)
无参、有返回值	无	有	数据类型 函数名(void)
无参、无返回值	无	无	void 函数名(void)

参看 6.3.1 节的例 6.2，该例使用四种编程方法演示了函数定义的四种形式。

6.3 函 数 调 用

函数定义后，并不能自行执行其函数体语句，只有函数被调用时，才能实现其功能。就好比每个人的姓名由父母所取，只有当被外界使用时，才能发挥它实际的作用。

6.3.1 函数调用的格式

1. 函数调用的一般格式

函数调用（function call）是使用函数，让其发挥作用。以下为函数调用的一般格式：

函数名([实参表])

发生函数调用时，流程从主调函数跳转至被调函数，如果函数有参数，则实参向对应的形参传值。函数调用结束时，流程从被调函数跳回主调函数，如果函数有返回值，则return 语句将返回值传回主调函数。

敲重点：

（1）函数调用时的参数称为实参（argument），即实际参数。表 6-2 对实参与形参进行了比较。

表 6-2　实参与形参的比较

比较内容	实　参	形　参
参数的位置	函数调用时的参数	函数定义时的参数
参数的本质	表达式	变量
书写要求	实参前面不能有数据类型说明符	每个形参前面都必须有数据类型说明符
传值方向	函数调用时，实参向对应位置的形参传值。但是反过来不行，称为传值的单向性	
二者的关系	为保证数值传递的正确性，实参与形参应保持个数一致、类型一致、前后顺序一致	

（2）函数调用与函数定义应保持函数名、参数、返回值的一致性。

- 参数保持一致：①如果函数有参，则实参的个数、类型、顺序应与形参保持一致；②如果函数无参，则实参与形参处均为空。
- 返回值保持一致：①如果函数有返回值，则函数调用常为表达式、函数实参等形式；②如果函数无返回值，则函数调用只能是独立语句的形式。（详见 6.3.3 节）

2. 函数定义与函数调用的多种形式

【例 6.2】　输入两个整数存入变量 x、y 中，定义 my_pow()函数，其功能是求 x 的 y 次方，在主函数中调用 my_pow()函数。

思路：求 x 的 y 次方即为求幂运算，可将 x 连续乘 y 次，即可得其幂值。根据表 6-1 可知，函数定义有四种形式。本例将采用四种函数定义形式编程，初学者可对比函数定义的不同形式以及函数调用语句的差异。

方法一：函数定义为有参、有返回值形式；函数调用为表达式形式。

方法二：函数定义为有参、无返回值形式；函数调用为独立语句形式。

方法三：函数定义为无参、有返回值形式；函数调用为实参形式。

方法四：函数定义为无参、无返回值形式；函数调用为独立语句形式。

方法一：

方法一

```
1.  #include <stdio.h>
2.  int my_pow(int x, int y)
3.  {
4.      int i, z = 1;
5.      for(i = 0; i < y; i++)
6.          z = z * x;
7.      return z;
8.  }
9.
10. int main()
11. {
12.     int x, y, z;
13.     printf("请输入两个整数：");
14.     scanf("%d, %d", &x, &y);
15.     z = my_pow(x, y);
```

```
16.     printf("%d的%d次方是%d\n", x, y, z);
17.     return 0;
18. }
```

方法二:

方法二

```
1.  #include <stdio.h>
2.  void my_pow(int x, int y)
3.  {
4.      int i, z = 1;
5.      for(i = 0; i < y; i++)
6.          z = z * x;
7.      printf("%d的%d次方是%d\n", x, y, z);
8.  }
9.
10. int main()
11. {
12.     int x, y;
13.     printf("请输入两个整数: ");
14.     scanf("%d, %d", &x, &y);
15.     my_pow(x, y);
16.     return 0;
17. }
```

方法三:

方法三

```
1.  #include <stdio.h>
2.  int my_pow(void)
3.  {
4.      int i, x, y, z = 1;
5.      printf("请输入两个整数: ");
6.      scanf("%d, %d", &x, &y);
7.      for(i=0; i<y; i++)
8.          z = z * x;
9.      printf("%d的%d次方是", x, y);
10.     return z;
11. }
12.
13. int main()
14. {
15.     printf("%d\n", my_pow());
16.     return 0;
17. }
```

方法四:

方法四

```
1.  #include <stdio.h>
2.  void my_pow(void)
3.  {
4.      int i, x, y, z = 1;
5.      printf("请输入两个整数: ");
6.      scanf("%d, %d", &x, &y);
7.      for(i=0; i<y; i++)
8.          z = z * x;
```

```
9.        printf("%d的%d次方是%d\n", x, y, z);
10.       return;
11.  }
12.
13.  int main()
14.  {
15.       my_pow();
16.       return 0;
17.  }
```

程序运行结果：

```
请输入两个整数：3，4
3的4次方是81
```

分析：

（1）图 6-4 为 my_pow( )函数调用的程序执行流程。

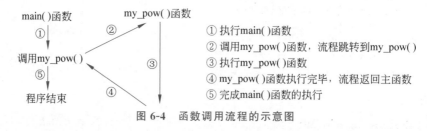

图 6-4　函数调用流程的示意图

（2）例 6.2 的题意可分解为三个任务：①输入数据；②求幂；③输出结果。以上四种编程方法中，随着 my_pow( )函数定义为有参、无参、有返回值、无返回值等形式，三个任务被以不同组合方式分解到主函数和子函数中完成，如表 6-3 所示。由此可以看出，函数定义及调用的不同形式是根据实际需求而灵活设计的。

表 6-3　my_pow( )函数的四种定义方式下例 6.2 的任务分解

比较内容	方法一： 有参、有返回值	方法二： 有参、无返回值	方法三： 无参、有返回值	方法四： 无参、无返回值
函数首部	int my_pow(int x, int y)	void my_pow(int x, int y)	int my_pow(void)	void my_pow(void)
主函数承担的任务	输入、调用函数、输出	输入、调用函数	调用函数、输出	调用函数
子函数承担的任务	运算	运算、输出	输入、运算	输入、运算、输出

6.3.2　参数传值

例 6.2 方法一、方法二的 my_pow( )函数都定义为有参函数，发生函数调用时，实参将数值传递给形参，称为参数传值方式。**参数传值是指实参为数值、形参为普通变量的参数传递方式**，如图 6-5 所示。实参的数值以表达式形式呈现（可以是整数、实数、字符常量，也可以是整型变量、实型变量、字符变量，或者数值型的数组元素等），形参则是与实参同数据类型的普通变量（整型变量、实型变量或字符变量）。

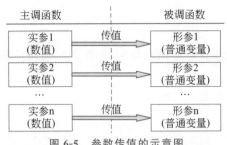

图 6-5 参数传值的示意图

参数传值遵循单向性原则,即只能实参向形参传值,反过来不行。值传递可描述为如下过程。

(1) 发生函数调用时,系统临时创建形参变量,形参为被调函数的内部变量。

(2) 实参将其数值复制一份给形参变量。

(3) 函数执行过程中,形参的任何改变只发生在被调函数内部,不会影响到实参。

(4) 当被调函数执行结束返回主调函数时,形参的存储空间被自动释放,形参的数值也随之消失。

6.3.3 函数调用的三种形式

例 6.2 的四种编程方法将 my_pow() 函数定义为四种方式,相应地,函数调用也采用不同的形式。方法一的函数调用为"z = my_pow(x, y);",方法二的函数调用为"my_pow(x, y);",方法三的函数调用为"printf("%d\n", my_pow());",方法四的函数调用为"my_pow();"。

可将函数调用总结为以下三种形式。

(1) 函数独立语句形式:是指函数调用呈现为一条独立的语句。

例如:

```
my_pow(x, y);  和  my_pow();
```

此时函数调用作为一条独立的语句。这种调用形式不需要函数有返回值,因此对函数返回值类型没有限制。

(2) 函数表达式形式:是指函数调用呈现为表达式中的一部分。

例如:

```
z = my_pow(x, y);
```

此时函数调用作为赋值表达式的一部分,将函数返回值赋给变量 z。这种调用形式要求函数必须有返回值。

(3) 函数实参形式:是指函数调用呈现为另一个函数的实参。

例如:

```
printf("%d\n", my_pow());
```

此时 my_pow() 函数调用作为 printf() 函数的一个实参,将 my_pow() 函数的返回值作为 printf() 函数的输出项列表。这种调用形式要求函数必须有返回值。

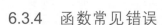

6.3.4　函数常见错误

函数定义与函数调用涉及较多语法规定，初学者常忽略这些问题，下面举例说明。

1. 函数定义的常见错误

函数定义的常见错误如表 6-4 所示。

表 6-4　函数定义的常见错误

错误类型	错误用法	正确用法	解　析
函数形参错误	void fun(int a，b，c) { ··· }	void fun(int a, int b, int c) { ··· }	语法规定每个形参前面都必须有数据类型说明符
形参与函数体内的变量重名	void fun(int a) {　int a; 　　··· }	void fun(int a) {　int b; 　　··· }	函数形参属于函数内部变量，因此函数体内不能再定义与形参重名的变量
无返回值类型时，有"return　表达式;"语句	void fun(void) {　··· 　　return 1; }	void fun(void) {　··· 　　return; }	当函数无返回值时，return 后面不能有表达式，只能写成"return;"
有返回值时，返回值类型与 return 后面的表达式类型不匹配	char fun() {　float x; 　　··· 　　return x; }	char fun() {　char x; 　　··· 　　return x; }	函数返回值类型对 return 后面的数据类型进行了限制，正常情况下二者应保持一致，如果不一致，以函数返回类型为准
函数定义发生嵌套	void fun1(void) {　··· 　　void fun2(void) 　　{　··· } }	void fun1(void) {　··· } void fun2(void) {　··· }	不能在一个函数体内嵌套另一个函数的定义，函数定义应各自分开
函数首部后面误加分号	void fun(void); {　··· }	void fun(void) {　··· }	函数首部与函数体是一个整体，中间不能加分号隔开

2. 函数调用的常见错误

函数调用的常见错误如表 6-5 所示。

表 6-5　函数调用的常见错误

错误类型	错误用法	正确用法	解　析

函数调用与函数定义的函数名不一致	void fun()
	{　··· }
	int main()
	{　···
	　　Fun();
	}
		void fun()
		{　··· }
		int main()
		{　···
		　　fun();
		}
			函数调用与函数定义时的函数名必须保持一致。函数名属于用户标识符，要区分大小写字母

续表

错误类型	错误用法	正确用法	解　　析
实参写法错误	void fun(int x, int y) ｛ … ｝ int main() ｛　int x = 10，y = 20; 　　fun(int x，int y); 　　… ｝	void fun(int x, int y) ｛ … ｝ int main() ｛　int x = 10，y = 20; 　　fun(x，y); 　　… ｝	实参是表达式，不能加数据类型说明符
实参与形参不一致	void fun(int x, int y) ｛ … ｝ int main() ｛　float x = 10.0; 　　fun(x); 　　… ｝	void fun(int x，int y) ｛ … ｝ int main() ｛　int x = 10，y = 20; 　　fun(x，y); 　　… ｝	实参与形参应保持个数一致、类型一致、顺序一致
函数无返回值时，调用语句不能有赋值操作	void fun(int x, int y) ｛ … ｝ int main() ｛　int z; 　　z = fun(10，20); 　　… ｝	void fun(int x，int y) ｛ … ｝ int main() ｛ 　　fun(10，20); 　　… ｝	函数无返回值时，函数调用只能以独立语句的形式出现

6.4　函数声明

在例 6.2 的四种编程方法中，都是将 my_pow() 函数书写的位置放在 main() 函数前面，若是颠倒二者的书写顺序，将主函数写在前面，子函数写在后面，修改为如下形式：

```
#include <stdio.h>
int main()
{
    int x, y, z;
    printf("请输入两个整数：");
    scanf("%d, %d", &x, &y);
    z = my_pow(x, y);                 //函数调用在前面
    printf("%d的%d次方是%d\n", x, y, z);
    return 0;
}
int my_pow(int x, int y)             //函数定义在后面
{
    int i, z = 1;
    for(i = 0; i < y; i++)
        z = z * x;
    return z;
}
```

对于以上程序，编译时系统会提示类似如下的警告信息"implicit declaration of function 'my_pow';"（不同的编译系统，具体的提示信息会有差别）。错误警告指向语句"z = my_pow(x, y);"，这是什么原因呢？

编译过程是对代码进行语法检测，当编译器检测至"z = my_pow(x, y);"，由于 my_pow()函数既不是标准库函数，也没有在之前被编译器识别过，因此提示需添加该函数的声明。

1. 函数声明的作用

函数声明是指在程序编译阶段对函数调用的正确性进行检查，包括对函数的返回值类型、函数名、形参表进行检查。

若函数定义放在函数调用之前，可以省略函数声明；若函数定义放在函数调用之后，需要添加函数声明。因为编译是根据程序的书写顺序自上而下地检测，如果在函数调用之前，已经检测到函数定义，或检测到函数声明，则不会报错。

2. 函数声明的一般格式

函数声明的一般格式：

> 返回值类型　函数名([类型说明符 形参 1, 类型说明符 形参 2, …]);

或者

> 返回值类型　函数名([形参 1 的类型说明符, 形参 1 的类型说明符, …])

因此，对 my_pow()函数添加声明有以下两种方法：

① int my_pow(int x, int y);

② int my_pow(int, int);

说明：函数声明与函数定义需保持返回值类型、函数名、形参类型及个数的一致性。

3. 函数声明的位置

（1）函数声明一般放在所有函数定义的前面，说明在此之后的所有函数都可以调用被声明的函数，而不需要各自再次声明。

例如，以上程序可以在编译预处理命令后面添加函数声明。

```
#include <stdio.h>
int my_pow(int x, int y);              //函数声明
int main()
{   …
    z = my_pow(x, y);                  //函数调用
}
int my_pow(int x, int y)               //函数定义
{   …   }
```

（2）函数声明也可以只放在某个函数内部，说明只有该函数可以调用被声明的函数。其他函数若要调用被声明的函数，需要各自声明。

6.5　函数嵌套调用

C 语言不允许函数嵌套定义，即不允许在一个函数的定义中出现另一个函数的定义。但是允许函数嵌套调用，即允许在一个函数的定义中出现对另一个函数的调用。

C 语言的函数之间是相互独立的,它们之间没有从属关系,但可以相互调用(除了主函数不能被其他函数调用)。

【例 6.3】 定义函数求组合数,将从 m 个不同元素中取出 $n(n \leqslant m)$ 个元素的所有不同组合的个数称为组合数,用符号 C_m^n 表示,其计算公式为

$$C_m^n = \frac{m!}{n!(m-n)!}$$

思路:公式中进行了三次求阶乘运算,可定义 fac() 函数实现求阶乘,再定义 Cmn() 函数实现求组合数,在 Cmn() 中调用三次 fac(),即可依次求 $m!$、$n!$、$(m-n)!$(这里体现了函数的代码复用功能)。最后在 main() 函数中调用 Cmn() 函数,获得组合数的值。按照以上思路编写的代码,采用了函数嵌套调用的思想,其程序流程如图 6-6 所示。

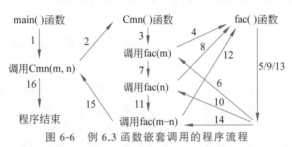

图 6-6　例 6.3 函数嵌套调用的程序流程

函数嵌套
调用

```
1.  #include <stdio.h>
2.  /* fac() 函数:求阶乘
3.     形参 x:被求阶乘的数,例如 x=5,则函数功能是计算 5!
4.     返回值类型 int:返回一个整数,即 x!
5.  */
6.  int fac(int x)
7.  {
8.      int i, f = 1;
9.      for(i = 1; i <= x; i++)
10.         f *= i;
11.     return f;
12. }
13.
14. /* Cmn() 函数:求组合数
15.    形参 m、n:代表从 m 个不同元素中取出 n(n <=m)个元素
16.    返回值类型 int:返回一个整数,即组合数的值
17. */
18. int Cmn(int m, int n)
19. {
20.     int c;
21.     c = fac(m) / (fac(n) * fac(m - n));        //调用三次 fac() 函数
22.     return c;
23. }
24.
25. int main()
26. {
27.     int m, n, x;
28.     printf("请输入 m 和 n 的值:");
29.     scanf("m=%d, n=%d", &m, &n);
```

```
30.        x = Cmn(m, n);                          //调用 Cmn() 函数
31.        printf("组合数 Cmn = %d\n", x);
32.        return 0;
33. }
```

程序运行结果：

```
请输入m和n的值：m=3，n=2        请输入m和n的值：m=5，n=3
组合数Cmn = 3                   组合数Cmn = 10
```

说明：本例中为用户自定义函数 fac() 和 Cmn() 添加了注释信息，说明了子函数的功能，以及形参和返回值的含义。为程序添加注释信息是良好的编程习惯，有利于代码的维护，同时增加代码的可读性，有助于其他人对代码的理解。

6.6　变量的作用范围和存储类别

变量定义时，需指定数据类型，用于决定变量在内存中占用的字节数。除此之外，变量还有两个重要特性：一是变量在空间上的作用范围（也称作用域）；二是变量在时间上的生存周期。

根据变量作用范围的大小分为全局变量和局部变量，根据变量生存周期的长短分为永久变量和临时变量。

6.6.1　变量的作用范围

变量的作用范围是指变量的有效性范围，也称作用域（scope）。根据变量作用范围的大小，可分为局部变量和全局变量两类。

1. 局部变量

局部变量（local variable）分为两种：函数体内的局部变量，复合语句内的局部变量。

（1）函数体内的局部变量定义在函数体最开始的位置，其作用范围仅限于定义该变量的函数体内部。注意：形参也属于函数体内的局部变量。

（2）复合语句内的局部变量定义在复合语句最开始的位置，其作用范围仅限于定义该变量的复合语句内。

2. 全局变量

全局变量（global variable）是定义在函数体外的变量，其作用范围是从该变量定义的位置开始，直到源文件结束。全局变量可以被位于它之后的所有函数引用，当多个函数都需要使用同一个变量时，可以将该变量定义为全局的，以方便各函数对数据的共同使用。图 6-7 为局部变量和全局变量的作用范围示意图。

【例 6.4】　在主函数中输入两个电阻值，定义 resVal() 函数求电阻的并联值和串联值，在主函数中输出运算结果。使用全局变量编写程序，使得主函数和子函数可以共用存储电阻值的变量。

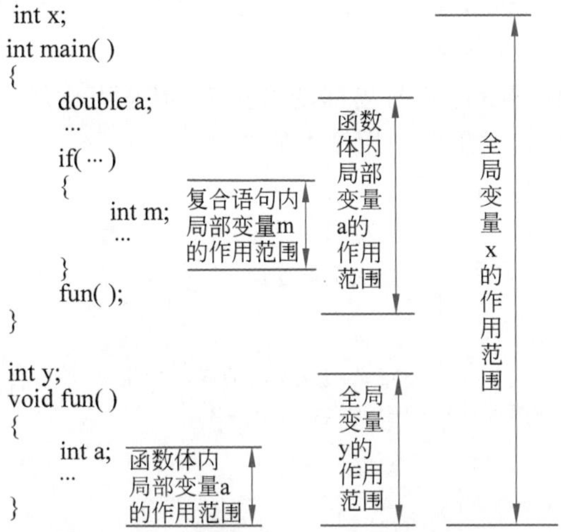

图 6-7 局部变量和全局变量的作用范围示意图

```
1.  #include <stdio.h>
2.  double r1, r2, rp, rs;                //定义全局变量
3.  void resVal(void)
4.  {
5.      rp = (r1 * r2) / (r1 + r2);
6.      rs = r1 + r2;
7.  }
8.
9.  int main()
10. {
11.     printf("请输入两个电阻值: ");
12.     scanf("%lf, %lf", &r1, &r2);
13.     resVal();
14.     printf("并联电阻值: %.2lf\n", rp);
15.     printf("串联电阻值: %.2lf\n", rs);
16.     return 0;
17. }
```

程序运行结果：

```
请输入两个电阻值: 3, 5
并联电阻值: 1.88
串联电阻值: 8.00
```

分析：

（1）程序中定义了 4 个全局变量 r1、r2、rp、rs，可以被主函数和子函数同时访问。

（2）通过以上学习可知，参数和返回值是函数与外界联系的两个通道。引入全局变量后，扩充了函数之间进行数据传递的渠道。

敲重点：

（1）全局变量又称永久变量，全局变量从程序开始运行就分配内存单元，直到程序结束才释放内存，在程序运行的任何时刻、任何位置，都可以访问全局变量。

（2）全局变量定义后如果没有赋初值，则初值是 0。

（3）全局变量看起来使用方便，但是建议初学者谨慎使用。因为多个函数共用全局

变量,增加了模块间的耦合性,容易导致"牵一发而动全身",不利于维护程序的稳定性。

3. 全局变量和局部变量重名的情况

定义全局变量时,应尽量避免与局部变量重名,但是当全局变量确实与局部变量重名时,作用域小的变量将自动屏蔽作用域大的变量。

【例 6.5】 不同作用域的变量重名的实例。

不同作用域的变量重名

```
1.  #include <stdio.h>
2.  int x = 1;               //定义全局变量 x
3.  void fun()
4.  {
5.      int x = 2;           //定义函数体内的局部变量 x
6.      printf("(1)函数体内的局部变量 x = %d\n", x);
7.  }
8.  int main()
9.  {
10.     fun();
11.     if(x > 0)
12.     {
13.         int x = 3;       //定义复合语句内的局部变量 x
14.         printf("(2)复合语句内的局部变量 x = %d\n", x);
15.     }
16.     printf("(3)全局变量 x = %d\n", x);
17.     return 0;
18. }
```

程序运行结果:

```
(1)函数体内的局部变量 x = 2
(2)复合语句内的局部变量 x = 3
(3)全局变量 x = 1
```

分析:程序第 2、5、13 行分别定义了三个同名变量 x,这三个变量的作用域不同。第 2 行定义的 x 是全局变量,第 5 行定义的 x 是函数体内的局部变量,第 13 行定义的 x 是复合语句内的局部变量。在相同的作用域内,作用范围小的变量自动屏蔽作用范围大的变量。

6.6.2　变量的存储类别

在程序运行过程中,为提高运行效率,将用户的存储空间分为五类。

(1) 程序区:存放程序的可执行代码模块。

(2) 静态存储区:存放所有全局变量和标识为静态类 static 的局部变量,这部分区域从程序开始执行到结束的始终为变量保持已经分配的固定的存储空间。

(3) 动态存储区(也称运行栈区):存放未标识为静态类 static 的局部变量、函数的形参等数据。这些数据的存储空间将随着函数调用结束而自动释放。

(4) 堆区(heap):由程序员通过调用 malloc()等库函数动态申请的存储空间,这里分配的空间需要程序员调用如 free()等库函数来手动释放,系统一般不会自动释放。

(5) 文字常量区:存放程序中的常量,如字符串常量就是放在这里的。程序中常量所占空间在程序结束后由系统释放。

C 语言中的变量根据其用途不同,被存放于上述不同的存储空间里。本节之前的变量定义仅考虑变量的数据类型,不涉及其存储类别,本节将重点讨论变量的存储类别。数据类型决定变量占用存储空间的大小,存储类别(storage class)决定变量占用存储空间的时间长短。

C 语言将变量的存储类别分为四种:自动变量、寄存器变量、静态变量和外部变量。

1. 自动变量

自动变量是指存放于动态存储区中的变量(用关键字 auto 表示),是 C 语言中使用最广泛的变量。以下为其定义格式:

[auto] 数据类型说明符　变量名;

例如:

int x;　等价于　auto int x;

自动变量定义时常缺省关键字 **auto**,其生存周期较短。函数形参、函数体或复合语句内定义的缺省存储类别的变量均属于自动变量。

注意:函数形参属于自动变量,但是声明形参时不能使用 auto 关键字。

自动变量的特点如下。

(1) 自动变量的作用域仅限于定义该变量的函数或复合语句内。

(2) 自动变量定义后如果没有赋初值,则初值是随机数。

2. 寄存器变量

寄存器变量是指存放于 CPU 寄存器中的变量(用关键字 register 表示),以下为其定义格式:

register 数据类型说明符　变量名;

例如:

register int x;

寄存器变量也属于自动变量,二者的区别:寄存器变量存放于 CPU 的寄存器中,自动变量存放于内存中。由于 CPU 访问寄存器的速度比访问内存的速度快,因此标识为 **register** 型的变量运行速度较快。

寄存器变量的特点如下。

(1) CPU 中寄存器的数量有限,只能将使用频率较高的少数变量设置为 register 型。当没有足够的寄存器来存放指定变量,或编译程序认为指定变量不适合放在寄存器中,将按 auto 类型处理。因此,register 只是对编译程序的一种建议,不是强制。

(2) register 型变量没有地址,不能对它进行求地址运算。

(3) 寄存器长度一般与机器字长相同,所以数据类型为 float、long、double 的变量通常不能定义为 register 型,只有 int、short、char 型变量可以定义为 register 型。

【例 6.6】　使用寄存器变量编程,求 $1+2+3+\cdots+n$ 的值。

```
1.  #include <stdio.h>
2.  int main()
3.  {
```

寄存器变量

```
4.      int n;
5.      register int i, sum=0;          //程序中使用频率较高的整型变量,可定义为
                                        //register 型
6.      printf("请输入一个整数:");
7.      scanf("%d", &n);
8.      for(i = 1; i <= n; i++)         //变量 i 和 sum 在循环结构中被频繁使用
9.      {
10.         sum = sum + i;
11.     }
12.     printf("1 + 2 + … + %d = %d\n", n, sum);
13.     return 0;
14. }
```

程序运行结果：

```
请输入一个整数：100
1 + 2 + … + 100 = 5050
```

注意：程序第 4 行的变量 n 不能定义为 register 型,因为"scanf("％d", ＆n);"语句需要对变量 n 求地址,而 register 型变量不能进行求地址运算。

3. 静态变量

静态变量是指存放于静态存储区里的变量(用关键字 static 表示),以下为其定义格式：

static 数据类型说明符　变量名;

例如：

```
static int x;
```

静态变量一旦定义,其存储单元将在整个程序运行期间有效,不会被系统释放,直到程序运行结束,因此静态变量也称永久变量,表示其生存周期较长。

静态变量分为静态局部变量和静态全局变量两种。

（1）静态局部变量。静态局部变量的作用范围仅在函数体内,生存周期为定义变量开始直到程序结束。其特点：变量永久存在,函数调用结束后,其存储空间依然存在,后续如果再次调用函数,则静态局部变量的值为前一次调用函数时的值。

（2）静态全局变量。静态全局变量的作用范围仅限于定义该变量的源文件(.c)内部,不能被其他源文件引用。静态全局变量限制了全局变量作用范围的扩展,体现了信息隐蔽的特点。这对于编写一个具有众多源文件的大型程序是十分有益的,程序员不用担心因全局变量定义重名而引起混乱。表 6-6 是对静态局部变量、静态全局变量、动态局部变量、动态全局变量进行比较。

表 6-6　比较静态局部变量、动态局部变量、静态全局变量、动态全局变量

比较内容	作 用 范 围	生存周期	变量默认初值
静态局部变量	函数体内	永久变量	0
动态局部变量	函数体内	函数执行期内	随机数
静态全局变量	源文件内	永久变量	0
动态全局变量	本源文件及使用 extern 进行声明的其他源文件	永久变量	0

【例 6.7】 阅读以下两个程序，根据运行结果，思考是什么原因使得两个程序的运行结果不同。

程序一：

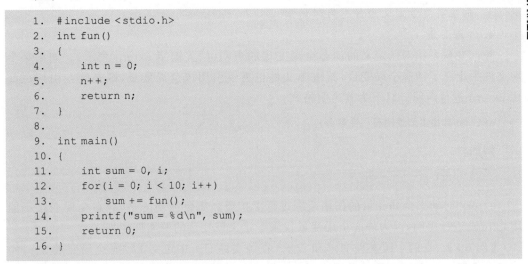

静态变量

```
1.  #include <stdio.h>
2.  int fun()
3.  {
4.      int n = 0;
5.      n++;
6.      return n;
7.  }
8.
9.  int main()
10. {
11.     int sum = 0, i;
12.     for(i = 0; i < 10; i++)
13.         sum += fun();
14.     printf("sum = %d\n", sum);
15.     return 0;
16. }
```

程序二：

```
1.  #include <stdio.h>
2.  int fun()
3.  {
4.      static int n = 0;
5.      n++;
6.      return n;
7.  }
8.
9.  int main()
10. {
11.     int sum = 0, i;
12.     for(i = 0; i < 10; i++)
13.         sum += fun();
14.     printf("sum = %d\n", sum);
15.     return 0;
16. }
```

程序一运行结果：   程序二运行结果：

sum = 10   sum = 55

分析：

（1）程序一第 4 行"int n = 0;"定义了动态局部变量 n，其特点是每次 fun()函数调用结束后变量 n 的内存空间就被释放。每次 fun()函数调用时 n 的初值都为 0，fun()函数返回 1，于是主函数的 for 循环累加了 10 次 1，sum 的最终值为 10。

（2）程序二第 4 行"static int n = 0;"定义了静态局部变量 n，其特点是 n 的内存空间永久存在，其值不会因为 fun()函数调用结束而丢失。第一次调用 fun()函数时 n 的初值为 0，以后每次调用 fun()函数，n 的值都是上一次调用函数后的结果，于是主函数的

for 循环依次累加 1、2、3、4、5、6、7、8、9、10，sum 的最终值为 55。

敲重点：

对于子函数内定义的局部变量，若在实际应用中，需要变量保留前一次函数调用后的结果，则应将变量定义为静态局部变量。

4. 外部变量

外部变量是指对已定义的动态全局变量的声明（用关键字 extern 表示）。如果某个源文件中定义了动态全局变量，其他源文件也需要引用该全局变量，则必须在引用之前用 extern 进行声明。以下为其声明格式：

> **extern** 数据类型说明符　变量名；

例如：

> extern int x;

extern 对动态全局变量的作用范围进行了扩展。需要强调的是，静态全局变量不能用 extern 进行声明，因为静态全局变量仅限于定义该变量的源文件使用。

【例 6.8】　有两个源文件 f1.c 和 f2.c。在源文件 f1.c 中定义了动态全局变量 x、y，而在另一个源文件 f2.c 中需要引用这两个全局变量，则在 f2.c 中需使用 extern 将变量 x、y 声明为外部变量。

源文件 f1.c 的内容：　　　　　　　　　　　源文件 f2.c 的内容：

```
int x, y;          //定义全局变量
void main()
{
    ...
}
```

```
extern int x, y;     //声明外部变量
void fun()
{
    x = x + y;       //引用外部变量
}
```

注意：全局变量的定义不同于全局变量的声明。全局变量的定义只能出现一次，其作用是分配内存空间；而全局变量的声明可以多次出现，其作用是通知编译系统，该变量在别处定义，要在此处引用。

6.7　函数递归调用

函数递归（recursive）调用是一种特殊的嵌套调用。递归调用是指一个函数直接或间接地调用自己，A 函数调用 A 函数自己称为直接递归；A 函数调用 B 函数，B 函数又调用 A 函数称为间接递归。"递"是层层递进，"归"是层层返回。在递归调用中，主调函数又是被调用函数。

一个问题如果采用递归方法来解决，必须符合以下条件。

（1）可以把要解决的问题转换为一个新问题，新问题的解决与原问题的解决方法一样，只是所处理的对象有规律地递增或递减。

（2）必须有一个明确的结束递归的条件。

【例 6.9】　使用递归法计算 $n!$。

思路：求阶乘可以表示为以下数学关系，将求 $n!$ 的问题转换为求 $(n-1)!$ 的问题，

而求 $(n-1)!$ 的问题又转换为求 $(n-2)!$ 的问题,以此类推,直到求 $1!$,则递归结束。

$$n! = \begin{cases} 1 & (\text{当 } n=0 \text{ 或 } n=1 \text{ 时}) \\ n(n-1)! & (\text{当 } n>1 \text{ 时}) \end{cases}$$

递归法求
阶乘

```
1.  #include <stdio.h>
2.  int fac(int n)
3.  {
4.      if (n > 1)
5.          return (n * fac(n - 1));
6.      else                              //递归结束的条件
7.          return (1);
8.  }
9.  int main()
10. {
11.     int x, f;
12.     printf("请输入一个正整数: ");
13.     scanf("%d", &x);
14.     f = fac(x);
15.     printf("%d!= %d\n", x, f);
16.     return 0;
17. }
```

程序运行结果:

```
请输入一个正整数: 4
4!= 24
```

分析:

fac() 函数的递归调用可表示为以下过程(以 x = 4 为例)。

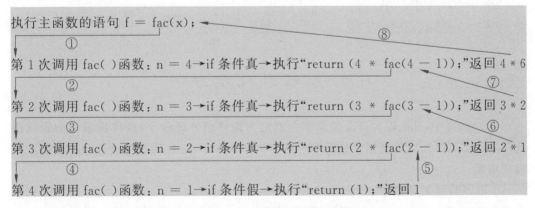

如上所述,当变量 x 输入 4 时,fac() 函数一共被调用了 4 次,最后一次调用时形参 n=1,满足递归结束的条件,而后 fac() 函数连续返回 4 次。

通过以上分析可知,递归调用的过程:逐层调用,再逐层返回。调用的次数等于返回的次数。

【例 6.10】 利用递归方法,求斐波那契数列的前 20 项。斐波那契数列可以表示为以下数学关系。

$$f(n) = \begin{cases} 1 & (\text{当 } n=1 \text{ 或 } n=2 \text{ 时}) \\ f(n-1)+f(n-2) & (\text{当 } n>2 \text{ 时}) \end{cases}$$

思路：第 5 章的例 5.4 使用一维数组的编程方法求斐波那契数列，读者可以将这两个例题进行对比学习。根据以上数学关系式，很容易将 n 阶的问题转换为 $n-1$ 阶和 $n-2$ 阶的问题，即 $f(n)=f(n-1)+f(n-2)$，递归结束的条件是当 $n=1$ 或 $n=2$ 时函数返回 1。

递归法求
斐波那契
数列

```c
1.  # include <stdio.h>
2.  int fib(int n)
3.  {
4.      if (n > 2)
5.          return (fib(n - 1) + fib(n - 2));
6.      else                          //递归结束的条件
7.          return (1);
8.  }
9.  int main()
10. {
11.     int i;
12.     printf("斐波那契数列的前 20 项:\n");
13.     for(i = 1; i <= 20; i++)
14.     {
15.         printf("%d\t", fib(i));
16.         if (i % 10 == 0)
17.             printf("\n");
18.     }
19.     return 0;
20. }
```

程序运行结果：

斐波那契数列的前20项：									
1	1	2	3	5	8	13	21	34	55
89	144	233	377	610	987	1597	2584	4181	6765

6.8 编译预处理命令

在 C 语言中，凡是以 # 开头的命令行都称为编译预处理命令，也称预编译命令或预处理命令。编译预处理是指向编译系统发布信息或命令，在 C 源程序进行编译之前应做哪些事情。

C 语言的预编译命令：# include、# define、# undef、# if、# else、# elif、# endif、# ifdef、# line、# pragma、# error 等。预编译命令不占用程序运行的时间。

注意：预编译命令行必须以 # 开头，末尾不能加分号（;）。

6.8.1 文件包含

以下为文件包含命令的一般形式：

#include **<头文件名>**

或

#**include**　**"头文件名"**

文件包含命令的功能是在一个源文件中包含另一个文件的全部内容,在编译之前,用被包含文件的内容取代该预处理命令,从而把被包含文件和当前源文件连成一个整体。

关于文件包含命令的五点说明。

(1)用角括号括起头文件名,表示首先在系统目录下查找该文件,该文件一般为系统定义的标准库文件。

(2)用双引号括起头文件名,表示首先在源文件目录下查找该文件,该文件一般为用户自定义的文件。

(3)被包含的文件名可以是 .h 头文件,或者 .c 源文件。

(4)如果有多个文件要包含,则需使用多条 #include 命令,每个命令占一行。

(5)如果被包含文件有所改动,对包含该文件的源程序必须重新编译链接。

【例 6.11】　有 file1.c 和 file2.c 两个源文件,在 file1.c 文件中有 main()函数,需要调用 file2.c 文件中的函数,现使用文件包含命令将两个源文件合并在一起。

file1.c 源文件的内容:　　　　　　　　　　file2.c 源文件的内容:

```
#include "file2.c"              void fun1()
...                            {
int main()                         ...
{                              }
    ...                        void fun2()
    fun1();                    {
    fun2();                        ...
}                              }
```

file1.c 源文件的代码中有文件包含命令 #include "file2.c",表示将 file2.c 源文件的内容都包含进来,于是对 file1.c 进行编译时,系统会用 file2.c 的内容替换此文件包含命令,然后再对其进行编译,以达到将两个源文件合并在一起的目的。

6.8.2　宏定义

在程序中的任何地方都可以直接使用宏名(macro name),编译器会先将程序中的宏名用替换文本替换后再进行编译,这个过程称为宏替换(macro substitution),宏替换不进行语法检测。

将程序中的常用数值、表达式等定义为宏,能够起到增加程序可读性以及简化代码书写的作用。

宏定义有不带参数的宏定义和带参数的宏定义两种。

1. 不带参数的宏定义

不带参数的宏也称无参宏,以下为其定义格式:

#**define**　宏名　替换文本

其中,#表示这是一条预处理命令;define 是关键字,表示宏定义;宏名为用户标识符,通常用大写字母;替换文本可以是常量、表达式、字符串等。

无参宏定义

【例 6.12】 使用不带参数的宏编写程序求圆面积。

```
1.  #include <stdio.h>
2.  #define  PI  3.1415926
3.  #define  RADIUS   "圆半径"
4.  #define  AREA    "圆面积"
5.  int main()
6.  {
7.      float r = 2.3, s;
8.      s = PI * r * r;
9.      printf("%s: %.2f\n", RADIUS, r);
10.     printf("%s: %.2f\n", AREA, s);
11.     return 0;
12. }
```

程序运行结果：

```
圆半径: 2.30
圆面积: 16.62
```

分析：本例中定义了三个宏名 PI、RADIUS、AREA，其中 PI 的替换文本是一个实数，RADIUS、AREA 的替换文本是字符串。系统在对源程序编译之前，先由预处理命令对宏名进行宏替换，而后再进行编译。

关于无参宏定义的三点说明。

（1）宏名的有效范围是从无参宏定义命令开始，直到源文件结束，或者遇到无参宏定义终止命令 #undef 为止。

例如：

```
#define  E  2.7
#define  PI  3.14159
int main()
{                          宏PI          宏
    …                      的有          E
}                          效范          的
#undef  PI                 围            有
void fun()                               效
{                                        范
    …                                    围
}
```

（2）替换文本中可以包含已经定义过的宏名。

例如：

```
#define  PI  3.14159
#define  ADDPI  (PI + 1)
#define  TWO_ADDPI  (2 * ADDPI)
```

程序中若有表达式 x = TWO_ADDPI / 2，则宏替换后为 x = 2 * (3.14159 + 1) / 2。如果第 2 行和第 3 行中的替换文本不加圆括号，直接写成 PI + 1 和 2 * ADDPI，则以上表达式宏替换为 x = 2 * 3.14159 + 1 / 2。因此，**无参宏定义的替换文本应根据需要**

添加圆括号,否则运行结果将与预期有差异。

(3) 当无参宏定义不能在一行中写完,需换行书写时,应在一行的最后一个字符后面紧接着写一个反斜杠(\)。

2. 带参数的宏定义

带参数的宏也称带参宏,以下为其定义格式:

> **#define**　宏名**(形参表)**　替换文本

带参宏调用的一般形式:

> 宏名**(实参表)**

例如:

```
#define  MAX(x, y)  (x > y) ? x : y      //带参宏定义,x 和 y 是形参
int main()
{
    int m;
    m = MAX(5, 3);                       //带参宏调用,5 和 3 是实参
    …
}
```

以上宏调用时需用实参替换形参,经预处理后的语句:

```
m = (5 > 3) ? 5 : 3;
```

关于带参宏定义的四点说明。

(1) 宏名及其后的圆括号必须紧挨着,中间不能有空格或其他字符。

(2) 带参宏调用时,圆括号不能少,圆括号中实参的个数必须与形参的个数相同,若有多个参数,参数之间用逗号隔开。

(3) 如果带参宏定义的替换文本中有圆括号,则宏替换时必须加圆括号;反之不能加圆括号。

【例 6.13】　阅读以下两个程序,观察宏定义的不同之处。思考为何运行结果不同?

程序一:

```
1.  #include <stdio.h>
2.  #define  M(x, y, z)  (x * y+z)
3.  int main()
4.  {
5.      int  a=1, b=2, c=3, t;
6.      t = M(a+b, b+c, a+c) / 2;
7.      printf("t = %d\n", t);
8.      return 0;
9.  }
```

带参宏定义

程序二:

```
1.  #include <stdio.h>
2.  #define  M(x, y, z)  x * y+z
3.  int main()
4.  {
5.      int  a=1, b=2, c=3, t;
```

```
6.      t = M(a+b, b+c, a+c) / 2;
7.      printf("t = %d\n", t);
8.      return 0;
9.   }
```

程序一运行结果：   程序二运行结果：

t = 6   t = 10

分析：程序一第 6 行的 M(a+b, b+c, a+c) / 2 替换为 (1+2＊2＋3+1＋3)/2，该表达式值为 6。程序二第 6 行的 M(a+b, b+c, a+c) / 2 替换为 1+2＊2＋3+1＋3/2，该表达式值为 10。区别在于，程序一的替换文本中有圆括号，程序二的替换文本中没有圆括号。

（4）不能混淆带参宏与有参函数。①有参函数定义时的形参必须指出数据类型，而带参宏定义时的参数没有指出数据类型；②有参函数调用时是实参将其数值传递给形参，而带参宏的参数只是简单的字符替换；③有参函数调用发生在程序运行过程中，而带参宏调用发生在编译预处理阶段，不占用程序运行时间。

6.8.3　条件编译命令

1. #ifdef

#ifdef 命令的一般形式：

```
#ifdef   宏名
         代码段 1
#else
         代码段 2
#endif
```

若宏名用 #define 定义过，则编译代码段 1，否则编译代码段 2。#else 及代码段 2 可以缺省，如果缺省且宏名未定义过，则不编译 #ifdef 与 #endif 之间的任何代码段。

【例 6.14】　#ifdef-#else-#endif 条件编译命令实例。

程序一：

```
1.  #include <stdio.h>
2.  #include <stdio.h>
3.  #define   TEACHER
4.  int main()
5.  {
6.  #ifdef   TEACHER
7.     printf("Hello, TEACHER!\n");
8.  #else
9.     printf("Hello, every one!\n");
10. #endif
11.    return 0;
12. }
```

程序二：

```
1.  #include <stdio.h>
```

条件编译
命令

```
2.  #include <stdio.h>
3.  int main()
4.  {
5.  #ifdef   TEACHER
6.      printf("Hello, TEACHER!\n");
7.  #else
8.      printf("Hello, every one!\n");
9.  #endif
10.     return 0;
11. }
```

程序一运行结果：　　　　　　　　　程序二运行结果：

Hello, TEACHER!　　　　　　　　　　Hello, every one!

2. ♯ifndef

♯ifndef 命令的一般形式：

```
#ifndef   宏名
        代码段 1
#else
        代码段 2
#endif
```

　　♯ifndef 命令的用法与 ♯ifdef 命令相反,若宏名未用 ♯define 定义过,则编译代码段 1,否则编译代码段 2。♯else 及代码段 2 可以缺省,如果缺省且宏名定义过,则不编译 ♯ifndef 与 ♯endif 之间的任何代码段。

6.9　函数综合实例

　　【例 6.15】　编程验证哥德巴赫（Goldbach）猜想（即任何一个大于 6 的偶数,都可以分解为两个素数之和,如 6 = 3 + 3,8 = 3 + 5）。输入一个大于 6 的偶数,列出其分解为两个素数之和的各种可能。

　　思路：使用函数嵌套调用编写程序。定义 isPrime() 函数判断一个数是不是素数,是就返回 TRUE,不是就返回 FALSE,定义 goldbach() 函数列出一个给定偶数分解为两个素数之和的所有算式。在 main() 函数中调用 goldbach() 函数,goldbach() 函数再调用 isPrime() 函数。

哥德巴赫
猜想

```
1.  #include <stdio.h>
2.  #define   TRUE   1
3.  #define   FALSE  0
4.  /* isPrime()函数功能:判断一个数是不是素数
5.      参数 x:被判断的数
6.      返回值:若 x 是素数,则返回 1;否则返回 0
7.  */
8.  int isPrime(int x)
9.  {
10.     int i;
```

```
11.      for(i = 2; i < x; i++)
12.      {
13.          if(x % i == 0)
14.          {
15.              return FALSE;                //不是素数
16.          }
17.      }
18.      return TRUE;                         //是素数
19. }
20.
21. /* goldbach()函数功能:列出 x 被分解为两个素数之和的所有算式
22.    参数 x:一个大于 6 的偶数
23. */
24. void goldbach(int x)
25. {
26.      int a, b;
27.      for(a = 2; a < x / 2; a++)           //a 为 x 分解的被加数
28.      {
29.          if(isPrime(a) == TRUE)           //判断 a 是素数
30.          {
31.              b = x - a;                   //b 为 x 分解的加数
32.              if(isPrime(b) == TRUE)       //判断 b 也是素数
33.              {
34.                  printf("%d = %d + %d\n", x, a, b);
35.              }
36.          }
37.      }
38. }
39.
40. int main()
41. {
42.      int x;
43.      printf("请输入一个大于 6 的偶数：");
44.      scanf("%d", &x);
45.      if(x >= 6 && x % 2 == 0)             //判断输入的数是否为大于 6 的偶数
46.      {
47.          goldbach(x);
48.      }
49.      else
50.      {
51.          printf("输入错误,请输入一个大于 6 的偶数!\n");
52.      }
53.      return 0;
54. }
```

程序运行结果：

```
请输入一个大于6的偶数：16        请输入一个大于6的偶数：15
16 = 3 + 13                      输入错误，请输入一个大于6的偶数!
16 = 5 + 11
```

第 6 章知识
点总结

6.10　本章小结

1. 函数分类

C 语言的函数分为 3 类：主函数、库函数和用户自定义函数。

2. 函数定义

（1）函数定义是指将完成特定功能的程序段封装为一个整体。

定义格式：

```
返回值类型　函数名(形参表)
{
    函数体；
}
```

返回值类型：分为有返回值类型和无返回值类型两种情况。①有返回值时，需在函数名前明确写出数据类型说明符。此时函数体内必须有"return 表达式；"语句，且表达式类型须与返回值类型一致。如果缺省返回值类型时，默认为 int 型。②无返回值时，需在函数名前写 void。此时函数体内可以缺省 return 语句，或者写成"return；"的形式。

形参表：分为有参数、无参数两种情况。①有参数时，每个形参前面都必须有数据类型说明符；②无参数时，可以在圆括号内写 void，或者圆括号空。

形参和返回值是函数与外界进行信息交互的通道。

（2）函数定义的四种形式。

根据函数是否有参数，是否有返回值，函数可定义为四种形式：①有参数、有返回值类型；②有参数、无返回值类型；③无参数、有返回值类型；④无参数、无返回值类型。

3. 函数调用

（1）函数调用可理解为是"启动"函数定义程序段的执行。

（2）函数调用的过程：发生函数调用时，流程从主调函数跳转到被调函数（如果有参数，则实参向形参传值）；被调函数执行完毕后，流程又返回主调函数（如果有返回值，则 return 语句向主调函数传回数值）。

（3）函数调用的三种形式：①函数独立语句形式；②函数表达式形式；③函数实参形式。

（4）实参与形参的关系：①函数定义时的参数称为形参，函数调用时的参数称为实参。②形参是函数内部变量，实参是表达式。③实参与形参应保持类型一致、个数一致、顺序一致。

（5）参数传值的单向性原则：只能实参向形参传值，反过来不行。

4. 函数声明

（1）函数声明是通知编译器有这个函数存在。

（2）函数定义在前、调用在后时，可以缺省函数声明；函数调用在前、定义在后时，必须添加函数声明。

5. 函数的嵌套调用

（1）函数不能嵌套定义，但是可以嵌套调用。

（2）C 语言除了主函数，各函数之间是平等的关系，函数之间可以相互调用。

6. 变量的作用范围和存储类别

（1）从空间上来说，变量的作用范围称为作用域。根据变量作用域从大到小，分为全局变量和局部变量。局部变量又分为函数体内的局部变量和复合语句内的局部变量。

（2）从时间上来说，变量的生存周期称为存储类别。根据变量生存周期的长短，分为静态变量和动态变量。

7. 函数的递归调用

（1）函数递归调用是一种特殊的嵌套调用，是指一个函数自己调用自己。"递"是层层递进，"归"是层层返回。

（2）采用递归解决的问题应满足两个条件：①新问题的解决与原问题的解决方法一样；②必须有一个明确的结束递归的条件。

8. 编译预处理命令

（1）编译预处理命令是指以♯开头的命令行，命令行书写时后面不能加分号。

（2）编译预处理命令在编译之前完成，不占用程序的运行时间。

（3）常用的编译预处理命令有文件包含、宏定义、条件编译。

6.11　习　　题

一、选择题

1. 以下叙述错误的是（　　）。

　　A. C 程序必须由一个或一个以上的函数组成

　　B. 函数调用可以作为一个独立的语句存在

　　C. 若函数有返回值，必须通过 return 语句返回

　　D. 函数形参的值也可以传回给对应的实参

2. 设函数 fun()的定义形式为 void fun(char ch, float x) { … }，则以下对函数 fun()的调用语句中，正确的是（　　）。

　　A. fun("abc", 3.0)；　　　　　　　　B. t = fun('D', 16.5)；

　　C. fun('65', 2.8)；　　　　　　　　D. fun(65, 32.0)；

3. 以下函数定义正确的是（　　）。

　　A. void fun() { return (1); }　　　　B. int fun() { return; }

　　C. char fun() { return (1.0); }　　　D. int fun() { return (1); }

4. 以下程序的输出结果是（　　）。

```
#include <stdio.h>
void fun(int * s)
{
    static int j = 0;
    do{
        s[j] += s[j + 1];
    }while(++j < 2);
}
```

```
int main()
{
    int k, a[10] = {1, 2, 3, 4, 5};
    for(k = 1; k < 3; k++)
        fun(a);
    for(k = 0; k < 5; k++)
        printf("%d  ", a[k]);
    return 0;
}
```

    A. 3 4 7 5 6   B. 2 3 4 4 5   C. 3 5 7 4 5   D. 1 2 3 4 5

5. 以下程序的输出结果是(   )。

```
#include <stdio.h>
int fun(int a, int b, int c)
{
    c = a * b;
    return c;
}
int main()
{
    int c;
    c = fun(2, 3, c);
    printf("%d\n", c);
    return 0;
}
```

    A. 0   B. 1   C. 6   D. 随机数

6. 有函数调用语句"fun((exp1，exp2)，(exp3，exp4，exp5));"，此函数调用语句含有的实参个数是(   )。

    A. 1   B. 2   C. 4   D. 5

7. 以下程序的输出结果是(   )。

```
#include <stdio.h>
int fib(int n)
{
    if(n > 2) return(fib(n-1) + fib(n-2));
    else     return (2);
}
int main()
{
    printf("%d\n", fib(6));
    return 0;
}
```

    A. 16   B. 8   C. 30   D. 2

8. 以下程序的输出结果是(   )。

```
#include <stdio.h>
int m = 13;
int fun(int x, int y)
{
```

```
    int m = 3;
    return (x * y - m);
}
int main()
{
    int a = 7, b = 5;
    printf("%d\n", fun(a, b) / m);
    return 0;
}
```

　　A. 1　　　　　　　　B. 2　　　　　　　　C. 7　　　　　　　　D. 10

9. 以下程序的输出结果是(　　)。

```
#include <stdio.h>
fun(int a)
{
    int b = 0;
    static int c = 3;
    a = c++;
    b++;
    return (a);
}
int main()
{
    int a = 2, i, k;
    for(i=0; i<2; i++)
        k = fun(a++);
    printf("%d\n", k);
    return 0;
}
```

　　A. 3　　　　　　　　B. 6　　　　　　　　C. 5　　　　　　　　D. 4

10. 以下叙述错误的是(　　)。

　　A. 一个变量的作用域的开始位置取决于定义语句的位置

　　B. 全局变量可以在函数以外的任何位置进行定义

　　C. 局部变量的生存周期只限于本次函数调用，因此不可能将局部变量的运算结
　　　　果保存至下一次调用

　　D. 一个全局变量说明为 static 存储类是为了限制其他编译单位的使用

二、填空题

1. 某函数 fun()具有两个参数，第一个参数是 int 型数据，第二个参数是 float 型数据，返回值类型是 char 型数据，则该函数的声明语句是_____。

2. 以下函数的功能：当参数为偶数时，返回参数值的一半；当参数为奇数时，返回参数的平方，请填空。

```
int fun(int x)
{
    return(_____);
}
```

3. 有以下程序，如果输入 1234<回车>，则程序的输出结果是_____。

```
int fun(int n)
{
    return (n / 10 + n % 10);
}
int main()
{
    int x, y;
    scanf("%d", &x);
    y = fun(fun(x));
    printf("y = %d\n", y);
    return 0;
}
```

4. 以下程序的输出结果是_____。

```
#include <stdio.h>
#define  M  5
#define  N  M+M
int main()
{
    int k;
    k = N * N * 5;
    printf("%d\n", k);
    return 0;
}
```

三、编程题

1. 求一元二次方程 $ax^2+bx+c=0$ 的解,定义三个函数,分别求当 $b^2-4ac>0$、$b^2-4ac=0$、$b^2-4ac<0$ 时的根并输出结果。方程的系数 a、b、c 在主函数中输入。

2. 定义一个判断素数的函数,在主函数中调用该函数,统计 100 以内的正整数中哪些是素数,并输出结果。

3. 定义一个函数,输出以下图形,图形的行数以参数的形式给出。

$$
\begin{array}{c}
* \\
*\ *\ * \\
*\ *\ *\ *\ * \\
*\ *\ *\ *\ *\ *\ * \\
*\ *\ *\ *\ *\ *\ *\ *\ *
\end{array}
$$

4. 用函数递归计算 $1+2+3+\cdots+n$,其中 n 在主函数中由键盘输入。

5. 定义一个函数用递归法求解 f,将 x 和 n 作为形参。在主函数中调用该函数。

$$f(x+n)=\sqrt{n+\sqrt{(n-1)+\sqrt{(n-2)+\cdots+\sqrt{1+\sqrt{x}}}}}$$

6. 使用函数的嵌套调用编程序求下面表达式

$$e=1+x+\frac{x^2}{2!}+\cdots+\frac{x^n}{n!}$$

的值。

要求:

(1) 定义函数 fun1(),求第 i 项,即 $x^i/i!$(其中 $i=1,2,\cdots,n$)的值。

(2) 定义函数 fun2(),求整个表达式的值。

第7章

chapter 7

指　针

指针是 C 语言的精华,C 语言之所以成为目前运行效率最高的高级语言,主要得益于指针的强大功能,通过指针可以实现对物理内存的直接操作。正确而灵活地运用指针可以使程序简洁、紧凑、高效。

内容导读:

- 理解地址与指针的概念。
- 掌握指针变量的定义、初始化、赋值、间接引用等操作。
- 掌握取地址运算符 & 、间接引用运算符 *。
- 掌握指针作为函数参数、指针作为函数返回值的使用。
- 掌握指针的运算、指针法和下标法引用数组元素,理解数组名的特殊含义。
- 了解多级指针、指针数组、行指针的概念。

7.1　为何要使用指针

计算机要有效地管理内存,首先需要对内存单元进行编号,这些编号就是内存单元的地址(address),类似于宾馆中的房间都有唯一的编号。根据一个内存单元的地址可以准确地找到该内存单元,并对内存单元进行读取或写入操作。那么如何获取一个内存单元的地址呢? C 语言提供了"指针"的概念表示地址,通过指针可以访问内存单元。

下面首先来理解内存单元及内存单元地址的含义。现代计算机一般都将内存以字节(byte)为单位进行分割,每字节存储 8 位(bit)信息。为了正确地访问这些内存单元,必须给每个内存单元一个唯一的编号。如果内存中有 n 字节,那么可以把各字节的地址看作 0~n−1,如图 7-1 所示。

程序中定义不同类型的变量时,编译器根据数据类型为变量分配一定大小的内存单元,变量名是该内存单元的一种抽象。由于内存单元有地址,因此变量也就有了地址。

【例 7.1】　定义不同数据类型的变量,根据运行结果观察各变量占用内存单元的字节数,理解内存单元的地址编号。

理解地址
的概念

```
1.  #include <stdlib.h>
2.  #include <stdio.h>
3.  int main()
4.  {
```

```
5.      char x = 'A', y = 'B';
6.      int a = 5;
7.      float b = 1.23;
8.      printf("变量x:值为%c, 占%d字节, 地址为%p\n", x, sizeof(x), &x);
9.      printf("变量y:值为%c, 占%d字节, 地址为%p\n", y, sizeof(y), &y);
10.     printf("变量a:值为%d, 占%d字节, 地址为%p\n", a, sizeof(a), &a);
11.     printf("变量b:值为%.2f, 占%d字节, 地址为%p\n", b, sizeof(b), &b);
12.     return 0;
13. }
```

程序运行结果：

```
变量x：值为A，占1字节，地址为000000000061FE1F
变量y：值为B，占1字节，地址为000000000061FE1E
变量a：值为5，占4字节，地址为000000000061FE18
变量b：值为1.23，占4字节，地址为000000000061FE14
```

如果不同的计算机运行以上程序输出的地址不一致，不要感到意外，因为不同的操作系统为变量分配的地址会有所不同。

分析：

(1)程序第8~11行使用格式说明符%p输出变量地址，此时地址以十六进制无符号整数表示，其字长一般与计算机的字长一致。例如，地址000000000061FE1F是8B，表示计算机字长为64b。读者可以将%p替换为%♯x，再次运行程序观察结果。

(2)该例中变量x、y为char型，各占1B(1字节)；变量a为int型，占4B；变量b为float型，占4B。这些变量在内存中的存储结构如图7-2所示。初学者应注意区分变量名(**name**)、变量的值(**value**)、变量地址(**address**)这些基本概念。

地址	内容
0	01010100
1	11000100
2	01011100
3	11110100
4	01110110
...	...
n−1	01000000

图7-1　内存单元的地址编号　　　图7-2　例7.1中各变量的存储结构示意图

在C语言中，一种数据类型或数据结构往往占用一段连续的内存单元，例7.1中的int型变量a和float型变量b各自都占用连续的4B内存单元，则&a、&b表示这4B连续内存单元的起始字节地址。

地址可以用数表示，但是地址的取值范围不同于整数，不能用普通整型变量来存储。变量地址分配由编译器和操作系统决定，编程时并不需要知道变量地址具体是多少。C语言设计了一种特殊的变量——指针变量(**pointer variable**)用于存储地址，借助指针变

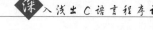

量,便可以访问内存单元。

引入"指针"的概念,使得内存单元的访问有了两种途径:一是通过变量名对其进行直接访问;二是通过变量地址对其进行间接访问。例如,课堂上老师需要找一名学生回答问题,既可以通过姓名找学生,又可以通过学号找学生,呼叫姓名可比喻为对学生的直接访问,呼叫学号可比喻为对学生的间接访问。

7.2　指　针　变　量

指针变量是一种用于存储地址的特殊数据类型的变量,那么指针变量应如何定义和使用呢?

7.2.1　指针变量定义

指针变量的定义方法与普通变量类似,唯一不同的是需在指针变量名前面放置星号(＊)。指针变量的定义格式:

> **数据类型** ＊指针变量名;

例如:

```
char * pa;
int * pb;
double * pc;
```

这里定义了三个不同类型的指针变量 pa、pb、pc,它们定义时的数据类型及星号表示什么含义呢?

敲重点:

(1) 关于指针的数据类型。

- 指针变量的数据类型又称基础类型,表示指针所指变量的数据类型。
- pa、pb、pc 是三个指针变量,虽然它们的基础类型不同,但都用于存放地址,因此系统为它们分配相同字节的内存空间(如果系统是 32 位,则所有指针变量都占 4B;如果系统是 64 位,则所有指针变量都占 8B)。这一点不同于普通变量,要注意区分。

(2) 关于星号。

指针变量定义时的星号是一个标志,标志此时定义的是指针变量,而非普通变量。也可以将星号理解为与数据类型相结合,如可以将 pa 理解为类型是 char ＊ 型的变量。

(3) 注意区分普通变量与指针变量,如表 7-1 所示。

表 7-1　比较普通变量与指针变量

比 较 内 容	普 通 变 量	指 针 变 量
定义格式	char a; int b; double c;	char ＊ pa; int ＊ pb; double ＊ pc;

续表

比较内容	普通变量	指针变量
用途	存放数值	存放地址
数据类型的含义	普通变量的数据类型决定变量占用的字节数,以及变量中存储的数值类型	指针变量的数据类型称为基础类型,决定指针变量所指内存单元的类型
变量所占字节数	普通变量 a 占 1B;b 占 4B;c 占 8B	指针变量 pa、pb、pc 占用相同的字节数,字节数取决于机器字长
变量存储的内容	a 存放字符;b 存放整数;c 存放实数	pa、pb、pc 分别存放 char 型、int 型、double 型数据的内存单元首地址

7.2.2 指针变量赋值

与普通变量类似,指针变量定义后也需先赋值,再使用。那么指针变量如何赋值?

指针变量的用途是存储地址,因此只能为指针变量赋值地址,其格式如下:

> **指针变量 = 地址;**

说明:编程时,并不能将一个具体的地址赋给指针变量,地址可以有多种表示方法,以下举例说明。

1. 将普通变量地址赋给指针,让指针指向普通变量

例如:

```
int a = 10, * pa;          //定义普通变量 a 和指针变量 pa
pa = &a;                   //将普通变量 a 的地址赋给指针变量 pa
```

执行语句“pa = &a;”后,**指针 pa 指向了变量 a**,如图 7-3 所示,此时指针变量 pa 中存储了普通变量 a 的地址。

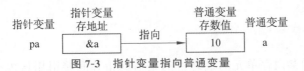

图 7-3 指针变量指向普通变量

敲重点:

(1) 对于指针,需注意两个概念:①指针变量存储什么;②指针变量指向什么。

(2) 当指针指向某个内存单元后,便可借助指针访问该内存单元。

(3) 指针必须和它所指对象同类型。上例中,指针变量 pa 所指对象为普通变量 a,由于 a 是 int 型,因此 pa 必须定义为 int * 型。

语句“pa = &a;”中使用**取地址运算符 &** 获取变量 a 的内存地址,该运算符在学习 scanf() 函数时已经使用过。以上语句也可以简写为如下形式:

```
int a = 10, * pa = &a;     //使用初始化方法为指针变量赋值地址
```

指针变量 pa 存储的值为 &a,是变量地址;而指针变量 pa 所指对象的值为 10,这才是最终需要借助指针进行间接访问所获得的数值。

2. 将一个指针赋给另一个指针，让多个指针指向相同的内存单元

例如：

```
int a = 10, * pa = &a, * pb;          //定义普通变量 a 和指针变量 pa、pb
pb = pa;                              //将 pa 存储的地址赋给 pb
```

以上程序段中，pa、pb 都定义为 int * 型，可以相互赋值。执行语句"pb = pa;"后，指针 pa、pb 都指向了变量 a，如图 7-4 所示。注意：相同类型的指针之间才可以赋值。

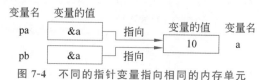

图 7-4　不同的指针变量指向相同的内存单元

3. 将数组的首地址赋给指针变量，让指针指向数组

例如：

```
int a[5] = {1, 2, 3, 4, 5}, * pa;
pa = a;                               //C 语言规定，数组名是地址，代表整个数组的首地址
```

C 语言规定，数组名是地址常量，代表整个数组的首地址。执行语句"pa = a;"后，将数组 a 的首地址赋给指针变量 pa，于是 pa 便指向了数组的第一个元素 a[0]，如图 7-5 所示。语句"pa = a;"也可以写成"pa = &a[0];"，此部分内容将在 7.4 节详述。

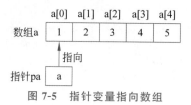

图 7-5　指针变量指向数组

7.2.3　指针变量间接引用

指针变量指向某内存单元的最终目的是借助指针间接引用该内存单元的值。那么如何引用呢？C 语言提供了间接引用运算符 * 实现指针对其所指内存单元的引用。其使用格式：

* 指针变量　　　　或者　　　　* 地址

* 的功能是引用某地址对应内存单元中的值，该地址通常存放于指针变量中。

例如：

```
int a = 10, b, * pa = &a;             //注意：该行的星号是一个标志
b = * pa;                             //注意：该行的星号是一个运算符
```

以上程序段中，指针 pa 指向变量 a，执行语句"b = * pa;"，是借助指针 pa 间接引用变量 a 的值 10，并将 10 赋给变量 b。* pa 中的星号便是间接引用运算符。

注意区分指针变量定义时的星号和间接引用运算符的星号。前者是一个标志，后者是一个运算符。

【例 7.2】 认识指针变量,理解指针变量的值,以及指针变量所指内存单元的值。

```
1.  #include <stdio.h>
2.  int main()
3.  {
4.      int a = 10, * pa = &a;              //此处的 * 是一个标志
5.      printf("a = %d, * pa = %d\n", a, * pa);    //此处的 * 是间接引用运算符
6.      printf("&a = %p, pa = %p\n", &a, pa);
7.      return 0;
8.  }
```

认识指针
变量

程序运行结果:

```
a = 10, *pa = 10
&a = 000000000061FE14,  pa = 000000000061FE14
```

分析:本例的存储示意图如图 7-3 所示,指针变量 pa 指向了普通变量 a,于是有以下等价关系。a 等价于 * pa,都代表数值 10,a 是直接法访问内存单元,* pa 是间接法访问内存单元;&a 等价于 pa,都代表数值 10 所在内存单元的地址。

【例 7.3】 使用指针编程,输入两个整数,求两数之和。要求:数值的输入、运算、结果输出都使用指针完成。

```
1.  #include <stdio.h>
2.  int main()
3.  {
4.      int a, b, c;
5.      int * pa = &a, * pb = &b, * pc = &c;    //指针 pa、pb、pc 分别指向变量 a、b、c
6.      printf("请输入两个整数:");
7.      scanf("%d,%d", pa, pb);                 //通过指针输入数值
8.      * pc = * pa + * pb;                     //通过指针对两个数求和
9.      printf("%d + %d = %d\n", * pa, * pb, * pc);  //通过指针输出结果
10.     return 0;
11. }
```

指针访问
普通变量

程序运行结果:

```
请输入两个整数: 3, 5
3 + 5 = 8
```

分析:执行以上程序的第 5、7、8 行代码后,各变量值的变化如图 7-6 所示。

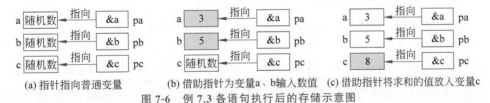

(a) 指针指向普通变量　　(b) 借助指针为变量 a、b 输入数值　(c) 借助指针将求和的值放入变量 c

图 7-6　例 7.3 各语句执行后的存储示意图

思考:

(1) 第 7 行 scanf()函数语句中,pa、pb 前面没有取地址运算符 &,是写漏了吗?

(2) 如果程序中没有定义普通变量 a、b、c,只定义了指针变量 pa、pb、pc,修改代码如下,此代码正确吗? 为什么?

```
int * pa, * pb, * pc;
printf("请输入两个整数:");
scanf("%d,%d", pa, pb);
* pc = * pa + * pb;
printf("%d + %d = %d\n", * pa, * pb, * pc);
```

以上修改的程序是错误的，原因是指针 pa、pb、pc 未指向任何有效的内存单元，称为悬空指针，无法使用。

7.2.4 指针变量常见错误

初学者在使用指针变量时，常会出现一些错误，下面举例说明。

1. 关于悬空指针

指针变量必须先赋值再使用，未经赋值的指针变量称为悬空指针，不能使用，否则将造成系统混乱，甚至死机。

示例 1：

```
int a = 10, b, * p;
* p = a;                              //错误
b = * p;                              //错误
```

示例 2：

```
int * p;
scanf("%d", p);                       //错误
```

错误分析：因为以上程序段中指针变量 p 都未赋值，是悬空指针，所以 * p 引用无效的内存单元，导致程序运行出错。"scanf("%d", p);"语句输入的数据将无处存放。

为避免指针未赋初值给系统带来潜在危险，防止指针随意指向任意内存单元，可以在定义指针变量时将其初始化为 **NULL**（**NULL 是在 stdio.h 中定义值为 0 的宏**）。

例如：

```
int * pa = NULL;
```

赋初值为 NULL 的指针变量虽然是安全的，但是它仍未指向任何内存单元，可以理解为是 void 类型的指针，在使用前仍需赋有效地址，让其指向有效的内存单元。

2. 关于指针赋值的错误问题

指针变量与它所指向的内存单元如果类型不同，则会出错。

例如：

```
int a = 10;
float * pa;
pa = &a;                              //错误
```

错误原因：变量 a 为 int 型，指针 pa 为 float * 型。语句"pa＝&a;"赋值号右侧为整型变量的地址，而赋值号左侧为实型指针，左右两侧类型不匹配。

例如：

```
int a = 10, * pa = &a;
float b = 12.3, * pb = &b;
pa = pb;                           //错误
```

错误原因：指针变量 pa 与 pb 不同类型，不能相互赋值。

指针变量只能赋值地址，若为其赋数值，则出错。

例如：

```
int * pa;
pa = 1001;                         //错误
```

错误原因：指针只能存地址，但程序中不能将一个具体的地址赋给指针变量。地址的分配是系统在程序运行过程中自动完成的，不是人为指定的。

3. 关于取地址运算符 & 和间接引用运算符 * 使用的错误

例如：

```
int a = 10, * p;
p = a;                    //错误,p 是指针变量,a 是数值,不能将数值赋给指针变量
p = * a;                  //错误, * a 是错误的表示方式
p = * (&a);               //错误, * (&a) 等价于 a,不能将数值赋给指针变量
* p = &a;                 //错误, * p 相当于普通变量,不能将地址赋给普通变量
```

分析：初学者应仔细体会运算符 & 和 * 的用法，& 可作用于普通变量，获得其内存地址；* 可作用于内存地址，获得该地址单元中存储的数值。另外，注意赋值的基本原则是"普通变量 = 数值;""指针变量 = 地址;"。

敲重点：

通过以上列举的常见错误，初学者在使用指针时需注意严格遵守如下准则。

(1) 指针变量只能存地址，不能存数值。

(2) 未初始化的指针变量不能使用，悬空指针会引起程序的混乱。

(3) 指针类型必须与其所指对象类型相同。

(4) 清楚指针指向哪里。

(5) 清楚指针所指内存单元的内容是什么。

本节描述了指针的基本概念及基本使用，初学者并不能从中体会指针的强大功能，反而因为指针间接运算的特点，会觉得指针的引入将程序变得更加复杂。那么 C 语言为何还要引入指针？通过后面内容的学习，了解指针如何运用于各种数据结构中，初学者便能逐渐体会指针的强大功能及其对编程灵活性起到的重大作用。

7.3　指针与函数

7.3.1　指针作为函数参数(参数传地址)

定义函数时，可将普通变量作为函数参数，称为参数传值方式。本节将介绍另一种参数传递方式，是将指针作为函数参数，称为参数传地址方式。为何要使用参数传地址方式？它与参数传值方式的区别是什么？二者的应用场景是什么？通过下面的例子认

识参数传地址方式。

参数传地
址方式

【例 7.4】　在主函数中给定圆半径,定义 circle()函数求圆面积和圆周长。要求：圆面积和圆周长在主函数中输出。

程序一：阅读该程序,思考程序一是否完成了题目要求。

```
1.  #include <stdio.h>
2.  #include <math.h>
3.  #define PI 3.14159
4.  float circle(float r)
5.  {
6.      float s, l;
7.      s = PI * pow(r, 2);
8.      l = 2 * PI * r;
9.      printf("(1)子函数内　圆半径:%.2f,圆面积:%.2f,圆周长:%.2f\n", r, s, l);
10.     return (s, l);                    //如何理解该语句
11. }
12.
13. int main()
14. {
15.     float r = 3, s = 0, l = 0;
16.     s, l = circle(r);                 //如何理解该语句
17.     printf("(2)主函数内　圆半径:%.2f,圆面积:%.2f,圆周长:%.2f\n", r, s, l);
18.     return 0;
19. }
```

程序一运行结果：

```
(1)子函数内　圆半径：3.00，圆面积：28.27，圆周长：18.85
(2)主函数内　圆半径：3.00，圆面积：0.00，圆周长：18.85
```

分析：

（1）由运行结果可知,程序一未能完成题目要求,主函数仅获得了圆周长的返回值。

（2）程序第 10 行"return (s, l);"是返回一个逗号表达式的值,即返回圆周长 l。

（3）程序第 16 行"s, l = circle(r);"仍然是一个逗号表达式。第一个子表达式是 s,什么也没做;第二个子表达式是 l = circle(r),表示 circle()函数的返回值赋给变量 l。

结论：circle()函数内有两个运算结果（圆面积、圆周长）,但是通过 return 语句仅能返回其中一个数值。

程序二：阅读该程序,思考程序二是否完成了题目要求。

```
1.  #include <stdio.h>
2.  #include <math.h>
3.  #define  PI  3.14159
4.  void circle(float r, float s, float l)
5.  {
6.      s = PI * pow(r, 2);
7.      l = 2 * PI * r;
8.      printf("(1)子函数内　圆半径:%.2f,圆面积:%.2f,圆周长:%.2f\n", r, s, l);
9.  }
10.
```

```
11. int main()
12. {
13.     float r = 3, s, l;
14.     circle(r, s, l);
15.     printf("(2)主函数内   圆半径:%.2f,圆面积:%.2f,圆周长:%.2f\n", r, s, l);
16.     return 0;
17. }
```

程序二运行结果：

```
(1)子函数内   圆半径：3.00，圆面积：28.27，圆周长：18.85
(2)主函数内   圆半径：3.00，圆面积：0.00，  圆周长：0.00
```

分析：

（1）由运行结果可知，程序二也未能完成题目要求。根据参数传值的单向性原则，形参 s、l 的值不能返回主函数。

（2）图 7-7 为程序二中参数传值方式下实参和形参的关系，图中阴影部分表示子函数内发生数值改变的变量。可见，形参 s、l 的值有变化，但却不能影响到主函数内的实参 s、l。

（3）程序二中的实参与形参虽然同名，但它们却是完全独立的两组变量，其作用范围在各自的函数内部。

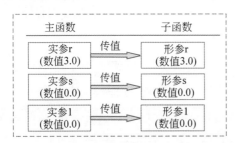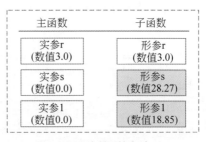

(a) 函数调用开始时　　　　　　　　　　　(b) 函数调用结束时

图 7-7　程序二中参数传值方式下实参和形参的关系图

通过以上分析可知，circle()函数不能通过参数传值方式或者 return 语句向主函数返回运算结果圆面积和圆周长，而引入参数传地址方式可解决此问题。

参数传地址是指实参为地址，形参为指针变量的参数传递方式，如图 7-8 所示。

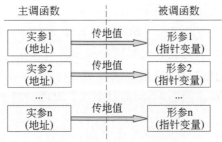

图 7-8　参数传地址的示意图

程序三：参数传地址方式。

```
1.  #include <stdio.h>
```

```
2.  #include <math.h>
3.  #define  PI  3.14159
4.  void circle(float r, float * ps, float * pl)
                          //第一个形参是普通变量,后面两个形参是指针变量
5.  {
6.      * ps = PI * pow(r, 2);    //* ps 是间接引用主函数中的变量 s
7.      * pl = 2 * PI * r;        //* pl 是间接引用主函数中的变量 l
8.  }
9.
10. int main()
11. {
12.     float r = 3, s, l;
13.     circle(r, &s, &l);        //第一个实参是传值方式,后面两个实参是传地址方式
14.     printf("圆半径:%.2f,圆面积:%.2f,圆周长:%.2f\n", r, s, l);
15.     return 0;
16. }
```

程序三运行结果：

圆半径：3.00，圆面积：28.27，圆周长：18.85

分析：

（1）由运行结果可知，程序三完成了题目要求。图 7-9 为程序三中各变量的存储结构。

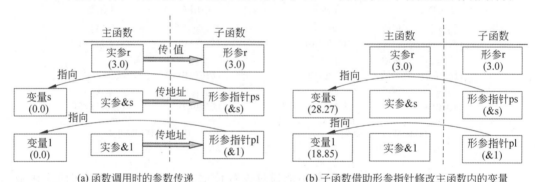

(a) 函数调用时的参数传递   (b) 子函数借助形参指针修改主函数内的变量

图 7-9   程序三中各变量的存储结构示意图

（2）circle() 函数调用时，实参 &s、&l 分别传递给形参指针 ps 和 pl，于是 ps、pl 分别指向主函数内的变量 s、l，如图 7-9(a) 所示。

（3）可将形参指针比喻为跨接在主函数与子函数之间的一座桥梁，图 7-9(b) 为在子函数内借助形参指针 ps 和 pl，将运算结果圆面积和圆周长存入主函数内的变量 s 和 l。

通过例 7.4，读者可以体会到指针的强大作用，以及由此带来的编程灵活性。参数传地址方式对初学者来说是难点问题，下面通过表 7-2 对函数参数传值与参数传地址方式进行比较。

表 7-2   比较函数参数传值方式与参数传地址方式

项目	参数传值方式	参数传地址方式
实参	数值	地址
形参	普通变量	指针变量

续表

项目	参数传值方式	参数传地址方式
特点	遵循传值单向性原则,实参可将值传递给形参,反过来不行。形参的改变仅作用于子函数内部,不会反过来影响对应的实参	实参将地址传递给形参,则形参指针指向实参地址对应的内存单元,因此在被调函数内可以借助形参指针间接访问主调函数内的变量

敲重点:

(1) 参数传地址方式的应用场景是,当被调函数有多个计算结果需要返回主调函数,或者主调函数的变量需要通过被调函数进行修改,都需使用参数传地址方式。

(2) 参数传地址方式扩展了函数之间进行数据传递的途径,被调函数的运算结果,既可以通过 return 语句返回主调函数,也可以借助形参指针存入主调函数的变量中。

7.3.2　指针作为函数返回值

指针既可以作为函数参数,也可以作为函数返回值。返回指针的函数定义形式如下:

数据类型　∗函数名(形参表)

返回指针的函数也称指针函数。函数定义及调用时应注意以下问题。

(1) 函数体内需有"return 表达式;",且表达式为指针类型。

(2) 子函数调用结束时被系统释放的地址不能作为返回值。

(3) 函数调用时,接收函数返回值的指针变量应与返回的指针类型一致。

例 7.5 可在学习完第 7.4 节后再返回来学习,其中涉及数组名作为函数实参的知识点。

【例 7.5】　在主函数中定义一个大小为 10 的整型一维数组,并初始化数组元素值。定义 findMax() 函数,查找数组中的最大值,并返回其地址。

思路:注意题意不是要求返回最大值,而是返回最大值的地址,因此函数返回类型为指针。

函数返回值
为指针类型

```
1.  #include <stdio.h>
2.  int * findMax(int * p)            //形参指针 p 指向主函数的数组 a 的首地址
3.  {
4.      int i, * pmax;
5.      pmax = p;                     //默认第一个元素值最大,将其地址赋给 max
6.      for(i = 1; i < 10; i++)
7.      {
8.          if(* (p + i) > * pmax)    //查找更大的值
9.          {
10.             pmax = p + i;         //将更大值的地址赋给 max
11.         }
12.     }
13.     return pmax;                  //返回最大值的地址
14. }
15.
16. int main()
```

```
17. {
18.     int a[10] = {5, 9, 2, 4, 10, 8, 1, 7, 6, 3}, i, * max;
19.     printf("数组初值: ");
20.     for(i = 0; i < 10; i++)
21.     {
22.         printf("%-4d", a[i]);
23.     }
24.     max = findMax(a);              //返回最大值的地址,赋给指针 pmax
25.     printf("\n 最大值:%d\n", * max); // * max 是引用最大值
26.     return 0;
27. }
```

程序运行结果：

```
数组初值: 5   9   2   4   10 8   1   7   6   3
最大值: 10
```

分析：

（1）数组名 a 是地址常量，代表整个数组的首地址。

（2）程序第 24 行“max = findMax(a);”函数调用的实参是数组名，属于参数传地址方式。

（3）findMax()函数的形参指针 p 指向数组元素 a[0]。程序第 6～12 行是查找数组中的最大值，指针 pmax 存放最大值的地址；程序第 13 行“return pmax;”返回最大值的地址。

（4）子函数调用结束后，主函数中的指针变量 max 获得了子函数返回的最大值的地址。

（5）如图 7-10 所示，指针 a、max 定义在主函数内，分别指向数组第一个元素和最大值；指针 p、pmax 定义在子函数内，同样分别指向数组第一个元素和最大值。

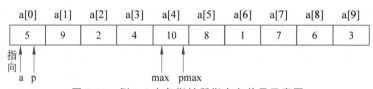

图 7-10　例 7.5 中各指针所指内存单元示意图

思考：如果数组 a 定义在子函数内，子函数能否返回最大值的地址？

7.4　指针与一维数组

7.4.1　指针的算术运算和关系运算

指针变量可以进行算术运算和关系运算，其含义不同于普通变量的这两类运算。

特别地，只有对指向连续存储空间的指针变量进行算术运算或关系运算才有实际意义。例如，可以对指向数组或字符串的指针变量进行算术运算或关系运算。

1. 指针的算术运算

指针的算术运算有以下三种形式。

（1）指针变量做++或--运算。

指针++：将指针向后（地址大的方向）移动一个单元。

指针--：将指针向前（地址小的方向）移动一个单元。

指针移动一个单元的字节数取决于指针的基础类型。假设有定义"int * p;"，若执行"p++;"，则指针 p 的地址增加 sizeof(int)字节。

（2）指针变量加整数或减整数。

指针+=整数 n：将指针向后（地址大的方向）移动 n 个单元。

指针-=整数 n：将指针向前（地址小的方向）移动 n 个单元。

指针移动 n 个单元的字节数取决于指针的基础类型。假设有定义"double * p;"，若执行"p += 3;"，则指针 p 的地址增加 3 * sizeof(double)字节。

（3）指向同一段连续存储空间的两个指针之间做减法运算。

指针 1-指针 2：计算两个指针之间相距的单元数，相减的结果为整数值。

例如：

```
int a[6] = {1, 2, 3, 4, 5, 6}, * p, * q, n;
p = &a[0];                    //指针 p 指向 a[0]
q = &a[5];                    //指针 q 指向 a[5]
p++;                          //指针 p 后移一个单元,指向 a[1]
q -=2;                        //指针 q 前移两个单元,指向 a[3]
n = q - p;                    //指针 q 与 p 之间相距两个单元,因此 n 的值为 2
```

执行语句"p = &a[0];　q = &a[5];"后，指针的指向关系如图 7-11(a)所示。

执行语句"p++;"（等价于"p = p + 1;"）后，指针的指向关系如图 7-11(b)所示。

执行语句"q -= 2;"（等价于"q = q - 2;"）后，指针的指向关系如图 7-11(c)所示。

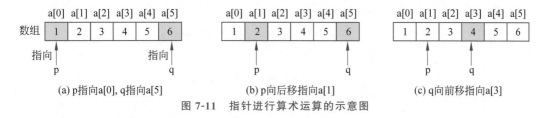

图 7-11　指针进行算术运算的示意图

2. 指针的关系运算

指针的关系运算是指用关系运算符>、>=、<、<=、==、!=对两个指针进行比较，其含义是比较两个指针所指内存单元地址的大小关系。需再次强调，只有当两个指针指向了同一段连续存储空间（例如，指向了同一个数组）时，关系运算才有意义。

如图 7-11(c)所示，指针 p、q 指向同一个数组中的元素，可以对这两个指针进行比较。由于指针 p 指向 a[1]，q 指向 a[3]，则关系运算 p < q 为真，p == q 为假，p > q 为假。

7.4.2　指针指向一维数组

1. 一维数组名的特殊含义

C 语言规定，数组名是地址常量，代表了数组在内存中的首地址，即数组中首元素的地址。数组一旦定义，编译系统就为其分配一定大小的连续的内存单元，这些连续的内存单元的首地址便由数组名表示。

【例7.6】 阅读以下程序,观察运行结果,理解数组名的含义。

认识一维数组名是地址

```
1.  #include <stdio.h>
2.  int main()
3.  {
4.      int a[3] = {1, 2, 3};
5.      printf("数组元素的值:%d, %d, %d\n", a[0], a[1], a[2]);
6.      printf("数组元素的地址:%p, %p, %p\n", &a[0], &a[1], &a[2]);
7.      printf("数组元素的地址:%p, %p, %p\n", a, a+1, a+2);
8.      return 0;
9.  }
```

程序运行结果:

```
数组元素的值: 1, 2, 3
数组元素的地址: 000000000061FE14, 000000000061FE18, 000000000061FE1C
数组元素的地址: 000000000061FE14, 000000000061FE18, 000000000061FE1C
```

分析:

（1）由运行结果可知,程序第6、7行的执行效果相同,于是可知 &a[0]等价于 a、&a[1]等价于 a+1、&a[2]等价于 a+2,写成通式为 &a[i] 等价于 a+i。其中,&a[i] 称为下标法引用数组元素地址,a+i 称为指针法引用数组元素地址。

（2）运行结果显示三个数组元素的地址各相差 4B,因为每个数组元素都是 int 型,占4B的内存空间,其存储结构如图7-12所示。

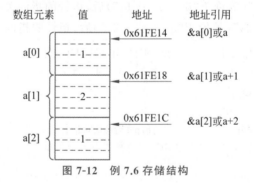

图 7-12　例 7.6 存储结构

注意:

（1）对 a + i 的理解,其含义为"指针 + 整数 n",是指在 a 的基础上后移 i 个单元（每个单元的字节数取决于指针 a 的基础类型）的地址。以例7.6进行说明,数组名 a 代表的地址是十六进制 0x61FE14,该数组定义为 int 型（基础类型是4B）,则 a + 1 表示在a 的基础上加4B,得到 0x61FE18。同理,a + 2 对应的地址为 0x61FE1C。

（2）数组名是地址常量,常量不能进行自增或自减运算。以例7.6进行说明,类似于a++、a += 3 的写法都是非法的,但 a + 1 是正确的写法,初学者要注意区分 a++ 和a + 1。

2. 使用指针引用一维数组元素

根据一维数组元素在内存中连续存放的特性,可以借助指针操作数组,通过对指针进行前移、后移,便可将其指向不同的数组元素。

例如:

```
int a[5] = {1, 2, 3, 4, 5}, * p;
p = a;                          //将指针 p 指向数组的首元素,等价于 p = &a[0];,
```

执行以上语句后,p 和 a 都代表数组的首地址,区别仅在于 a 是地址常量,p 是指针变量。因此,既可以使用 a,也可以使用 p 对数组进行访问,有下标法和指针法两种方法引用数组元素或者数组元素的地址,如表 7-3 所示。

表 7-3 下标法、指针法引用数组元素及数组元素的地址

比较内容	引用数组元素的四种方法		引用数组元素地址的四种方法	
下标法	a[i]	p[i]	&a[i]	&p[i]
指针法	* (a + i)	* (p + i)	a + i	p + i

特别地,当 i 取 0 时,a[0]等价于 * a,表示数组首元素的值;&a[0]等价于 a,表示数组首元素的地址。

【例 7.7】 阅读以下程序,认识指针指向并访问一维数组的方法。

指针引用一维数组元素

```
1.   #include <stdio.h>
2.   int main()
3.   {
4.       int a[5] = {1, 2, 3, 4, 5}, i, * p;
5.       p = a;                          //指针 p 指向数组的首地址
6.       printf("数组初值\n");
7.       printf("方法一:");
8.       for(i = 0; i < 5; i++)          //循环过程中变量 i 不断自增
9.       {
10.          printf("%d   ", * (p + i));  // * (p+i)也可以替换成 p[i]、a[i]、* (a + i)
11.      }
12.      printf("\n方法二:");
13.      for(p = a; p < a + 5; p++)      //循环过程中指针 p 不断后移
14.      {
15.          printf("%d   ", * p);       // * p 也可以替换为 p[0]
16.      }
17.      return 0;
18.  }
```

程序运行结果:

```
数组初值
方法一: 1   2   3   4   5
方法二: 1   2   3   4   5
```

分析:

(1) 程序第 5 行"p = a;"为指针指向数组的首元素,如图 7-13(a)所示。

(2) 方法一对应程序第 8~11 行,循环过程中指针 p 始终指向 a[0],如图 7-13(b)所示。通过变量 i 不断自增,* (p + i) 依次遍历所有数组元素。

(3) 方法二对应程序第 13~16 行,循环过程中指针 p 不断自增,于是 * p 依次遍历所有数组元素。循环结束时,指针 p 指向 a[4]后面的内存单元,如图 7-13(d)所示。

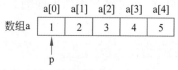

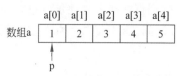

图 7-13　例 7.7 中使用两种方法访问一维数组的示意图

结论：指针遍历数组时，既可以使用下标自增的方法，也可以使用指针自增的方法。

3. 指针运算的难点问题

指针的 ＋＋、－－ 运算符与间接引用运算符 ＊ 可以混合使用，既可引用指针所指内存单元的值，也可同时控制指针的移动，但是不同的写法容易混淆，对初学者来说是一个难点，表 7-4 列出了一些易混表达式。

假设有定义：

```
int a[5] = {10, 20, 30, 40, 50}, * p = a;          //指针 p 指向 a[0]
```

注意：＋＋、－－运算符与 ＊ 运算符的结合性都是自右向左。

表 7-4　运算符＋＋与 ＊ 的混合使用

表 达 式	运 算 过 程	表达式的值	指针 p 最终指向
＋＋(＊p)等价于 ＋＋＊p	先执行 ＊p，得 10；再对该值自增，得 11	11	指向 a[0]
＊(＋＋p)　等价于　＊＋＋p	先执行＋＋p，指向 a[1]；再执行 ＊p，得 20	20	指向 a[1]
＊(p＋＋)　等价于　＊p＋＋	先执行 ＊p，得 10；再执行 p＋＋，指向 a[1]	10	指向 a[1]
(＊p)＋＋	先执行 ＊p，得 10；再对该值自增	10	指向 a[0]

敲重点：

（1）＋＋、－－运算符的运算对象既可以是数值，也可以是指针，对数值是做自增、自减运算，对指针是做后移、前移运算。因此，要分清楚＋＋、－－是对数值运算还是对指针运算。

（2）＋＋、－－运算符分为前缀、后缀运算，而前缀、后缀运算使得表达式的值不相同。

7.4.3　函数与一维数组

借助指针访问数组更多的是应用在子函数调用时，主要有以下两种情况。

1. 一维数组名作实参

一维数组名作实参，是将数组的首地址进行传递，使得子函数内的形参指针指向数组的首元素,便于在子函数内从头开始访问一维数组。因此,一维数组名作实参,属于参数传地址方式,对应的形参是指针变量,形参指针必须与数组同类型。

若有如下代码:

```
int main()
{
    int a[5] = {10, 20, 30, 40, 50};
    ...
    fun(a);                          //fun()函数的实参为一维数组名 a
}
```

以上代码中"fun(a);"是函数调用语句,实参为一维数组名,对应的形参应为 int * 型的指针变量。C 语言提供了形参的多种等价形式:

（1）fun(int * p)。

（2）fun(int p[ ])。

（3）fun(int p[5])。

注意:上述形参虽然写法不同,但是含义相同,都表示指针变量。对于后两种写法,不能将形参理解为是数组,因为参数传递时,不是传递的整个数组,而是仅传递了数组的首地址。

【例 7.8】　在主函数中定义一个大小为 10 的整型一维数组,并初始化数组元素。定义 output()函数输出数组元素,再定义 sort()函数对数组元素进行降序排序。

```
1.  #include <stdio.h>
2.  void output(int * p);            //函数声明,形参为指针变量
3.  void sort(int p[ ]);
4.  int main()
5.  {
6.      int a[10] = {2, 4, 9, 1, 5, 8, 10, 7, 6, 3};
7.      printf("数组初值: \n");
8.      output(a);                   //数组名 a 作实参,传地址
9.      sort(a);                     //数组名 a 作实参
10.     printf("\n 降序排序后的数组元素:\n");
11.     output(a);
12.     return 0;
13. }
14.
15. void output(int * p)             //形参的第一种写法,p 是指针变量
16. {
17.     int i;
18.     for(i = 0; i < 10; i++)
19.     {
20.             printf("%-6d", * (p + i)); // * (p + i)是指针法引用数组元素 a[i]
21.     }
22. }
23.
24. void sort(int p[ ])              //形参的第二种写法,p 仍然是指针变量
25. {
26.     int i, j, t;
27.     for(i = 0; i < 9; i++)       //冒泡法对 10 个数降序排序
28.     {
```

一维数组名
作实参

```
29.          for(j = 0; j < 9 - i; j++)
30.          {
31.              if(p[j] < p[ j + 1])        //p[j]是下标法引用数组元素 a[j]
32.              {
33.                  t = p[j];
34.                  p[j] = p[j + 1];
35.                  p[j + 1] = t;
36.              }
37.          }
38.      }
39. }
```

程序运行结果：

```
数组初值:
2     4     9     1     5     8     10     7     6     3
降序排序后的数组元素:
10    9     8     7     6     5     4      3     2     1
```

分析：

（1）程序第 15 行 void output(int * p) 和第 24 行 void sort(int p[ ]) 是形参的两种不同写法，形参 p 都是指针变量。

（2）程序第 20 行"printf("%d\t"，*(p + i))；"是指针法引用数组元素，条件表达式第 31 行 if(p[j] < p[j+1]) 是下标法引用数组元素。

2. 数组元素的地址作实参

如果子函数对数组元素的访问不是从头开始，而是从中间某个元素开始，可将该数组元素的地址作为函数实参，则子函数内的形参指针便指向该数组元素。

【例 7.9】 在主函数中定义一个大小为 10 的整型一维数组，并初始化数组元素。定义 output() 函数输出数组元素，再定义 sort() 函数对数组后面的 6 个元素进行降序排序。

思路：本例的 sort() 函数仅对数组后面的 6 个元素进行排序，即从 a[4] 开始访问数组，于是可将 &a[4] 作为函数实参，使得形参指针 p 指向 a[4]，则排序从 a[4] 开始。

一维数组元素的地址作实参

```
1.  #include <stdio.h>
2.  void output(int * p);           //函数声明
3.  void sort(int p[]);
4.  int main()
5.  {
6.      int a[10] = {2, 4, 9, 1, 5, 8, 10, 7, 6, 3};
7.      printf("数组初值:\n");
8.      output(a);                  //数组名作实参,传数组的首地址
9.      sort(&a[4]);                //数组元素的地址作实参,也可以写成 sort(a+4);
10.     printf("\n后面 6 个元素降序排序后的结果:\n");
11.     output(a);
12.     return 0;
13. }
14.
15. void output(int * p)            //形参指针 p 指向主函数的数组元素 a[0]
16. {
```

```
17.      int i;
18.      for(i = 0; i < 10; i++)
19.      {
20.          printf("%-6d", * (p + i)); //* (p+i)是指针法引用数组元素 a[i]
21.      }
22. }
23.
24. void sort(int p[ ])                    //形参指针 p 指向主函数的数组元素 a[4]
25. {
26.      int i, j, t;
27.      for(i = 0; i < 5; i++)            //冒泡法对数组后面的 6 个元素降序排序
28.      {
29.          for(j = 0; j < 5 - i; j++)
30.          {
31.              if(p[j] < p[j + 1])        //p[j]是下标法引用数组元素 a[j+4]
32.              {
33.                  t = p[j];
34.                  p[j] = p[j + 1];
35.                  p[j + 1] = t;
36.              }
37.          }
38.      }
39. }
```

程序运行结果：

```
数组初值：
2    4    9    1    5    8    10   7    6    3
后面6个元素降序排序后的结果：
2    4    9    1    10   8    7    6    5    3
```

分析：

(1) 比较例 7.8 和例 7.9，理解数组名作实参和数组元素的地址作实参的区别。例 7.8 程序第 9 行"sort(a);"是数组名作实参，则形参指针 p 指向数组首元素 a[0]，如图 7-14(a)所示；例 7.9 程序第 9 行"sort(&a[4]);"是数组元素的地址作实参，则形参指针 p 指向数组元素 a[4]，如图 7-14(b)所示。

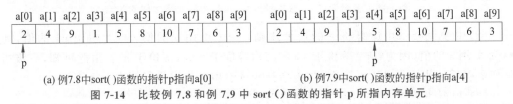

(a) 例7.8中sort( )函数的指针p指向a[0]   (b) 例7.9中sort( )函数的指针p指向a[4]

图 7-14　比较例 7.8 和例 7.9 中 sort( )函数的指针 p 所指内存单元

(2) 例 7.8 中 sort( )函数的形参指针 p 指向数组元素 a[0]，于是子函数内的 p[j]表示引用数组元素 a[j]；例 7.9 中 sort( )函数的形参指针 p 指向数组元素 a[4]，于是子函数内的 p[j]表示引用数组元素 a[j+4]。

7.5 指针与二维数组

7.5.1 指向指针的指针

指针所指内存单元中存储的是数值，这样的指针变量称为一级指针变量，常简称指针。例如，"int a = 10，* p = &a;"，这里的 p 是一级指针变量。

指针所指内存单元中存储的是地址，这样的指针变量称为二级指针变量，也称指向指针的指针，在定义时，前面有两个星号。其定义格式如下：

> **数据类型 **二级指针变量名;**

二级指针
变量

【例 7.10】 阅读以下程序，理解二级指针变量的使用方法。

```
1.  #include <stdio.h>
2.  int main()
3.  {
4.      int a = 10, * p1, **p2;        //定义 p1 为一级指针变量, p2 为二级指针变量
5.      p1 = &a;                       //一级指针变量 p1 指向普通变量 a
6.      p2 = &p1;                      //二级指针变量 p2 指向一级指针变量 p1
7.      printf("%d  %d  %d\n", a, * p1, **p2);
8.      return 0;
9.  }
```

程序运行结果：

10 10 10

分析：

（1）程序第 4 行定义了普通变量 a、一级指针变量 p1、二级指针变量 p2。执行程序第 5、6 行后，各变量之间的关系如图 7-15 所示。二级指针变量 p2 指向一级指针变量 p1，一级指针变量 p1 指向普通变量 a。

图 7-15 普通变量、一级指针变量、二级指针变量之间的关系

（2）根据间接引用运算符 * 的运算规则，* p1 引用 a 的值，* p2 引用 p1 的值，则 **p2 引用 a 的值（因为**p2 等价于 * (* p2)，等价于 * p1，等价于 a）。由此可知，一级指针变量引用数值执行一次 * 运算，二级指针变量引用数值需执行两次**运算。

（3）根据图 7-15，可总结以下等价的表达式：

$$a \overset{\text{等价}}{\Longleftrightarrow} *p1 \overset{\text{等价}}{\Longleftrightarrow} **p2 \qquad \&a \overset{\text{等价}}{\Longleftrightarrow} p1 \overset{\text{等价}}{\Longleftrightarrow} *p2 \qquad \&p1 \overset{\text{等价}}{\Longleftrightarrow} p2$$

7.5.2 指针数组与二维数组

1. 理解二维数组的存储结构

在 C 语言中，可将二维数组视为由多个一维数组构成。

假设有定义：

```
int a[3][4] = {{1, 2, 3, 4}, {5, 6, 7, 8}, {9, 10, 11, 12}};
```

这是一个 3 行 4 列的二维数组，每行元素可看作一个一维数组，则二维数组视为由 3 个一维数组构成。每行的一维数组元素是 a[i][0]、a[i][1]、a[i][2]、a[i][3]，每个一维数组名则是 a[i]。根据一维数组名是首地址的原则，可知 a[i] 指向每行的首元素，如图 7-16 所示。

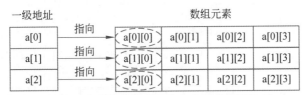

图 7-16 二维数组可视为由多个一维数组构成

2. 指针数组引用二维数组

根据二维数组的存储结构，可定义多个一级指针变量，分别指向二维数组每行的首元素，借助这些指针变量便可访问二维数组的所有元素。这些一级指针变量组合在一起便是指针数组，以下为其定义格式：

数据类型 ∗指针数组名 [常量表达式]；

假设有定义"int a[3][4];"，此二维数组中有 3 行元素，若定义指针数组指向该二维数组，则指针数组中需包含 3 个指针变量，可将其定义为"int ∗ q[3];"。

对于"int ∗ q[3];"的理解，在此进行说明：q 首先与[3]结合，说明 q 是一个大小为 3 的数组；再与 int ∗ 结合，说明数组中的元素为指针。将这样的数组称为指针数组。

【例 7.11】 阅读以下程序，理解指针数组如何引用二维数组元素。

指针数组与
二维数组

```
1.  #include <stdio.h>
2.  int main()
3.  {
4.      int a[3][4] = {{1, 2, 3, 4}, {5, 6, 7, 8}, {9, 10, 11, 12}}, i, j;
5.      int * q[3];                //定义 q 为指针数组,大小为 3,数组元素为 int * 型
6.      for(i=0; i<3; i++)
7.      {
8.          q[i] = a[i];           //将二维数组 3 行的首地址 a[0]~a[2]分别赋给指针变
                                   //量 q[0]~a[2]
9.      }
10.     printf("二维数组元素:\n");
11.     for(i=0; i<3; i++)
12.     {
13.         for(j=0; j<4; j++)
14.         {
15.             printf("%d\t", q[i][j]);  //q[i][j]表示引用二维数组元素 a[i][j]
16.         }
17.         printf("\n");
18.     }
19.     return 0;
20. }
```

程序运行结果：

```
二维数组元素：
1        2        3        4
5        6        7        8
9        10       11       12
```

分析：

（1）程序第 5 行"int ＊ q[3];"定义了指针数组 q，执行程序第 6～9 行后，二维数组每行的首地址 a[i] 被赋给了指针变量 q[i]，则 q[i] 指向了每行的首元素，如图 7-17 所示。

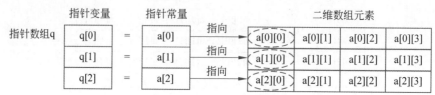

图 7-17　指针数组访问二维数组的示意图

（2）由于 q[i] 被赋值 a[i]，指向二维数组每行的首元素，因此 q[i][j] 等价于 a[i][j]。

思考：

（1）程序第 5 行"int ＊ q[3];"中的数值 3，与二维数组 a 的行数有关，还是与列数有关？

（2）将程序第 6～9 行的 for 语句替换为一条语句"q ＝ a;"可以吗？为什么？

难点：

通过数组名 a 或者指针数组 q 引用二维数组元素，有以下八种等价的写法。

a[i][j]　　　　　（＊(a ＋ i))[j]　　　　　＊(＊(a ＋ i) ＋ j)　　　　＊(a[i] ＋ j)
q[i][j]　　　　　（＊(q ＋ i))[j]　　　　　＊(＊(q ＋ i) ＋ j)　　　　＊(q[i] ＋ j)

7.5.3　行指针与二维数组

1. 二维数组名的特殊含义

C 语言规定，二维数组名是行指针常量，代表二维数组首行的地址。行指针的基础类型为一行元素。

假设有定义"int a[3][4];"，对于这个 3 行 4 列的二维数组，数组名 a 是行指针，指向二维数组的第 1 行，a ＋ 1 指向第 2 行，a ＋ 2 指向第 3 行，如图 7-18 所示。行指针 a 的基础类型为 4 个 int 型，因此 a ＋ i 表示在首行地址的基础上后移 i 行，共 i ＊ 4 ＊ sizeof(int) 字节。

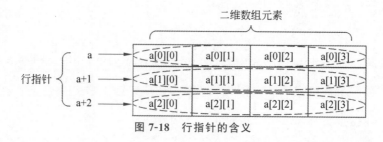

图 7-18　行指针的含义

2. 行指针引用二维数组

二维数组名是行指针常量,于是可定义行指针变量指向二维数组,并引用数组元素。以下为行指针变量的定义格式:

> **数据类型 (* 行指针变量名) [常量表达式];**

假设有定义"int a[3][4];",此二维数组的每行有 4 个元素,若定义行指针指向该二维数组,则行指针的基础类型应为 4 个 int 型,可将其定义为"int (* p)[4];"。

对于"int (* p)[4];"的理解,在此进行说明:p 首先与 * 结合,说明 p 是一个指针;再与[4]结合,说明指针的基础类型为 4 个 int 型。将这样的指针称为行指针。

【例 7.12】 阅读以下程序,理解行指针如何引用二维数组元素。

```
1.   #include <stdio.h>
2.   int main()
3.   {
4.       int a[3][4] = {{1, 2, 3, 4}, {5, 6, 7, 8}, {9, 10, 11, 12}}, i, j;
5.       int ( * p) [4];              //p 是行指针变量,指针指向的一行元素为 4 个 int 型
6.       p = a;                       //将二维数组名 a 赋给行指针变量 p
7.       printf("二维数组元素值:\n");
8.       for(i=0; i<3; i++)
9.       {
10.          for(j=0; j<4; j++)
11.          {
12.              printf("%d\t", p[i][j]);
13.          }
14.          printf("\n");
15.      }
16.      printf("\n 二维数组每行的首地址:\n");s
17.      for(i=0; i<3; i++)
18.      {
19.          printf("%p    %p    %p\n", &a[i][0], a[i], p + i);
20.      }
21.      return 0;
22.  }
```

程序运行结果:

```
二维数组元素值:
1        2        3        4
5        6        7        8
9        10       11       12

二维数组每行的首地址:
000000000061FDE0      000000000061FDE0      000000000061FDE0
000000000061FDF0      000000000061FDF0      000000000061FDF0
000000000061FE00      000000000061FE00      000000000061FE00
```

分析:

(1) 程序第 5 行"int (* p)[4];"定义了行指针变量 p。执行第 6 行"p = a;",将二维数组名赋给行指针变量 p,则行指针 p 指向了二维数组首行的元素,如图 7-19 所示。

(2) 由于 p 被赋值 a,都是行指针,指向二维数组的首行,因此 p[i][j]等价于 a[i][j]。

(3) 通过数组名 a 或者行指针 p 引用二维数组元素,有以下八种等价的写法。

图 7-19　行指针访问二维数组的示意图

| a[i][j] | (＊(a＋i))[j] | ＊(＊(a＋i)＋j) | ＊(a[i]＋j) |
| p[i][j] | (＊(p＋i))[j] | ＊(＊(p＋i)＋j) | ＊(p[i]＋j) |

思考：

（1）指针数组和行指针都可以引用二维数组元素，二者的区别是什么？

（2）已定义二维数组，若定义指针数组或者行指针访问二维数组，定义时需要注意什么？

7.5.4　函数与二维数组

二维数组名是行指针常量，当二维数组名作函数实参时，对应的形参是行指针变量。若有如下代码：

```
int main()
{
    int a[3][4] = {{1, 2, 3, 4}, {5, 6, 7, 8}, {9, 10, 11, 12}};
    …
    fun(a);                              //二维数组名 a 作函数实参,传递行地址
}
```

fun()函数首部可以有以下三种表示方法。

（1）**fun(int (＊p)[4])**。

（2）**fun(int p[ ][4])**。

（3）**fun(int p[3][4])**。

注意：以上三种方法中形参的写法虽然不同，但是含义相同。"fun(a);"是函数调用语句，实参为二维数组名 a，代表二维数组的首行地址，因此形参为可以接收行地址的行指针变量。

7.6　指针综合实例

【例 7.13】　使用指针编程，交换两个一维数组中的最大值。

思路：定义 findMax()函数查找一维数组中的最大值，并返回最大值地址；定义 swap()函数交换两个数组中的最大值。

指针综合
实例

```
1.  #include <stdio.h>
2.  #define N 5
3.  int * findMax(int * p1);              //函数声明
4.  void swap(int * pa_max, int * pb_max);
5.  void output(int * pa, int * pb);
```

```
6.   int main()
7.   {
8.       int a[N] = {3, 5, 2, 9, 7}, b[N] = {4, 8, 6, 10, 1};
9.       int * max_a, * max_b;
10.      printf("【交换前】\n");
11.      output(a, b);
12.      max_a = findMax(a);              //将数组 a 中最大值的地址返回给指针 max_a
13.      max_b = findMax(b);              //将数组 b 中最大值的地址返回给指针 max_b
14.      swap(max_a, max_b);             //交换指针 max_a、max_b 所指的两个最大值
15.      printf("\n【交换后】\n");
16.      output(a, b);
17.      return 0;
18.  }
19.
20.  /* findMax()函数:查找一维数组的最大值,并返回最大值的地址
21.    形参 p1:指向一维数组的首元素
22.    返回值 int *:返回一维数组最大值的地址
23.  */
24.  int * findMax(int * p1)
25.  {
26.      int * max, * p2;
27.      max = p1;                        //默认第一个数最大,max 指向最大值
28.      for(p2 = p1 + 1; p2 < p1 + N; p2++)   //遍历一维数组
29.      {
30.          if(* p2 > * max)            //查找最大值
31.          {
32.              max = p2;
33.          }
34.      }
35.      return max;                      //返回最大值的地址
36.  }
37.
38.  /* swap()函数:交换两个一维数组的最大值
39.    形参 pa_max、pb_max:分别指向两个一维数组的最大值
40.  */
41.  void swap(int * pa_max, int * pb_max)
42.  {
43.      int t;
44.      t = * pa_max;     * pa_max = * pb_max;        * pb_max = t;      //交换最大值
45.  }
46.
47.  /* output()函数:输出两个一维数组的元素值
48.    形参 pa、pb:分别指向两个一维数组的首元素
49.  */
50.  void output(int * pa, int * pb)
51.  {
52.      int i;
53.      printf("数组 a:");
54.      for(i = 0; i < N; i++)
55.      {
56.          printf("%-6d", pa[i]);
57.      }
58.      printf("数组 b:");
```

```
59.      for(i = 0; i < N; i++)
60.      {
61.          printf("%-6d", pb[i]);
62.      }
63. }
```

程序运行结果：

【交换前】									
数组a: 3	5	2	9	7	数组b: 4	8	6	10	1
【交换后】									
数组a: 3	5	2	10	7	数组b: 4	8	6	9	1

分析：本例综合运用了指针作函数参数、指针作为函数返回值、下标法和指针法引用一维数组元素等指针相关的知识。

7.7　本章小结

第 7 章知识点总结

1. 指针与地址的概念

为了管理内存，计算机对内存中的单元进行编号，称为内存地址，根据内存地址可以准确地找到内存单元。C 语言引入指针的目的是存储地址，指针即地址，地址即指针。

2. 指针变量

（1）指针变量的定义。

定义格式：

> **数据类型　*指针变量名;**

数据类型称为指针变量的基础类型。基础类型并不决定指针变量占用的字节数，而是决定指针变量所指内存单元的类型。

*是一个标志，标志此时定义的是指针变量，而不是普通变量。

指针变量与普通变量的不同：指针变量存储地址，普通变量存储数值。

（2）指针变量的赋值。

格式：

> **指针变量 = 地址;**

未赋值的指针变量称为悬空指针，使用悬空指针是很危险的，会导致程序崩溃。因此指针变量在使用前，必须为其赋地址，让其指向有效的内存单元。

取地址运算符 &：用于获取变量地址。

（3）指针变量的间接引用。

间接引用运算符 *：用于访问指针所指内存单元的内容。

3. 指针与函数

（1）指针作为函数参数。

指针作为函数参数又称参数传地址方式，此时实参是地址，形参是指针变量。

注意参数传值方式与参数传地址方式的不同。

参数传地址方式为子函数提供了一种手段,可以访问并修改子函数以外的变量。

(2) 指针作为函数返回值。

返回指针的函数定义格式:

> **数据类型 * 函数名(形参表)**

返回指针的函数又称指针函数,是指函数的返回值为指针类型。

4. 指针与一维数组

(1) 指针的算术运算和关系运算。

指针只有在指向连续内存单元(如数组、字符串)时,其算术运算和关系运算才有意义。

指针的算术运算:指针++、指针--、指针+=整数、指针-=整数、指针做减法。

指针的关系运算:用关系运算符比较两个指针所指内存单元地址的大小。

(2) 指针与一维数组。

一维数组名是地址常量,代表整个数组在内存中的首地址。

若有定义"int a[10], * p = a;",表示指针 p 指向数组 a 的首元素,等价于"p = &a[0];"。

引用数组元素有四种方法:a[i]、p[i]、* (a + i)、* (p + i)。

引用数组元素地址也有四种方法:&a[i]、&p[i]、a + i、p + i。

(3) 函数与一维数组。

一维数组名作实参,属于参数传地址方式,将数组的首地址传递给形参指针,则形参指针便指向数组的首元素。

数组元素的地址作实参,也属于参数传地址方式,形参指针指向对应的数组元素。

5. 指针与二维数组

(1) 指向指针的指针。

定义格式:

> **数据类型 **二级指针变量名;**

指向指针的指针变量又称二级指针变量,其所指内存单元里存储地址,而一级指针变量所指内存单元里存储数值。

(2) 指针数组与二维数组。

定义格式:

> **数据类型 *指针数组名[常量表达式];**

假设有定义"int * p[3];",p 首先与 [3] 结合,说明它是一个大小为 3 的数组;再与 int * 结合,说明数组中的元素是指针类型。将这样的数组称为指针数组。

(3) 行指针与二维数组。

定义格式:

> **数据类型 (* 行指针变量名) [常量表达式];**

假设有定义"int (* q)[4];",q 首先与 * 结合,说明它是一个指针;再与 [4] 结合,说明该指针的基础类型为 4 个 int 型。将这样的指针称为行指针。

(4) 函数与二维数组。

二维数组名是行指针常量,当二维数组名作函数实参时,将数组的首行地址进行传递，对应的形参是行指针变量。

7.8 习 题

一、选择题

1. 若有说明语句"double ＊p，a；"，能通过 scanf（）函数正确读入数据的程序段是（ ）。

    A. ＊p ＝ &a；scanf（"％lf"，p）；   B. ＊p ＝ &a；scanf（"％f"，p）；

    C. p ＝ &a；scanf（"％lf"，＊p）；   D. p ＝ &a；scanf（"％lf"，p）；

2. 设已有定义"float x"，则以下对指针变量 p 进行定义且赋初值正确的语句是（ ）。

    A. float ＊p ＝ 1024；   B. int ＊p ＝ （float）x；

    C. float p ＝ &x；   D. float ＊p ＝ &x；

3. 若有定义"int x，＊pb；"，则正确的赋值表达式是（ ）。

    A. pb ＝ &x   B. pb ＝ x   C. ＊pb ＝ &x   D. ＊pb ＝ ＊x

4. 以下程序的运行结果是（ ）。

```
#include <stdio.h>
int main()
{
    int  k=2, m=4, n, * pk=&k, * pm=&m, * pn=&n;
    * pn = * pk * (* pm);        printf("%d\n", n);
    return 0;
}
```

    A. 4   B. 6   C. 8   D. 10

5. 若有定义"int a[5]＝{10，20，30，40，50}，b，＊p ＝ &a[2]；"，则"printf（"％d"，＊p＋＋）；"的结果是（ ）。

    A. 30   B. 40   C. 31   D. 41

6. 若有定义"int a[5]＝{10，20，30，40，50}，b，＊p ＝ &a[1]；"。

    ① 执行语句"b ＝ ＊（p＋＋）；"后，b 的值是（ ）。

    ② 执行语句"b ＝ ＊（＋＋p）；"后，b 的值是（ ）。

    ③ 执行语句"b ＝ ＋＋（＊p）；"后，b 的值是（ ）。

    A. 20   B. 30   C. 21   D. 31

7. 已知"char a[5]，＊p ＝ a；"，则下列语句中错误的是（ ）。

    A. p ＝ a ＋ 5；   B. a ＝ p ＋ 5；   C. a[1] ＝ p[3]；   D. ＊p ＝ a[1]；

8. 以下程序的运行结果是（ ）。

```
int main()
{
    int a[10] = {1, 2, 3, 4, 5, 6, 7, 8, 9, 10}, * p = &a[3], * q = p + 2;
    printf("%d\n", * p + * q);
    return 0;
}
```

A. 16   B. 10   C. 8   D. 6

9. 下面的程序把数组中的最大值放入 a[0] 中,则 if 语句中的表达式应该是(   )。

```
int main()
{
    int a[10] = {6, 1, 8, 2, 9, 10, 5, 7, 3, 4}, * p = a, i;
    for(i = 0; i < 10; i++, p++)
        if(_____)
            * a = * p;
    printf("%d\n", * a);
    return 0;
}
```

A. p ＞ a   B. * p ＞ a[0]

C. * p ＞ * a[0]   D. * p[0] ＞ * a[0]

10. 已知"double * p[4];",它的含义是(   )。

A. p 是指向 double 型数据的指针   B. p 是 double 型数组

C. p 是指针数组   D. p 是行指针

11. 若有定义"int (* p)[M];",其中的标识符 p 是(   )。

A. M 个指向整型变量的指针

B. 指向 M 个整型变量的函数指针

C. 一个行指针,它指向具有 M 个整型元素的一维数组

D. 具有 M 个指针元素的一维指针数组,每个元素都只能指向整型量

12. 若有定义"int c[4][5], (* cp)[5];"和"cp = c;",能正确引用 c 数组元素的是
(   )。

A. cp＋1   B. * (cp＋3)   C. * (cp＋1)＋3   D. * (* cp＋2)

13. 若有定义"int a[4][3] = {1, 2, 3, 4, 5, 6, 7, 8, 9, 10, 11, 12}, (* p)[3] = a;",则能够正确表示数组元素 a[1][2] 的表达式是(   )。

A. * ((* p＋1)[2])   B. * (* (p＋5))

C. (* p＋1)＋2   D. * (* (p＋1)＋2)

14. 若有语句:

```
int a[4][3] = {1, 2, 3, 4, 5, 6, 7, 8, 9, 10, 11, 12}, ( * p)[3] = a, * q[4], i;
for(i=0; i<4; i++) q[i] = a[i];
```

则不能正确表示 a 数组元素表达式的是(   )。

A. a[4][3]   B. q[0][0]   C. p[2][2]   D. (* (q＋1))[1]

二、填空题

1. 若有定义:

```
char ch;
```

(1) 定义字符变量 p 的语句是 ① 。

(2) 使指针 p 指向变量 ch 的赋值语句是 ② 。

(3) 通过指针 p 给变量 ch 读入字符的 scanf() 函数调用语句是 ③ 。

(4) 通过指针 p 给变量 ch 赋字符 A 的语句是 ④ 。

（5）通过指针 p 输出 ch 中字符的 printf()函数调用语句是＿＿⑤＿＿。

2. 以下程序段的输出结果是＿＿＿＿＿＿。

```c
int main()
{
    int arr[ ]={30, 25, 20, 15, 10, 5}, * p = arr;
    p++;
    printf("%d\n", * (p + 3));
    return 0;
}
```

3. 以下程序段的输出结果是＿＿＿＿＿＿。

```c
void fun(char * p)
{
    p += 3;
}
int main()
{
    char a[4] = {'A', 'B', 'C', 'D'}, * p = a;
    fun(p);
    printf("%c\n", * p);
    return 0;
}
```

4. 以下程序段的输出结果是＿＿＿＿＿＿。

```c
#include <stdio.h>
int main()
{
    int a[3][4] = {{1, 3, 5, 7}, {8, 11, 13, 15}, {17, 19, 21, 13}}, ( * p) [4] = a,
i, j, k = 0;
    for(i=0; i<3; i++)
        for(j=0; j<2; j++)
            k += * ( * (p + i) + j);
    printf("%d\n", k);
    return 0;
}
```

5. 以下程序通过指针 p 将二维数组 a[3][4]的内容按 3 行 4 列的格式输出，请填空。

```c
#include <stdio.h>
int main()
{
    int a[3][4] = {{1, 3, 5, 7}, {8, 11, 13, 15}, {17, 19, 21, 13}}, * p = &a[0][0],
i, j;
    for(i=0; i<3; i++)
    {
        for(j=0; j<4; j++)
            printf("%-4d", ＿＿＿①＿＿＿);
            ＿＿＿②＿＿＿
    }
    return 0;
}
```

三、程序阅读题

分析以下三个程序的运行结果分别是什么？思考哪个程序可以交换主函数中变量 a、b 的值？哪个程序不能交换变量 a、b 的值，为什么？

程序一：

```c
#include <stdio.h>
void swap1(int a, int b)
{
  int t;
  t = a;   a = b;   b = t;
}
int main(void)
{
  int a = 5, b = 6;
  printf("(1)a=%d,b=%d\n",a,b);
  swap1(a, b);
  printf("(2)a=%d,b=%d\n",a,b);
  return 0;
}
```

程序二：

```c
#include <stdio.h>
void swap2(int * a, int * b)
{
  int * t;
  t = a;   a = b;   b = t;
}
int main(void)
{
  int a = 5, b = 6;
  printf("(1)a=%d,b=%d\n",a,b);
  swap2(&a, &b);
  printf("(2)a=%d,b=%d\n",a,b);
  return 0;
}
```

程序三：

```c
#include <stdio.h>
void swap3(int * a, int * b)
{
  int t;
  t = *a;   *a = *b;   *b = t;
}
int main(void)
{
  int a = 5, b = 6;
  printf("(1)a=%d,b=%d\n",a,b);
  swap3(&a, &b);
  printf("(2)a=%d,b=%d\n",a,b);
  return 0;
}
```

四、编程题

1. 有三个整型变量 x,y,z。设三个指针变量 p1,p2,p3 分别指向 x,y,z,然后通过指针变量使 x,y,z 的值轮换,即 x 的值赋给 y,y 的值赋给 z,z 的值赋给 x。

2. 定义一个一维数组,对每个下标变量赋值。定义一个指针变量,通过指针变量输出每个下标变量,分别用下标法与指针法。

3. 一个数列有 20 个整数,要求编写一个函数,它能够对从指定位置开始的 n 个数进行升序排序,其余的数不变。

例如,数列原为 3,8,12,89,4,5,7,10,78,54,22,31,18,61,66,9,2,52,82,29。

从第 6 个数开始升序排序,得到的新数列为 3,8,12,89,4,5,7,10,18,22,31,54,61,66,78,9,2,52,82,29。

4. 输入 10 个整数,使用指针编程求它们的平均值及大于平均值的数。

5. 输入一组字符,以'$'作为终止符,使用指针编程逆序存储这组字符并输出。

6. 使用指针编写程序,把数组中所有奇数放在另一个数组中并输出。

7. 使用指针编写程序,把字符数组中的字母按由小到大的顺序排序并输出。

8. 利用行指针编程,求任意方阵每行、每列、两对角线上元素之和。

9. 利用指针数组编程,调用随机函数 rand() 为一个 5×5 矩阵的各元素赋值 100 以内的数,输出该矩阵,然后逆置该矩阵。

10. 定义几个函数,分别完成以下功能。

(1) 输入 5 个职工的姓名和职工号。

(2) 按职工号由小到大排序,姓名也随之排序。

(3) 输入一个职工号,查找该职工的姓名。

用主函数调用这些函数。

11. 输入 3 名学生 5 门课的成绩,分别用函数完成以下功能。

(1) 每名学生的平均分。

(2) 每门课的平均分。

(3) 找出最高分和对应的学生及课程。

(4) 求平均分方差:

$$\sigma = \frac{1}{n} \sum x_i^2 \left[\frac{x_i^2}{n} \right]^2$$

式中,x_i 为某学生的平均分。

12. 定义函数,对二维数组对角线上的元素求和,并作为函数返回值。

chapter 8

字　符　串

当程序中有姓名、身份证号、家庭地址等信息需要处理时，它们均表现为一串字符，这就是字符串。字符串是一种特殊的常量，不同于字符常量、整型常量、实型常量占用固定大小的内存空间，字符串常量的长度不定、可长可短。编程时，通常将字符串中的若干字符作为一个整体进行处理，如整体输入、整体输出、整体复制等，也可以根据需要仅对其中的某些字符进行单独处理。

字符串是一个字符序列，在内存中占用连续的存储空间，可以将其存放于数组中，或用指针进行操作。对于本章的学习，应重点掌握如何使用数组和指针操作字符串，并熟悉字符串的常用库函数。

内容导读：

* 理解字符串的概念。
* 掌握字符串的输入输出方法。
* 掌握字符数组及字符指针操作字符串的方法。
* 掌握字符串的常用库函数。
* 掌握二维数组及指针数组构造字符串数组的方法。

8.1　字符串的概念

C 语言规定，字符串（string）常量是用双引号括起来的字符序列，双引号内可以有 0 个或任意多个字符，并以 '\0' 作为字符串的结束标志（'\0' 是转义字符，其 ASCII 码为 0）。字符串常量常被简称字符串。注意 C 语言中有字符串常量，但是没有字符串变量。

例如，"Hello world!"、"China"和"123" 都是字符串，每个字符串由若干字符组成，末尾隐含 '\0'，各字符在内存中连续存放，所有字符（包括'\0'）都占用一字节的存储空间。

对于字符串的学习，首先来比较两个容易混淆的概念——字符常量与字符串常量，如表 8-1 所示。

表 8-1　比较字符常量与字符串常量

比 较 内 容	字 符 常 量	字 符 串 常 量
书写规则	用单引号括起来	用双引号括起来
字符个数	有且仅有一个字符	可以有 0 个或任意多个字符

续表

比 较 内 容	字 符 常 量	字 符 串 常 量
占用的存储空间大小	占用 1B	长度不确定，以 '\0' 作为结束标志
存储方式	用 char 型变量存放	用 char 型数组存放

以下是一些容易混淆的写法，请注意区分。

（1）" 和 ""。

"：错误的写法，单引号里必须有一个字符。

""：表示空字符串，其中隐含\0，占 1B。

（2）' ' 和 " "。

' '：表示空格字符，占 1B。

" "：表示由空格组成的字符串，占 2B。

（3）'a' 和 "a"。

'a'：表示字符 a，占 1B。

"a"：表示由字母 a 组成的字符串，占 2B。

（4）'ab' 和 "ab"。

'ab'：错误的写法，单引号里只能有一个字符。

"ab"：表示由字母 a、b 组成的字符串，占 3B。

（5）"abc"和"abc\0def"。

"abc"：该字符串占 4B。

"abc\0def"：该字符串占 4B，编译系统仅识别第一个 \0 之前的字符。

注意：字符串的长度是指字符串中第一个 '\0' 之前的字符个数，不包括 '\0' 在内。而字符串占用的存储空间需包含 '\0' 占用的 1B。

8.2　字符数组与字符串

字符串是长度不定的字符序列，最短占用 1B，因此不能存储于普通类型的变量中，可使用数组进行存放，且必须为 char 型数组。

需要说明的是，存放字符串的字符数组应定义得足够大，要能够容纳字符串中的所有字符，包括 '\0' 在内。

8.2.1　字符数组初始化字符串

定义一维字符数组可以存放单个字符串，例如：

```
char a[10];     //定义大小为 10 的 char 型数组 a,可存放长度不超过 9 的字符串
```

1. 字符串的整体初始化

```
① char a[8] = "abcde";                    ② char b[ ] = "abcde";
```

以上字符数组 a、b 初始化字符串的存储结构如图 8-1 所示。

图 8-1 字符数组初始化字符串的存储结构示意图

定义字符数组时,可为其整体初始化字符串。以上数组 a 大小为 8B,字符串"abcde"占用了数组中 6B 的存储空间;数组 b 大小为 6B,由编译系统根据字符串的长度确定其大小。

2. 单个字符逐一初始化

```
① char a[8] = {'a', 'b', 'c', 'd', 'e', '\0'};
② char a[8] = {97, 98, 99, 100, 101, 0};
③ char a[8] = {'a', 'b', 'c', 'd', 'e'};
④ char a[8] = {97, 98, 99, 100, 101};
```

以上四种写法中,①和②等价,③和④等价。其中①和②是为数组初始化字符串(末尾包含字符串结束标志 '\0');而③和④是为数组初始化若干独立字符(没有包含 '\0')。②和④写法中的整数值是字符的 ASCII 码。

字符数组可用于存储字符串或者若干独立字符,区别在于:若存储字符串,则可以整体处理(如整体输入输出、整体复制等);若存储独立字符,则只能逐一单个处理。

8.2.2 字符串的输入输出

1. 字符串整体输入输出

字符串的整体输入输出,既可以使用字符串格式化函数 scanf()、printf()(格式说明符使用%s),也可以使用字符串专用函数 gets()、puts()。

(1) 字符串格式化输入输出。

```
输入:scanf("%s", 地址项);
输出:printf("%s", 地址项);
```

调用 scanf()、printf()函数对字符串整体输入输出的使用方法见例 8.1 方法一。地址项一般为字符数组名或字符指针,标识字符串存储空间的起始地址。

(2) 字符串专用函数输入输出。

```
输入:gets(地址项);
输出:puts(地址项);
```

调用 gets()、puts()函数对字符串整体输入输出的使用方法见例 8.1 方法二。地址项一般为字符数组名、字符指针、字符串常量等,标识字符串的起始地址。

【例 8.1】 阅读以下程序,掌握 scanf()、printf()函数和 gets()、puts()函数对字符串进行整体输入整体输出的方法。

方法一:使用 scanf()、printf()函数。

```
1.  #include <stdio.h>
2.  int main()
3.  {
4.      char x[20];
```

字符串的
输入输出

```
5.        printf("请输入一个字符串：");
6.        scanf("%s", x);
7.        printf("该字符串是：");
8.        printf("%s\n", x);
9.        return 0;
10. }
```

方法二：使用 gets()、puts() 函数。

```
1.  #include <stdio.h>
2.  int main()
3.  {
4.        char x[20];
5.        printf("请输入一个字符串：");
6.        gets(x);
7.        printf("该字符串是：");
8.        puts(x);
9.        return 0;
10. }
```

方法一程序运行结果：　　　　　　　　　　　　　方法二程序运行结果：

```
请输入一个字符串：abcdefg
该字符串是：abcdefg
```
　
```
请输入一个字符串：abcdefg
该字符串是：abcdefg
```

```
请输入一个字符串：abcd  efg
该字符串是：abcd
```
　
```
请输入一个字符串：abcd  efg
该字符串是：abcd  efg
```

分析：

（1）scanf() 和 gets() 函数输入字符串的功能基本相同，略有差异：scanf() 输入的字符串中不能包含空格、\t 之类的空白字符（空白字符及其后续字符将被直接丢弃）；而 gets() 输入的字符串中可以包含空白字符。

（2）printf() 和 puts() 输出字符串的功能基本相同，略有差异：printf() 输出字符串后不会自动换行；而 puts() 输出字符串后会自动换行。

2. 逐个字符输入输出

（1）逐个字符输入。

字符串除了可以整体输入，还能以单个字符的形式逐一输入。以下代码使用循环结构逐一输入字符并存储到数组中。注意，使用这种方式输入字符串时，需手动添加 '\0'.

```
char a[50], c;
int i = 0;
while((c = getchar()) != '\n')      //判断字符是不是 '\n',以确定字符串是否输入结束
{
    a[i++] = c;                     //将字符逐一存储到数组 a 中
}
a[i] = '\0';                        //手动添加字符串结束标志 '\0'
```

（2）逐个字符输出。

字符串除了可以整体输出，还能以单个字符的形式逐一输出。以下代码使用循环结构将数组 a 中存储的字符串以单个字符的形式逐一输出，直到遇到 '\0' 时结束循环。

```
char a[50] = "abcdefg";
int i;
for(i = 0; a[i] != '\0'; i++)
    putchar(a[i]);
```

8.2.3 字符数组与字符串编程实例

字符串存储于字符数组中,则字符串的编程就转换为对数组的编程,循环结构的使用必不可少。通过循环可遍历字符串中的每个字符,并对指定字符进行相应处理。循环何时结束一般是通过判断字符串的结束标志 '\0' 来确定。

【例 8.2】 输入一个字符串,将其中所有的大写字母转换为小写字母,并统计字符串的长度。

思路:本例使用 while 语句和 for 语句两种循环结构编程,循环的结束条件为判断字符串的结束标志 '\0'。循环过程中,判断如果数组元素为大写字母,就将其转换为小写字母。

方法一:while 语句编程。

```
1.  #include <stdio.h>
2.  int main()
3.  {
4.      char x[50];
5.      int i = 0;
6.      printf("请输入一个字符串: ");
7.      gets(x);
8.      while(x[i] != '\0')
9.      {
10.         if(x[i] >= 'A' && x[i] <= 'Z')
11.         {
12.             x[i] += 32;
13.         }
14.         i++;
15.     }
16.     printf("字符串长度: %d\n", i);
17.     printf("处理后的字符串: %s\n", x);
18.     return 0;
19. }
```

方法二:for 语句编程。

```
1.  #include <stdio.h>
2.  int main()
3.  {
4.      char x[50];
5.      int i;
6.      printf("请输入一个字符串: ");
7.      gets(x);
8.      for(i = 0; x[i] != '\0'; i++)
9.      {
10.         if(x[i] >= 'A' && x[i] <= 'Z')
```

```
11.          {
12.               x[i] += 32;
13.          }
14.     }
15.     printf("字符串长度：% d\n", i);
16.     printf("处理后的字符串：% s\n", x);
17.     return 0;
18. }
```

程序运行结果：

```
请输入一个字符串： HELLO world
字符串长度：11
处理后的字符串：hello world
```

分析：

（1）方法一程序第 8～15 行与方法二程序第 8～14 行完成的功能相同。

（2）字符串的每个字符存储于数组元素 x[i] 中，表达式 x[i] != '\0' 是通过判断 x[i] 中是否存放了字符串的结束标志 '\0'，从而确定循环是否结束。

8.2.4 字符数组与字符串常见错误

字符数组处理字符串的常见错误如表 8-2 所示。

表 8-2 字符数组处理字符串的常见错误

错误类型	错误用法	正确用法	解 析
使用字符变量存储字符串	char x = "abc";	char x[ ] = "abc";	字符串不能用字符变量进行存储，需使用字符数组进行存储
使用非字符数组存储字符串	int x[10] = "abc";	char x[10] = "abc";	字符串不能使用整型或实型数组存储，需使用字符数组进行存储
数组大小不够容纳字符串	char x[5] = "abcdefg";	char x[10] = "abcdefg";	字符数组应定义得足够大，能够容纳整个字符串，包括 '\0'
字符串复制错误	char x[10]; x = "abcdefg";	char x[10]; strcpy(x, "abcdefg");	数组名是地址常量，而常量不能被赋值。可以使用库函数 strcpy( ) 将字符串复制到数组中
字符串输入错误	char x[10]; scanf("%c", x);或者 scanf("%s", &x);	char x[10]; scanf("%s", x);	scanf( )函数输入字符串时，格式说明符为%s，地址项为数组名（数组名前面不能再加 &）

8.3 字符指针与字符串

字符串是在内存中连续存放的字符序列，根据这一特点，可以使用指针操作字符串，利用指针的前移、后移，可将指针指向字符串中的任意字符。需要注意的是，指向字符串的指针必须为字符指针,因为指针必须与其所指对象同类型。

8.3.1 字符指针指向字符串

以下方法是将字符指针指向字符串,既可以将指针直接指向某个字符串,也可以将指针指向字符数组(该数组中存储了字符串),而后便可以借助指针操作字符串。

1. 将字符指针直接指向字符串

方法一:为字符指针初始化字符串。例如:

```
char * p = "I am happy";
```

方法二:先定义字符指针变量,再将字符串的首地址赋值给指针。例如:

```
char * p;
p = "I am happy";
```

以上两种方法都是将指针 p 指向字符串 "I am happy",该字符串在内存中占用 11B 的连续存储空间,通过初始化或者赋值的方法将字符串所占存储空间的首地址赋给指针 p,其存储结构如图 8-2 所示。

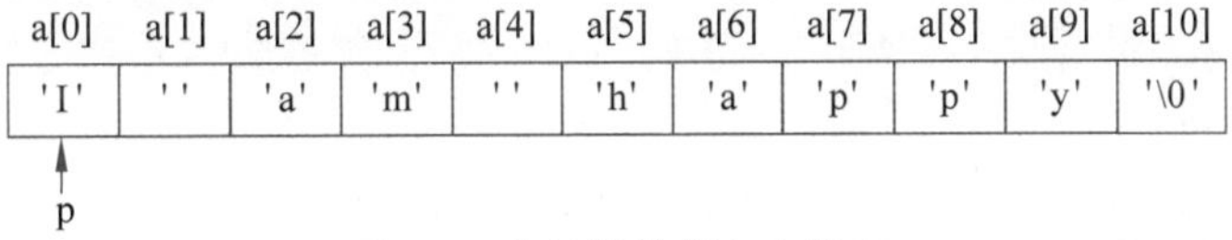

a[0]	a[1]	a[2]	a[3]	a[4]	a[5]	a[6]	a[7]	a[8]	a[9]	a[10]
'I'	' '	'a'	'm'	' '	'h'	'a'	'p'	'p'	'y'	'\0'

p

图 8-2 字符指针指向字符串

注意:以上写法,不能错误理解为是将字符串赋给指针 p,因为指针只能存放地址,正确的理解是将字符串的首地址赋给指针 p。

2. 将字符指针指向字符数组

方法一:

```
char a[20] = "I am happy", * p = a;
```

方法二:

```
char a[20] = "I am happy", * p;
p = a;
```

以上两种方法都是将字符数组名赋给指针 p,于是指针 p 便指向字符串的首地址,其存储结构如图 8-3 所示。

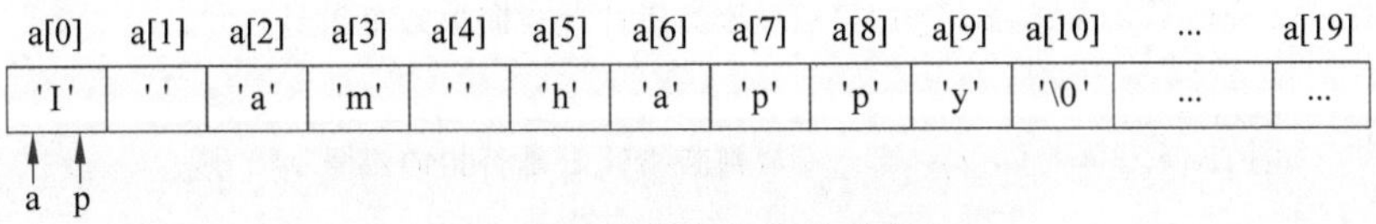

a[0]	a[1]	a[2]	a[3]	a[4]	a[5]	a[6]	a[7]	a[8]	a[9]	a[10]	...	a[19]
'I'	' '	'a'	'm'	' '	'h'	'a'	'p'	'p'	'y'	'\0'	...	...

a p

图 8-3 字符指针指向字符数组

图 8-2 和图 8-3 都是指针 p 指向字符串 "I am happy" 的示意图。区别在于:图 8-2 是将字符指针直接指向字符串占用的无名存储区的首地址,图 8-3 是将字符指针指向存储字符串的字符数组的首地址。

8.3.2 字符指针与字符串编程实例

字符指针
与字符串

【例 8.3】 定义一个字符指针，将它指向一个字符串，编程输出字符串中所有 ASCII 码为奇数的字符。

```
1.   #include <stdio.h>
2.   int main()
3.   {
4.       char * p = "Hello Beijing!";
5.       printf("原字符串: %s\n", p);
6.       printf("输出所有 ASCII 码为奇数的字符: ");
7.       while( * p != '\0')              //判断字符串是否结束
8.       {
9.           if( * p % 2 == 1)            //判断 p 所指字符的 ASCII 码值是否为奇数
10.          {
11.              printf("%c", * p);
12.          }
13.          p++;                        //指针 p 后移, 指向下一个字符
14.      }
15.      printf("\n");
16.      return 0;
17.  }
```

程序运行结果：

```
原字符串: Hello Beijing
输出所有ASCII码为奇数的字符: eoeiig
```

使用指针操作字符串，更多的应用场合是与函数定义相结合。在子函数中对字符串进行处理，可借助指针来完成。

【例 8.4】 在主函数中输入一个由星号和字母组成的字符串（规定字符串的开头和结尾都是若干星号，中间是星号和字母，如 "*****A * BC * D***"），定义 front_star()函数和 back_star()函数，分别统计该字符串中前面、后面星号的个数。

思路：①统计前面星号的个数可以将指针指向第一个星号，然后逐渐向后移动，直到指针指向第一个字母'A'时结束循环，循环次数即为前面星号的个数。②统计后面星号的个数可以将指针指向最后一个星号，然后逐渐向前移动，直到指针指向最后一个字母'D'时结束循环，循环次数即为后面星号的个数。

字符指针处
理字符串

```
1.   #include <stdio.h>
2.   #define N 50
3.   int front_star(char * p)      //形参指针 p 指向第一个星号
4.   {
5.       int m = 0;
6.       while( * p == ' * ')        //判断指针 p 是否指向星号
7.       {
8.           p++;                  //指针后移
9.           m++;                  //统计前面星号的个数
10.      }
11.      return m;
12.  }
13.
```

```
14. int back_star(char * p)
15. {
16.     int n = 0;
17.     while( * p != '\0')
18.     {
19.         p++;
20.     }                      //此循环结束时,p指向 '\0'
21.     p--;                   //指针 p 前移,指向 '\0' 前面的星号,即最后一个星号
22.     while( * p == ' * ')    //判断指针 p 是否指向星号
23.     {
24.         p--;               //指针 p 前移
25.         n++;               //统计后面星号的个数
26.     }
27.     return n;
28. }
29.
30. int main()
31. {
32.     char a[N];
33.     int m, n;
34.     printf("请输入一个由星号和字母组成的字符串(开头和结尾为若干星号):\n");
35.     gets(a);
36.     m = front_star(a);     //统计前面星号的个数
37.     n = back_star(a);      //统计后面星号的个数
38.     printf("\n 前面星号个数:%d,后面星号个数:%d\n", m, n);
39.     return 0;
40. }
```

程序运行结果:

```
请输入一个由星号和字母组成的字符串（开头和结尾为若干星号）：
*****A*BC*D***

前面星号个数：5，后面星号个数：3
```

分析:

（1）图 8-4（a）为指针从第一个星号开始,逐渐向后移动从而统计前面星号的个数。
图 8-4(b)为指针从最后一个星号开始,逐渐向前移动从而统计后面星号的个数。

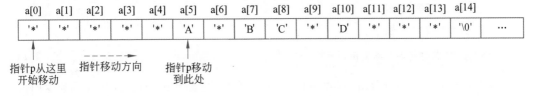

(a) 指针从前向后移动，统计前面星号的个数

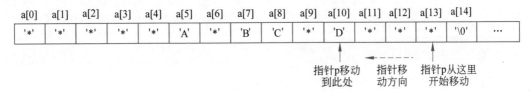

(b) 指针从后向前移动，统计后面星号的个数

图 8-4　例 8.4 中指针移动的示意图

（2）统计后面星号时，需将指针先指向最后一个星号，再向前移动。但是程序并不知道最后一个星号在哪里，于是可以将指针先定位到指向'\0'，再前移一个单元，即可指向最后一个星号，此过程对应程序第 17～21 行。

8.3.3　比较字符数组与字符指针

字符数组可存储字符串，字符指针可指向字符串，使用它们操作字符串时需注意对一些易混知识点的区别。表 8-3 从字符串的初始化、赋值、输入三方面对二者进行比较。

表 8-3　比较字符数组与字符指针

比较内容	字 符 数 组	字 符 指 针
初始化	char a[10] = "abcd";　//正确 含义：将字符串"abcd"存到字符数组 a 中	char * p = "abcd";　//正确 含义：将字符串"abcd"的首地址赋给指针 p
赋值	char a[10];　　　a = "abcd";　//错误 错误原因：数组名是地址常量，而常量不能被赋值	char * p;　　　p = "abcd";　　//正确 含义：将字符串"abcd"的首地址赋给指针 p
输入	char a[10];　　　gets(a);　//正确 含义：数组 a 占用 10B 的存储空间，将输入的字符串存到数组中	char * p;　　　gets(p);　//错误 错误原因：指针 p 悬空，未指向任何有效的存储空间，输入的字符串将无处存放

8.4　字符串处理函数

C 语言提供了一些字符串专用函数，本节介绍四个常用的字符串处理函数：求字符串长度函数 strlen()、字符串复制函数 strcpy()、字符串连接函数 strcat() 和字符串比较函数 strcmp()。这些库函数的函数原型在 string.h 头文件中被说明，调用时应加入文件包含命令 ♯include ＜string.h＞。

8.4.1　求字符串长度函数

1. strlen() 函数原型

strlen() 函数原型如下：

strlen(字符数组名或字符串);

函数功能：计算字符数组中存储的字符串或者指定字符串的长度，并作为函数返回值。该长度值是指字符串中有效字符的个数，即第一个 '\0' 之前的字符个数（不包括'\0'）。

例如：

```
char a[20] = "Hello!";
int len;
len = strlen(a);
```

执行以上程序段，strlen() 函数的返回值为 6。

说明：如果字符串中有多个 '\0'，strlen() 函数仅计算第一个 '\0' 之前的字符个数。

例如：

```
int len;
len = strlen("How\0are\0you!");
```

执行以上程序段，strlen()函数的返回值为 3。

特别说明：strlen()函数返回的字符串长度值正好是 '\0' 的下标值。

2. strlen()函数应用举例

调用 strlen()函数返回的字符串长度值，可作为遍历字符串的循环次数，此时使用 for 语句编程较为方便。

【例 8.5】　调用 strlen()函数计算字符串长度，并使用 for 循环实现与例 8.3 相同的功能，查找并输出字符串中所有 ASCII 码为奇数的字符。

思路：例 8.3 使用 while 语句遍历字符串，由于字符串长度不确定，通过判断 '\0' 控制循环何时结束。本例使用 for 语句遍历字符串，通过 strlen()函数求出字符串长度，从而可确定循环次数。通过比较例 8.3 和例 8.5，理解字符串长度未知和已知两种情况下不同的编程方法。

strlen()函
数的应用

```
1.  #include <stdio.h>
2.  #include <string.h>
3.  int main()
4.  {
5.      char a[50];
6.      int len, i;
7.      printf("请输入一个字符串：");
8.      gets(a);
9.      len = strlen(a);              //求字符串长度值 len
10.     printf("输出所有 ASCII 码为奇数的字符：");
11.     for(i = 0; i < len; i++)      //使用 for 循环遍历字符串，len 值控制循环次数
12.     {
13.         if(a[i] % 2 == 1)         //查找 ASCII 码为奇数的字符
14.         {
15.             printf("%c", a[i]);
16.         }
17.     }
18.     printf("\n");
19.     return 0;
20. }
```

程序运行结果：

```
请输入一个字符串：Hello Beijing
输出所有ASCII码为奇数的字符：eoeiig
```

3. 对比求字符串长度函数 strlen()与求字节运算符 sizeof

求字符串长度函数 strlen()可计算字符串中有效字符的个数（即这些字符占用内存单元的字节数）。2.5.5 节中学习过求字节运算符 sizeof。将二者作用于字符串时，要注意它们之间的差异，如表 8-4 所示。

表 8-4　比较 strlen() 和 sizeof

比较内容	strlen()	sizeof
名称	求字符串长度函数（属于库函数）	求字节运算符（属于运算符）
用法	strlen(字符数组名或字符串)	sizeof(运算对象)
功能	求字符串的长度，即统计字符串中第一个 '\0' 之前的字符个数	求运算对象在内存中占用的字节数，运算对象可以是变量、常量、数组、指针、结构体等

【例 8.6】　阅读以下程序，根据运行结果，理解求字符串长度函数 strlen() 和求字节运算符 sizeof 的区别。

比较 strlen()
函数和
sizeof 运算符

```
1.   #include <stdio.h>
2.   #include <string.h>
3.   int main()
4.   {
5.       char x[20] = "abcde", y[ ] = "abcde", * p = "abcde";
6.       int a1, a2, a3, a4, a5, a6, a7, a8;
7.       a1 = strlen(x);              //计算数组 x 中存储的字符串长度值
8.       a2 = sizeof(x);             //计算数组 x 在内存中占用的字节数
9.       printf("(1) a1 = %d, a2 = %d\n", a1, a2);
10.      a3 = strlen(y);              //计算数组 y 中存储的字符串长度值
11.      a4 = sizeof(y);             //计算数组 y 在内存中占用的字节数
12.      printf("(2) a3 = %d, a4 = %d\n", a3, a4);
13.      a5 = strlen(p);              //计算指针 p 所指字符串的长度值
14.      a6 = sizeof(p);             //计算指针 p 在内存中占用的字节数
15.      printf("(3) a5 = %d, a6 = %d\n", a5, a6);
16.      a7 = strlen("abcde");        //计算字符串"abcde"的长度值
17.      a8 = sizeof("abcde");       //计算字符串"abcde"在内存中占用的字节数
18.      printf("(4) a7 = %d, a8 = %d\n", a7, a8);
19.      return 0;
20.  }
```

程序运行结果：

```
(1) a1 = 5,  a2 = 20
(2) a3 = 5,  a4 = 6
(3) a5 = 5,  a6 = 8
(4) a7 = 5,  a8 = 6
```

8.4.2　字符串复制函数

1. strcpy()函数原型

strcpy()函数原型如下：

strcpy(字符数组 1, 字符数组 2 或字符串);

函数功能：将字符数组 2 中存储的字符串或一个指定字符串复制到字符数组 1 中。
例如：

```
char a1[10] = "abcde",  a2[10] = "ABC";
strcpy(a1, a2);
```

以上程序段将数组 a2 中的字符串 "ABC" 复制到数组 a1 中，覆盖 a1 中原有的字符串。图 8-5 为数组 a1、a2 在 strcpy() 函数调用前、后的存储结构。

数组a1 | a | b | c | d | e | \0 | | | | 数组a1 | A | B | C | \0 | | | | |

数组a2 | A | B | C | \0 | | | | | 数组a2 | A | B | C | \0 | | | | |

(a) strcpy() 函数调用前   (b) strcpy() 函数调用后

图 8-5   strcpy()函数调用前、后数组的存储结构示意图

如图 8-5 所示,strcpy()函数仅修改数组 a1 中的字符串,不会影响数组 a2 中的字符串。

注意:数组 a1 需定义得足够大,要能够存放被复制的字符串,包括 '\0' 在内。

2. 字符串复制的易错问题

注意:字符串的复制不能使用赋值运算符=,需使用库函数 strcpy()。

例如:

```
char a1[10] = "abcdefg",  a2[10] = "ABC";
a1 = a2;                    //该语句错误,因为数组名 a1 是地址常量,而常量不能被赋值
```

以上程序段错误地使用赋值运算符=企图对字符串进行复制,出现语法错误。应修改为调用 strcpy()函数。

【**例 8.7**】 输入两个字符串分别存入两个字符数组中,编程交换数组中的两个字符串。

思路:在例 2.7 学习了使用三条赋值语句实现两个数值的交换,本例为交换两个字符串,也需使用三条语句。可定义字符数组 t,在交换两个字符串时进行暂存。

strcpy()函数的应用

```
1.  #include <stdio.h>
2.  #include <string.h>
3.  int main()
4.  {
5.      char a1[20], a2[20], t[20];
6.      printf("请输入第一个字符串: ");
7.      gets(a1);
8.      printf("请输入第二个字符串: ");
9.      gets(a2);
10.     strcpy(t, a1);                //调用三次 strcpy()函数实现两个字符串的交换
11.     strcpy(a1, a2);
12.     strcpy(a2, t);
13.     printf("\n 字符串交换之后\n");
14.     printf("第一个字符串: %s\n", a1);
15.     printf("第二个字符串: %s\n", a2);
16.     return 0;
17. }
```

程序运行结果:

```
请输入第一个字符串: aaa
请输入第二个字符串: cccc

交换两个字符串之后
第一个字符串: cccc
第二个字符串: aaa
```

注意：不能将程序第 10～12 行的三条语句写成

```
t = a1;   a1 = a2;   a2 = t;
```

8.4.3　字符串连接函数

1. strcat( )函数原型

strcat( )函数原型如下：

strcat(字符数组 1, 字符数组 2 或字符串);

函数功能：将字符数组 2 中的字符串或一个指定字符串连接到字符数组 1 中字符串的末尾。

例如：

```
char a1[10] = "abcde",   a2[10] = "ABC";
strcat(a1, a2);
```

以上程序段将字符串 "ABC" 连接到字符串 "abcde" 的末尾，新生成的字符串存到数组 a1 中。图 8-6 为数组 a1、a2 在 strcat( )函数调用前、后数组的存储结构。

数组a1 | a | b | c | d | e | \0 | | | | 　　　数组a1 | a | b | c | d | e | A | B | C | \0 |

数组a2 | A | B | C | \0 | | | | | | 　　　数组a2 | A | B | C | \0 | | | | | |

(a) strcat( ) 函数调用前　　　　　　　(b) strcat( ) 函数调用后

图 8-6　strcat( )函数调用前、后数组的存储结构示意图

如图 8-6 所示，strcat( )函数仅修改数组 a1 中的字符串，不会影响数组 a2 中的字符串。

注意：数组 a1 需定义得足够大，要能够容纳连接后生成的新字符串，包括 '\0' 在内。

2. strcat( )函数应用举例

strcat( )函
数的应用

【例 8.8】　输入三个字符串分别存入三个字符数组中，编程将这三个字符串连接在一起。

```
1.  #include <stdio.h>
2.  #include <string.h>
3.  int main()
4.  {
5.      char a1[20], a2[20], a3[20];
6.      printf("请输入省的名称: ");
7.      gets(a1);
8.      printf("请输入市的名称: ");
9.      gets(a2);
10.     printf("请输入区的名称: ");
11.     gets(a3);
12.     strcat(a1, a2);
13.     strcat(a1, a3);
14.     printf("\n 地址: %s\n", a1);
15.     return 0;
16. }
```

程序运行结果：

```
请输入省的名称：云南省
请输入市的名称：昆明市
请输入区的名称：五华区

地址：云南省昆明市五华区
```

8.4.4　字符串比较函数

1. strcmp()函数原型

strcmp()函数原型如下：

> **strcmp(字符数组 1 或字符串 1, 字符数组 2 或字符串 2);**

函数功能：将两个字符串自左向右逐个比较对应位置的字符（按 ASCII 码大小进行比较），直到出现不同字符或遇到其中一个字符串结束为止，函数返回一个整数值，即

$$\text{strcmp()函数返回值} = \begin{cases} -1 & \text{（当字符串 1 小于字符串 2 时）} \\ 0 & \text{（当字符串 1 等于字符串 2 时）} \\ 1 & \text{（当字符串 1 大于字符串 2 时）} \end{cases}$$

例如：

```
char a1[10] = "dog",  a2[10] = "door";        int x;
x = strcmp(a1, a2);
```

以上程序段对字符串 "dog" 和 "door" 比较大小，二者的第 3 个字符不相同，则比较结束。由于字符 'g' 的 ASCII 码小于字符 'o' 的 ASCII 码，因此 strcmp()函数返回-1。

2. 字符串比较的易错问题

注意：字符串的比较不能使用关系运算符 >、>=、<、<=、==、!=，需使用库函数 strcmp()。

【例 8.9】　输入两个字符串存入两个字符数组中，编程比较两个字符串的大小。

strcmp()函数的应用

```
1.  #include <stdio.h>
2.  #include <string.h>
3.  int main()
4.  {
5.      char a1[20],  a2[20];
6.      int x;
7.      printf("请输入第一个字符串: ");
8.      gets(a1);
9.      printf("请输入第二个字符串: ");
10.     gets(a2);
11.     x = strcmp(a1, a2);
12.     if(x > 0)
13.     {
14.         printf("\n%s 大于 %s\n", a1, a2);
15.     }
16.     else if(x == 0)
17.     {
18.         printf("\n%s 等于 %s\n", a1, a2);
```

```
19.    }
20.    else
21.    {
22.        printf("\n%s 小于 %s\n", a1, a2);
23.    }
24.    return 0;
25. }
```

程序运行结果：

请输入第一个字符串：hi 请输入第二个字符串：hello hi 大于 hello	请输入第一个字符串：hello 请输入第二个字符串：hello hello 等于 hello	请输入第一个字符串：hello 请输入第二个字符串：world hello 小于 world

分析：不能将程序第 12 行的条件表达式写成 if(a1 < a2)，也不能将程序第 16 行的条件表达式写成 if(a1 == a2)。如果使用关系运算符对 a1、a2 进行比较，则是对数组 a1、a2 在内存中起始地址的大小进行比较。

8.5 字符串数组

字符串数组是指由多个字符串构成的集合。例如，将七个英文单词 "Monday"、"Tuesday"、"Wednesday"、"Thursday"、"Friday"、"Saturday" 和"Sunday" 组合可构成字符串数组。字符串数组可借助二维数组和指针数组两种方法进行构造，下面分别进行介绍。

8.5.1 二维数组构造字符串数组

定义一个字符二维数组，并初始化若干字符串，如下所示，便可构造字符串数组。

```
char week[7][10] = {"Monday", "Tuesday", "Wednesday", "Thursday",  "Friday",
"Saturday", "Sunday"};
```

以上定义了 7 行 10 列的字符二维数组 week，并初始化了 7 个字符串，其存储结构如图 8-7 所示，每个字符串占用二维数组的一行，注意每个字符串长度不能超过 9。

week[0]	M	o	n	d	a	y	\0		
week[1]	T	u	e	s	d	a	y	\0	
week[2]	W	e	d	n	e	s	d	a	y	\0
week[3]	T	h	u	r	s	d	a	y	\0	
week[4]	F	r	i	d	a	y	\0		
week[5]	S	a	t	u	r	d	a	y	\0	
week[6]	S	u	n	d	a	y	\0		

图 8-7 二维数组构造字符串数组

week 是二维数组名，week[i] 是二维数组第 i 行的首地址（即每行首字符的地址），week[i][j] 是二维数组的数组元素，其中存放了一个字符。

【例 8.10】 输入 1~7 中的一个整数,输出其对应的星期几的英文单词。

二维数组
构造字符
串数组

```
1.  #include <stdio.h>
2.  int main()
3.  {
4.      char week[7][10] ={"Monday", "Tuesday","Wednesday","Thursday",
    "Friday", "Saturday","Sunday"};
5.      int day;
6.      printf("请输入 1~7 中的一个整数:");
7.      scanf("%d", &day);
8.      if(day >= 1 && day <= 7)
9.      {
10.         printf("星期%d的英文单词是:%s\n", day, week[day-1]);
11.     }
12.     else
13.     {
14.         printf("无效的数值\n");
15.     }
16.     return 0;
17. }
```

程序运行结果一:

```
请输入1~7中的一个整数: 6
星期6的英文单词是: Saturday
```

程序运行结果二:

```
请输入1~7中的一个整数: 9
无效的数值
```

分析:程序第 10 行中的 week[day-1] 代表二维数组第 day-1 行的首地址,即该行首字符的地址。

8.5.2 指针数组构造字符串数组

定义一个字符指针数组,并初始化若干字符串,如下所示,也可构造字符串数组。

```
char * week[7] = {"Monday", "Tuesday", "Wednesday", "Thursday", "Friday",
"Saturday", "Sunday"};
```

以上定义了字符指针数组 week,数组中包含 7 个 char * 型的指针变量,分别指向 7 个字符串的首地址,其存储结构如图 8-8 所示。

week[0] →	M	o	n	d	a	y	\0	
week[1] →	T	u	e	s	d	a	y	\0
week[2] →	W	e	d	n	e	s	d	a	y	\0
week[3] →	T	h	u	r	s	d	a	y	\0
week[4] →	F	r	i	d	a	y	\0
week[5] →	S	a	t	u	r	d	a	y	\0
week[6] →	S	u	n	d	a	y	\0

图 8-8 指针数组构造字符串数组

【例 8.11】 利用指针数组构造字符串数组,完成与例 8.10 相同的功能。

```
1.  #include <stdio.h>
```

指针数组
构造字符
串数组

```
2.  int main()
3.  {
4.      char * week[7] ={"Monday", "Tuesday","Wednesday","Thursday",
    "Friday", "Saturday","Sunday"};
5.      int day;
6.      printf("请输入 1~7 中的一个整数:");
7.      scanf("%d", &day);
8.      if(day >= 1 && day <= 7)
9.      {
10.         printf("星期%d 的英文单词是:%s\n", day, week[day-1]);
11.     }
12.     else
13.     {
14.         printf("无效的数值\n");
15.     }
16.     return 0;
17. }
```

程序运行结果：

```
请输入1~7中的一个整数：6
星期6的英文单词是：Saturday
```

分析：例 8.10 与例 8.11 的程序仅有第 4 行不同，二维数组和指针数组都可以构造字符串数组，但是它们在存储结构上有所区别，需注意理解。

8.5.3   比较二维数组和指针数组

二维数组和指针数组都可以构造字符串数组，它们在构造形式、存储结构、存储单元是否空闲等方面有所区别，表 8-5 对二者进行了比较。

表 8-5   比较二维数组和指针数组构造字符串数组

比较内容	二维数组构造字符串数组	指针数组构造字符串数组
构造形式	例如：char a[4][5]={"a", "bb","ccc", "dddd"};	例如：char * a[4]={"a", "bb", "ccc", "dddd"};
存储结构	系统为二维数组 a 分配 20B 的连续存储空间，每行占用 5B，可存放一个字符串	系统为 4 个字符串分配各自的存储空间，这些存储空间不一定连续，然后将每个字符串的首地址依次赋给指针 a[0]~a[3]
存储单元是否空闲	二维数组每行中未被字符占用的存储单元空闲	各字符串的存储空间由系统根据其实际长度分配，因此没有空闲的存储单元
a[i]的含义	a[i]代表二维数组第 i 行的首地址（是地址常量），也是该行存储字符串的首地址	a[i]是字符指针变量，存储了每个字符串的首地址

8.6   字符串综合实例

【例 8.12】   输入一个字符串，判断它是否为回文串（回文串指正读反读都一样的字符串，如字符串"level"），定义子函数 palindrome()判断回文串。

思路：回文串的判断过程是依次比较字符串前后对应位置的字符。首先比较第一个和最后一个字符，然后比较第二个和倒数第二个字符，以此类推。如果所有前后对应位置的字符都相同，则是回文串；否则，若发现一组对应位置的字符不相同，就不是回文串。如果字符串长度为 len，则最多比较 len/2 次。

判断回文串

```c
1.  #include <stdio.h>
2.  #include <string.h>
3.  int palindrome(char * a)
4.  {
5.      int len, i;
6.      len = strlen(a);
7.      for(i = 0; i < len / 2; i++)
8.      {
9.          if(a[i] != a[len - 1 - i])        //判断前、后对应位置的字符是否相同
10.         {
11.             return 0;                      //不是回文,返回 0
12.         }
13.     }
14.     return 1;                             //是回文,返回 1
15. }
16.
17. int main()
18. {
19.     char a[50];
20.     int flag;
21.     printf("请输入一个字符串:");
22.     gets(a);
23.     flag = palindrome(a);
24.     if(flag == 1)
25.     {
26.         printf("%s 是回文串\n", a);
27.     }
28.     else
29.     {
30.         printf("%s 不是回文串\n", a);
31.     }
32.     return 0;
33. }
```

程序运行结果一：

```
请输入一个字符串: level
level 是回文串
```

程序运行结果二：

```
请输入一个字符串: lever
lever 不是回文串
```

8.7 本章小结

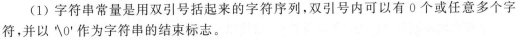

第 8 章知识
点总结

1. 字符串的概念

（1）字符串常量是用双引号括起来的字符序列，双引号内可以有 0 个或任意多个字符，并以 '\0' 作为字符串的结束标志。

（2）C 语言中只有字符串常量，没有字符串变量。

（3）注意区分字符串常量与字符常量。

2. 字符数组与字符串

（1）字符串是长度不定的字符序列，可使用字符数组进行存储，每个数组元素存储一个字符。字符数组需要定义得足够大，要能够容纳字符串中的所有字符，包括结束标志'\0'。

（2）字符串通常进行整体输入输出，输入函数为 scanf()或 gets()，输出函数为 printf()或 puts()。

（3）字符串编程与数组编程类似，需使用循环结构进行遍历，循环结束的条件为判断字符串的结束标志 '\0'。

3. 字符指针与字符串

（1）字符串是在内存中连续存放的字符序列，可以使用指针访问字符串，利用指针的前移、后移，可将指针指向字符串中的任意字符。

（2）字符数组与字符指针都可以操作字符串，要注意二者在使用上的区别。

① 初始化。

字符数组：

```
char a[10] = "abcd";                      //正确
```

字符指针：

```
char *p = "abcd";                         //正确
```

② 赋值。

字符数组：

```
char a[10];   a = "abcd";                 //错误
```

字符指针：

```
char *p;   p = "abcd";                    //正确
```

③ 输入。

字符数组：

```
char a[10];   gets(a);                    //正确
```

字符指针：

```
char *p;   gets(p);                       //错误
```

4. 字符串处理函数

（1）求字符串长度函数 strlen()。

使用该函数求出字符串长度值，可确定遍历字符串时的循环次数。

strlen()函数的返回值正好是 '\0' 的下标值。

（2）字符串复制函数 strcpy()。

字符串的复制不能使用赋值运算符＝，需使用 strcpy()函数。

（3）字符串连接函数 strcat()。

（4）字符串比较函数 strcmp()。

strcmp()函数是比较字符串对应位置字符的 ASCII 码。

字符串的比较不能使用关系运算符＞、＞＝、＜、＜＝、＝＝、！＝，需使用 strcmp()
函数。

5. 字符串数组

多个字符串组合在一起便是字符串数组。借助二维数组和指针数组两种方法可以
构造字符串数组。二者在本质上是有差异的，需注意理解它们的不同点。

8.8 习　　题

一、选择题

1. 以下关于字符串的叙述中正确的是（　　　）。

　　A. C 语言中有字符串类型的常量和变量

　　B. 两个字符串中的字符个数相同时才能进行字符串大小的比较

　　C. 可以用关系运算符对字符串的大小进行比较

　　D. 空串一定比空格打头的字符串小

2. 已知有定义"char a[ ] = "xyz"，b[ ] = {'x', 'y', 'z'};"，以下叙述中正确的是（　　　）。

　　A. 数组 a 和 b 的长度相同　　　　　B. 数组 a 的长度小于数组 b 的长度

　　C. 数组 a 的长度大于数组 b 的长度　　D. 上述说法都不对

3. 以下语句或语句组中，能正确进行字符串赋值的是（　　　）。

　　A. char * p；　* p ="right!";　　　B. char s[10];　s = "right!";

　　C. char s[10];　* s ="right!";　　　D. char * p = "right!";

4. 如果输入 OPEN the DOOR，则以下程序的输出结果是（　　　）。

```c
#include <stdio.h>
int main()
{
    char a[20], i = 0;
    gets(a);
    while(a[i])
    {
        if(a[i]>= 'A' && a[i]<= 'Z')
            a[i] += 32;
        i++;
    }
    puts(a);
    return 0;
}
```

　　A. OPEN the DOOR　　　　　　B. Open tEH dOOR

　　C. OPEN THE DOOR　　　　　　D. open the door

5. 以下程序的运行结果是（　　　）。

```c
#include <stdio.h>
```

```
int main()
{
    char s[ ] = {"ABCD"}, * p;
    for(p=s; p<s+4; p++)    printf("%s\n", p);
    return 0;
}
```

    A. ABCD   B. A   C. D   D. ABCD

        BCD   B   C   ABC

        CD   C   B   AB

        D   D   A   A

6. 以下程序的运行结果是(　　　)。

```
#include <stdio.h>
int main()
{
    char s[ ] = "159", * p;
    p = s;
    printf("%c", * p++);
    printf("%c", * p++);
    return 0;
}
```

    A. 15   B. 16   C. 12   D. 59

7. 若要求从键盘整体读入含有空格字符的字符串,应使用函数(　　　)。

    A. getc()   B. gets()   C. getchar()   D. scanf()

8. 以下定义中,不能给数组 a 输入字符串的语句是(　　　)。

```
char a[10], * b = a;
```

    A. gets(a)   B. gets(a[0])   C. gets(&a[0]);   D. gets(b);

9. 以下程序的运行结果是(　　　)。

```
#include <stdio.h>
#include <string.h>
int main()
{
    char a[7] = "a0\0a0\0";
    int i, j;
    i = sizeof(a);
    j = strlen(a);
    printf("%d  %d\n", i, j);
    return 0;
}
```

    A. 2　2   B. 7　6   C. 7　2   D. 6　2

10. 库函数 strcpy()用以复制字符串,若有语句"char str1[ ] = "string", str2[8], * str3, * str4 = "string ";",则以下语句错误的是(　　　)。

    A. strcpy(str1, "HELLO");   B. strcpy(str2, "HELLO");

    C. strcpy(str3, "HELLO");   D. str4 = "HELLO";

11. s1 和 s2 已正确定义并分别指向两个字符串。若要求：当 s1 所指串大于 s2 所指串时，执行语句 S；则以下选项中正确的是(　　)。

A. if(s1>s2) S;　　　　　　　　　B. if(strcmp(s1, s2)) S;

C. if(strcmp(s2, s1)>0) S;　　　　D. if(strcmp(s1, s2) > 0) S;

12. 以下程序的运行结果是(　　)。

```
#include <stdio.h>
void swap(char * x,char * y)
{
    char t;
    t= * x;      * x= * y;      * y=t;
}
int main()
{
    char * s1 = "abc", * s2 = "123";
    swap(s1, s2);
    printf("%s, %s\n", s1, s2);
    return 0;
}
```

A. 123，abc　　　　B. abc，123　　　　C. 1bc，a23　　　　D. 321，cba

13. 若有定义语句"char * a[2] = {"abcd", "ABCD"};"，则以下叙述正确的是(　　)。

A. a 数组元素的值分别是字符串"abcd"和"ABCD"

B. a 是指针变量，它指向含有两个数组元素的字符一维数组

C. a 数组的两个元素分别存放的是含有四个字符的一维数组的首地址

D. a 数组的两个元素中各自存放了字符'a'和'A'的地址

14. 有以下程序：

```
#include <stdio.h>
int main()
{
    char * a[6] = {"ABCD", "EFGH", "IJKL", "MNOP", "QRST", "UVWX"}, **p;
    int i;
    p = a;
    for(i=0; i<4; i++)    printf("%s", p[i]);
    return 0;
}
```

程序的运行结果是(　　)。

A. ABCDEFGHIJKL　　　　　　　B. ABCDEFGH

C. ABCDEFGHIJKLMNOP　　　　D. AEIM

15. 有以下程序：

```
#include <stdio.h>
int fun(char p[ ][10])
{
    int n = 0, i;
    for(i = 0; i < 6; i++)
        if(p[i][0] == 'T')
            n++;
```

```
        return n;
}
int main()
{
    char str[][10] = {"Mon", "Tue", "Wed", "Thu", "Fri", "Sun"};
    printf("%d\n", fun(str));
    return 0;
}
```

程序的运行结果是（　　）。

　　A. 1　　　　　　　　B. 2　　　　　　　　C. 3　　　　　　　　D. 0

二、填空题

1. 以下程序的输出结果是_____。

```
#include <stdio.h>
int main()
{
    char a[ ] = {'\1', '\2', '\3', '\4', '\0'};
    printf("%d  %d\n", sizeof(a), strlen(a));
    return 0;
}
```

2. 函数 fun(char *)的功能是计算输入字符串的长度,请填空。

```
int fun(char * p)
{
    int i = 0;
    if(p == NULL)    return 0;
    while(_____)
        i++;
    return(i);
}
```

3. 以下程序的运行结果是_____。

```
#include <stdio.h>
int fun(char * s, char c)
{
    int i = 0;
    while( * s)
        if( * s++ == c)
            i++;
    return (i);
}
int main()
{
    char s[] = "ababcabcdabcde";
    printf("%d\n", fun(s, 'b'));
    return 0;
}
```

4. 以下程序的输出结果是_____。

```
#include <stdio.h>
#include <string.h>
int main()
{
    char a[ ] = {"1234\0abc"}, b[10] = {"ABC"};
    strcat(a, b);
    printf("%s\n", a);
    return 0;
}
```

5. 以下程序的输出结果是_____。

```
#include <stdio.h>
#include <string.h>
char * fun(char * t)
{
    char *p = t;
    return (p + strlen(t) / 2);
}
int main()
{
    char * str = "abcdefgh";
    str = fun(str);
    puts(str);
    return 0;
}
```

三、编程题

1. 输入一个字符串,统计其中大写字母、小写字母、数字字符、其他字符的个数。

2. 输入一个四位数,要求用字符串的形式输出这个四位数,并且每两个数字字符间加一个空格。例如,输入 2008,应输出 2 0 0 8。

3. 编写一个函数 fun(char * s),函数的功能是将一个字符串逆序输出。例如,原始字符串是"abcdef",调用完该函数后,字符串变为"fedcba"。

4. 输入一个字符序列,规定该字符序列只包含字母和空格,以空格作为单词之间的分隔符,找出字符序列中最长的单词,并统计该单词字母的个数。

5. 编写一个函数 fun(char c, char * s),其中包含两个参数,一个是字符,一个是字符串,该函数返回一个整数。函数的功能是统计该字符在字符串中出现的次数,并将次数作为函数返回值,编写主函数调用该函数。

6. 编写一个函数 fun(char c1, char c2, char * s),其中包含三个参数,两个是字符,一个是字符串,该函数返回一个整数。函数的功能是查找字符 c1 是否在字符串中出现,如果出现,则用字符 c2 取代 c1,并统计字符 c1 出现的次数,然后将次数作为函数返回值。编写主函数调用该函数。

7. 编写一个函数 fun(char * s1, char * s2, char * s3),其中包含三个参数,都是字符串,该函数返回一个整数。函数的功能是将在第一个字符串 s1 中出现的但在第二个字符串 s2 中没有出现的字符存放在第三个字符串 s3 中。函数返回第三个字符串的长度。允许第三个字符串有重复的字符,例如,第一个字符串是"abcdabcdabc",第二个字符串是"bcd",则第三个字符串是"aaa"。编写主函数调用该函数。

8. 编写函数 mystrlen(char * s)，其功能与库函数 strlen()的功能相同。

9. 编写函数 mystrcpy(char * s1，char * s2)，其功能与库函数 strcpy()的功能相同。

10. 编写函数 mystrcmp(char * s1，char * s2)，其功能与库函数 strcmp()的功能相同。

第三部分
高级应用

第9章

构 造 类 型

在实际应用中,当需要表示的信息较复杂而基本数据类型不能满足需要时,一种解决方法是允许用户自定义数据类型,C 语言引入了构造类型来存储复杂数据,结构体是其中的典型代表。本章围绕学生信息管理等问题,介绍结构体和共用体等构造类型的使用。

内容导读:

- 掌握结构体类型的定义。
- 掌握结构体变量、结构体指针、结构体数组的定义。
- 掌握引用结构体成员的方法。
- 掌握结构体变量、结构体数组作为函数实参的传值方式。
- 了解共同体类型、枚举类型。

9.1 为何要使用构造类型

在实际应用中,常需要对不同类型的数据进行批量处理,如表 9-1 所示的学生数据,每名学生数据包含字符串、整数、字符等不同的数据类型。

表 9-1 某班的学生数据

学号	姓名	性别	出生日期	高数	英语	政治	C 语言
1151001	周晓	M	2004-6-18	82	81	75	86
1151002	陈佳	F	2003-11-3	79	77	68	70
1151003	王丽丽	F	2003-12-10	92	90	87	96
1151004	刘源	M	2004-5-7	88	84	91	93
...	...	...	...	...	...	...	...

对于这样的批量数据,如何存储？很容易想到使用数组,但是同一数组中的元素必须为相同数据类型。对于表 9-1,从纵向来看,每列数据的类型相同,因此可以将每列数据用一个数组进行存放,例如:

```
char num[N][10] = {"1151001", "1151002", "1151003", "1151004", …}; //存储学号
char name[N][20] = {"周晓", "陈佳", "王丽丽", "刘源", …};           //存储姓名
```

```
char gender[N] = {'M', ' F', 'F', ' M', …};                        //存储性别
int birthday[N][3] = {{2004,6,18},{2003,11,3},{2003,12,10},{2004,5,7},…};
                                                                    //存储出生日期
int math[N] = {82, 79, 92, 88, …};                                  //存储成绩
…
```

数据以列为单位进行存储，不利于处理。对于学生信息，在实际应用中一般以行为单位进行处理，如查找某名学生或输出某名学生的数据，都应以行为单位。而以上存储方式将同一名学生的数据分散在多个数组中保存，使得针对同一名学生的数据处理需要同时访问多个数组，既增加了处理难度，又容易出错。

如何将表 9-1 的学生数据以行为单位进行存储，从而方便后续处理呢？这就需要将表中的同一行数据视为一个整体，定义为某种复杂的数据类型，则可解决以上问题。对此，C 语言引入了构造类型的概念，提供了一种将不同数据类型构建为一个整体（即构造复杂类型）的策略。

构造类型使得用户可以根据实际需要自定义复杂数据类型，当然构造类型也是由基本数据类型派生而来的。对表 9-1 拟构造一种学生数据类型，该类型包含学号、姓名、性别、出生日期、成绩等成员。基于定义的这种构造类型，继而定义该类型的数组，每个数组元素对应表 9-1 中一名学生的数据，最终实现了将该表数据以行为单位进行存储。

9.2　结　构　体

9.2.1　定义结构体类型

1. 结构体类型定义的格式

如 9.1 节所述，需要构造一种能够描述一名学生信息的复杂类型，这就是结构体类型。结构体（struct）类型是指将不同类型的数据组织在一起构造的一种复杂类型。结构体类型的定义就是命名一个结构体并说明它的组成情况，其目的是让 C 语言编译系统知道，在程序或函数中存在这样的一种构造数据类型，并可以用它来定义与之相关的变量、指针、数组等。

以下为结构体类型定义的一般格式：

```
struct  <结构体名>
{
      数据类型   成员 1;
      数据类型   成员 2;
        …
      数据类型   成员 n;
};
```

不能遗漏此分号

结构体类型名由关键字 struct 和结构体名组成，struct 表示结构体类型定义的开始，分号表示结束。结构体名是用户标识符，可缺省。花括号内是组成该结构体类型的诸多成员项，每个成员项由数据类型、成员名组成，以分号结束。结构体成员项的多少、顺序

没有限制。

敲重点：

（1）关键字 struct 不能缺省，结构体名可缺省。

（2）结构体成员是结构体类型中的一分子，不是一般的变量，不能单独使用。

（3）结构体类型定义在程序中作为一个语句出现，最后的分号不能缺省。

（4）结构体类型定义可以放在函数体内，或者函数体外，通常放在函数体外。

2. 结构体类型定义举例

结构体类型是由若干成员组成的，它们之间有一定关联性，共同描述了结构体类型的不同属性。例如，可使用年、月、日三个属性描述某天，可使用学号、姓名、性别、成绩等属性描述某名学生。下面举例日期结构体类型、学生结构体类型的定义方法。

（1）定义日期结构体类型。

方法一：常规方法。　　　　　　　　　方法二：缺省结构体名。

```
struct date                          struct
{                                    {
    int year;      //年                  int year;
    int month;     //月                  int month;
    int day;       //日                  int day;
};                                   };
```

（2）定义学生结构体类型。

```
struct student
{
    char num[10];              //学号(字符串)
    char name[20];             //姓名(字符串)
    char gender;               //性别(字符)
    struct date birthday;      //出生日期(结构体类型)
    int score[4];              //四门课成绩(数组)
};
```

说明：

① struct student 是学生结构体类型名；num、name、gender、birthday、score 等是成员名。

② birthday 成员的类型 struct date 是前面已经定义的日期结构体类型。C 语言允许结构体类型定义时嵌套使用已有的其他结构体类型。

注意：结构体类型的定义仅描述了一个模型，C 编译器并不会给这样的模型分配内存单元。就好比 int 类型是一种描述整数的模型，系统并不会为 int 分配内存单元，int 也不能存储数据，但是如果有定义"int x;"，系统便会为变量 x 分配内存单元，并将整数值存储于变量 x 中。结构体类型也一样，必须定义结构体类型对应的变量或数组，系统才会为其分配内存单元，并且将数据存储于结构体变量或结构体数组中。

9.2.2　使用 typedef 命名结构体类型

9.2.1 节定义了日期结构体类型和学生结构体类型，其类型名为 struct date 和 struct student，类型名较长，描述起来较为复杂，C 语言提供了一个可以将复杂类型名重新命名

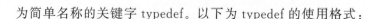

为简单名称的关键字 typedef。以下为 typedef 的使用格式：

> **typedef** 已有类型名　新类型名；

例如，使用 typedef 可将复杂的结构体类型名 struct date 重新命名一个简单易记的名称。

方法一：　　　　　　　　　　　　　　方法二：

typedef struct date	struct date
{	{　int year;
int year;	int month;
int month;	int day;
int day;	};
}DATE;	typedef　struct date　DATE;

以上两种方法等价，方法一是在定义结构体类型 struct date 的同时，使用 typedef 为其命名一个新名 DATE；方法二是先定义结构体类型 struct date，再使用 typedef 为其命名一个新名 DATE。

再如，"typedef　int　INT;"表示为已有类型 int 命名一个新名 INT，则 INT 等价于 int。于是"int x;"和"INT x;"这两种定义方式效果相同。

敲重点：

（1）typedef 并不是定义一种新的数据类型，而是为已有数据类型取了一个别名。

（2）为了区分已有类型名和新类型名，通常将 typedef 命名的新名称用大写字母表示。

9.2.3　结构体变量

如 9.2.1 节所述，结构体类型仅定义了一种模型，编译系统并不会为这种模型分配内存单元。只有定义了该模型对应的变量、指针、数组等，编译系统才会为其分配内存单元，并将数据存放于结构体变量或者结构体数组中。

对于表 9-1 中某名学生的数据，可以定义一个学生结构体类型的变量进行存储。那么如何定义结构体变量？

1. 结构体变量的定义

以下为结构体变量的定义格式：

> 结构体类型　　结构体变量名；

表 9-2 中列出了结构体变量的多种定义方法，以日期结构体变量的定义为例进行说明。

表 9-2　结构体变量的定义方法

定　义　格　式	说　　　明

struct date
{
　int year, month, day;
};
struct date　x1, x2;
	两步完成：①定义结构体类型 struct date；②定义结构体变量 x1，x2，可用于存储两天的日期

续表

定 义 格 式	说　明
struct date { 　　int year, month, day; } x1，x2;	一步完成：定义结构体类型 struct date 的同时定义结构体变量 x1, x2
struct { 　　int year, month, day; } x1，x2;	类似于上一行方法，仅缺省了结构体名

struct date
{
　　int year, month, day;
};
typedef struct date　DATE;
DATE x1，x2;
	三步完成：①定义结构体类型 struct date；②用 typedef 为结构体类型命名新名 DATE；③定义结构体变量 x1, x2

typedef struct date { 　　int year, month, day; }DATE; DATE x1，x2;	两步完成：①定义结构体类型 struct date 的同时使用 typedef 为其命名新名 DATE；②定义结构体变量 x1, x2
typedef struct { 　　int year, month, day; }DATE; DATE x1，x2;	类似于上一行方法，仅缺省了结构体名

以上各种方法，后两种方法在实际编程中推荐使用，同时完成了定义结构体类型、为其命名新名、定义结构体变量三个功能。

注意区分以下概念：

struct date——结构体类型名　　　　　　DATE——结构体类型的别名

year、month、day——结构体成员名　　　　x1、x2——结构体变量名

结构体变量定义后，系统为其分配内存单元，分配的字节数是结构体各成员占用的字节数之和。如表 9-2 中定义的结构体变量 x1、x2，系统分别为其分配 12B 的内存单元（struct date 中的三个成员都是 int 型，各占 4B，因此结构体变量占 12B），存储结构如图 9-1 所示。

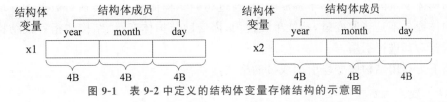

图 9-1　表 9-2 中定义的结构体变量存储结构的示意图

2. 结构体变量的初始化

结构体变量在定义的同时就为其赋初值，称为初始化。类似于基本数据类型变量的初始化，如"int a = 10;"。结构体变量初始化时，需要为各成员依次赋值，各初值的顺序与结构体类型定义中成员的顺序一致。

（1）日期结构体变量的初始化。

```
struct date
{    int year, month, day;     };
struct date x = {2022, 9, 1};              //初始化日期结构体变量 x
```

以下方法也较常用：

```
typedef struct
{
    int year, month, day;
}DATE;
DATE x = {2022, 9, 1};                     //初始化日期结构体变量 x
```

以上为结构体变量 x 的三个成员 year、month、day 分别赋初值 2022、9、1，于是变量 x 就有了实际意义，它代表 2022 年 9 月 1 日。

（2）学生结构体变量的初始化。

```
typedef struct
{
    char num[10];
    char name[10];
    char gender;
    DATE birthday;
    int score[4];
}STU;
STU x = {"1511001", "周晓", 'M', {2004,6,18}, {82, 81, 75, 86}};
```

学生结构体变量 x 各成员的类型多样，为其初始化数值时，各初值的类型、顺序必须与各成员一一对应。学生结构体变量 x 初始化后的存储结构如图 9-2 所示。

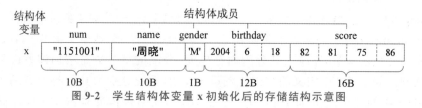

图 9-2　学生结构体变量 x 初始化后的存储结构示意图

3. 利用结构体变量引用成员

结构体变量的数据存储于各成员中，通过访问结构体成员可实现对数据的存取。由于结构体成员不是普通变量，不能单独使用，需借助结构体变量、结构体指针或结构体数组元素等对其进行引用。

以下为利用结构体变量引用成员的格式：

结构体变量.成员名

"."称为成员运算符，通过结构体变量加"."的方式便可以引用某个成员。如果定义结构体类型时嵌套了其他结构体类型,则引用成员时要逐级进行。

【例 9.1】 定义学生结构体类型,包含学号、姓名、性别、出生日期、四门课(高数、英语、政治、C 语言)成绩,再定义一个结构体变量并初始化一名学生的数据,输出该学生的数据。

结构体定义及成员引用

```
1.   #include <stdio.h>
2.   typedef struct                  //定义日期结构体类型
3.   {
4.       int year, month, day;
5.   }DATE;
6.
7.   typedef struct                  //定义学生结构体类型
8.   {
9.       char num[10];
10.      char name[10];
11.      char gender;
12.      DATE birthday;
13.      int score[4];
14.  }STU;
15.
16.  int main()
17.  {   //定义学生结构体变量 x 并初始化数值
18.      STU x = {"1511001", "周晓", 'M', {2004, 6, 18}, {82, 81, 75, 86}};
19.      printf("学号:%s\n", x.num);
20.      printf("姓名:%s\n", x.name);
21.      printf("性别:%c\n", x.gender);
22.      printf("出生日期:%d-%d-%d\n", x.birthday.year, x.birthday.month, x.
             birthday.day);
23.      printf("高数:%d  英语:%d  政治:%d  C语言:%d\n", x.score[0], x.score
             [1], x.score[2], x.score[3]);
24.      return 0;
25.  }
```

程序运行结果:

```
学号:1511001
姓名:周晓
性别:M
出生日期:2004-6-18
高数:82  英语:81  政治:75  C语言:86
```

分析:

(1) 程序第 19~23 行利用 x.的方式对结构体各成员进行了引用。

(2) 程序第 22 行的 x.birthday.year 是逐级引用结构体成员,首先引用 x 的成员 birthday,再引用 birthday 的成员 year。

(3) 程序第 23 行 x.score[0] 是引用结构体成员 score 中的数组元素 score[0]。

4. 结构体变量和成员的赋值

结构体变量和成员都可以被赋值,赋值时需注意赋值号右侧表达式的类型与左侧变量的类型相匹配。

(1) 结构体变量的赋值。

假设定义了学生结构体变量 x、y。

```
STU x = {"1511001", "周晓", 'M', {2004, 6,18}, {82, 81, 75, 86}}, y;
y = x;
```

语句"y = x;"是将变量 x 的数值整体赋给变量 y，于是 y 中所有成员便拥有与 x 中所有成员相同的数值。此操作仅限于赋值号左右两侧的结构体变量同类型的场合。

（2）结构体成员的赋值。

结构体成员赋值时，需注意其类型，如果成员属于变量则可以被赋值，如果成员属于地址，则不能被赋值。

例如：

```
x.gender = 'F';   x.birthday.year = 2003;    x.birthday.month = 11;
x.birthday.day = 3;
x.score[0] = 79;   x.score[1] = 77;    x.score[2] = 78;   x.score[3] = 70;
```

以上赋值语句正确，但是下面两条赋值语句错误，请思考错误原因。

```
x.num = "1511002";      x.name = "陈佳";
```

解析：num 和 name 成员都是字符数组，用于存储字符串，而数组名是地址常量不能被赋值。正确的语句是：strcpy(x.num, "1511002");   strcpy(x.name, "陈佳");

注意：结构体成员不是普通变量，不能单独使用。例如，以下语句都是错误的：

```
strcpy(num, "1511002");          gender = 'F';          score[0] = 79;
```

9.2.4　结构体指针

结构体指针是指向结构体类型存储空间的指针变量，其定义、赋值、间接引用都类似于普通类型的指针变量。通过结构体指针也可以引用结构体成员。

1. 结构体指针的定义

以下为结构体指针的定义格式：

结构体类型 ＊指针变量名；

假如有以下语句：

```
typedef struct
{
    int year, month, day;
}DATE;
DATE x = {2022, 9, 1}, * p = &x;
```

这里定义了结构体变量 x 及结构体指针 p，并将指针 p 指向变量 x，如图 9-3 所示。

图 9-3　结构体指针 p 指向结构体变量 x 的示意图

2. 利用结构体指针引用成员

当结构体指针指向了结构体变量,便可以利用结构体指针引用结构体变量成员,以下是两种引用方法。

方法一:使用"－＞"运算符引用结构体成员。

> **结构体指针->成员名**

其中,"－＞"称为指向成员运算符(由减号－和大于号＞组成)。该运算符形似一个箭头,形象地表示了指针的指向关系。

方法二:使用"."运算符引用结构体成员。

> **(＊结构体指针).成员名**

至此,本书介绍了三种引用结构体成员的方法。对于图 9-3,可利用结构体变量 x 或结构体指针 p 引用日期值 2022-9-1,以下三条语句的执行效果相同。

```
printf("%d-%d-%d\n", x.year, x.month, x.day); //方法一:结构体变量.成员名
printf("%d-%d-%d\n", p->year, p->month, p->day);
                                        //方法二:结构体指针->成员名
printf("%d-%d-%d\n", (*p).year, (*p).month, (*p).day);
                                        //方法三:(*结构体指针).成员名
```

【例 9.2】　输入一名学生的信息,包含学号、姓名、性别、四门课成绩,计算该学生的平均成绩。使用三种引用结构体成员的方法编写代码。

```
1.  #include <stdio.h>
2.  typedef struct                    //定义学生结构体类型
3.  {
4.      char num[10];
5.      char name[10];
6.      char gender;
7.      int score[4];
8.      float aver;
9.  }STU;
10.
11. int main()
12. {
13.     STU x, * p = &x;              //结构体指针 p 指向结构体变量 x
14.     printf("请输入一名学生的信息(学号、姓名、性别、四门课成绩):\n");
15.     scanf("%s %s %c %d %d %d %d", x.num, x.name, &x.gender, &x.score[0],
    &x.score[1], &x.score[2], &x.score[3]);
16.     p->aver = (p->score[0] + p->score[1] + p->score[2] + p->score[3]) / 4.0;
17.     printf("\n该学生的平均成绩:%.1f\n", (* p).aver);
18.     return 0;
19. }
```

结构体成员的三种引用方法

程序运行结果:

```
请输入一名学生的信息（学号、姓名、性别、四门课成绩）：
1151001 周晓 M 82 81 75 86

该学生的平均成绩：81.0
```

分析：

（1）程序第 15 行使用"结构体变量.成员名"的方法引用成员。第 16 行使用"结构体指针－＞成员名"的方法引用成员；第 17 行使用"（＊结构体指针）.成员名"的方法引用成员。

（2）程序第 15 行的 scanf()语句中，地址项 x.num、x.name 的前面都没有加 &，因为 num、name 成员是数组名，本身就是地址。

9.2.5　结构体数组

1. 结构体数组的定义及初始化

定义结构体数组可存放如表 9-1 所示的学生数据，每个数组元素可存放一名学生的数据。结构体数组的定义及使用类似于普通类型的数组，区别仅在于其数组元素为结构体类型，每个数组元素包含若干成员，因此数据最终是存放在数组元素的各成员中。

以下定义了一个大小为 4 的结构体数组 x，可存储 4 名学生的数据，根据表 9-1 的格式对数组 x 进行了初始化。

```
typedef struct                      //定义学生结构体类型,将其命名为 STU
{
    char num[10];
    char name[10];
    char gender;
    DATE birthday;
    int score[4];
}STU;
STU x[4] = {{"1511001", "周晓", 'M', {2004, 6,18}, {82, 81, 75, 86}},
            {"1511002", "陈佳", 'F', {2003, 11,3}, {79, 77, 68, 70}},
            {"1511003", "王丽丽", 'F', {2003, 12,10}, {92, 90, 87, 96}},
            {"1511004", "刘源", 'M', {2004, 5,7}, {88, 84, 91, 93}}};
```

结构体数组 x 的 4 个元素 x[0]、x[1]、x[2]、x[3]中分别存储了一名学生的数据，每个数组元素包含 num、name、gender、birthday、score 成员。其存储结构如图 9-4 所示。

结构体数组	数组元素	数组元素的成员									
		num	name	gender	birthday			score			
x	x[0]	"1151001"	"周晓"	'M'	2004	6	18	82	81	75	86
	x[1]	"1151002"	"陈佳"	'F'	2003	11	3	79	77	68	70
	x[2]	"1151003"	"王丽丽"	'F'	2003	12	10	92	90	87	96
	x[3]	"1151004"	"刘源"	'M'	2004	5	7	88	84	91	93

图 9-4　结构体数组的存储结构示意图

对初学者来说，结构体数组使用的难点在于如何引用成员。

2. 利用结构体数组元素引用成员

以下为利用结构体数组元素引用成员的格式：

结构体数组元素.成员名

如图 9-4 所示，通过 x[0].num 可引用第一名学生的学号 "1151001"，通过 x[0].birthday.year 可引用该同学的出生年份 2004，通过 x[0].score[0]可引用该同学的第一门课成绩 82。

【例 9.3】 定义一名学生结构体类型,成员包含学号、姓名、三门课成绩、平均成绩,再定义一个大小为 4 的结构体数组,初始化 4 名学生的数据(注意:初始化数据中有每名学生的三门课成绩,但是没有平均成绩),编程计算每名学生的平均成绩,并输出结果。

结构体数组

```
1.  #include <stdio.h>
2.  typedef struct
3.  {
4.      char num[10];
5.      char name[10];
6.      int score[3];
7.      float aver;
8.  }STU;
9.
10. int main()
11. {
12.     STU x[4] = {{"001", "周晓", {82, 81, 75}}, {"002", "陈佳", {79, 77, 68}},
13.                 {"003", "王丽丽", {92, 90, 87}}, {"004", "刘源", {88, 84, 91}}};
14.     int i;
15.     printf("%-10s%-10s%-8s%-8s%-8s%s\n", "学号", "姓名", "高数", "英语",
    "政治", "平均成绩");
16.     for(i = 0; i < 4; i++)              //求每名学生的平均成绩,并输出数据
17.     {
18.         x[i].aver = (x[i].score[0] + x[i].score[1] + x[i].score[2]) / 3.0;
19.         printf("%-10s%-10s%-8d%-8d%-8d%.1f\n", x[i].num, x[i].name, x
    [i].score[0], x[i].score[1], x[i].score[2], x[i].aver);
20.     }
21.     return 0;
22. }
```

程序运行结果:

学号	姓名	高数	英语	政治	平均成绩
001	周晓	82	81	75	79.3
002	陈佳	79	77	68	74.7
003	王丽丽	92	90	87	89.7
004	刘源	88	84	91	87.7

分析:程序第 12、13 行为定义结构体数组 x 并初始化,其存储结构如图 9-5 所示。

图 9-5 例 9.3 中结构体数组 x 的存储结构示意图

3. 利用结构体指针引用成员

以下为利用结构体指针引用数组元素成员的格式:

(结构体指针+下标)->成员名

或者

(∗(结构体指针+下标)).成员名

结构体指针

【例 9.4】　题目要求同例 9.3,本例使用结构体指针完成相同的功能。

```
1.  #include <stdio.h>
2.  typedef struct
3.  {
4.      char num[10];
5.      char name[10];
6.      int score[3];
7.      float aver;
8.  }STU;
9.
10. int main()
11. {
12.     STU x[4] = {{"001", "周晓", {82, 81, 75}}, {"002", "陈佳", {79, 77, 68}},
13.             {"003", "王丽丽", {92, 90, 87}}, {"004", "刘源", {88, 84, 91}}};
14.     STU * p = x;                        //结构体指针 p 指向结构体数组的首元素
15.     int i;
16.     printf("%-8s%-8s%-8s%-8s%-8s%s\n", "学号", "姓名", "高数", "英语",
    "政治", "平均成绩");
17.     for(i = 0; i < 4; i++)              //求每名学生的平均成绩,并输出数据
18.     {
19.         (p + i)->aver = ((p + i)->score[0] + (p + i)->score[1] + (p + i)->
    score[2]) / 3.0;
20.         printf("%-8s%-8s%-8d%-8d%-8d%.1f\n", (p + i)->num, (p + i)->
    name, (p + i)->score[0], (p + i)->score[1], (p + i)->score[2], (p + i)->
    aver);
21.     }
22.     return 0;
23. }
```

程序运行结果：

学号	姓名	高数	英语	政治	平均成绩
001	周晓	82	81	75	79.3
002	陈佳	79	77	68	74.7
003	王丽丽	92	90	87	89.7
004	刘源	88	84	91	87.7

分析：

(1) 程序第 14 行"STU ∗ p ＝ x;"是将结构体指针 p 指向结构体数组 x 的首元素,其存储结构如图 9-6 所示。

结构体指针	结构体数组	结构体成员					
		num	name		score		aver
p　指向→	x[0]	"001"	"周晓"	82	81	75	79.3
	x[1]	"002"	"陈佳"	79	77	68	74.7
	x[2]	"003"	"王丽丽"	92	90	87	89.7
	x[3]	"004"	"刘源"	88	84	91	87.7

图 9-6　结构体指针指向结构体数组的存储结构示意图

(2) 程序第 17～21 行的 for 循环是通过变量 i 自增的方法遍历数组,循环过程中,指

针 p 始终指向数组 x 的首元素,指针 p 未发生移动。

(3) 程序第 19、20 行中使用"(p + i)->成员名"的方式引用成员,也可以使用"p[i].成员名"或"(*(p + i)).成员名"的方式。

(4) 程序第 17~21 行的 for 循环也可以修改为指针 p 自增的方法遍历数组。例如:

```
for(p = x; p < x + 4; p++)
{
    p->aver = (p->score[0] + p->score[1] + p->score[2]) / 3.0;
    printf("%-8s%-8s%-8d%-8d%-8d%.1f\n", p->num, p->name, p->score[0],
    p->score[1], p->score[2], p->aver);
}
```

9.2.6 结构体与函数

结构体变量、结构体数组元素的地址、结构体数组名、结构体成员等都可以作为函数参数,由于数据类型多样,传参时应分清是传值方式还是传地址方式。同时,需考虑对应的形参是什么类型的变量。

1. 结构体作函数参数

结构体作函数参数常见以下五种形式:①结构体变量作实参;②结构体变量地址作实参;③结构体数组元素的地址作实参;④结构体数组名作实参;⑤结构体成员作实参。

【例 9.5】 阅读以下两个程序,思考调用 fun() 函数后,主函数内的变量 x 的值能否被修改。

程序一:结构体变量作实参。

结构体变量与函数参数

```
1.  #include <stdio.h>
2.  typedef struct student
3.  {
4.      char num[10];
5.      char name[10];
6.      int score;
7.  }STU;
8.  void fun(STU x)                  //形参是结构体变量
9.  {
10.     STU y = {"002", "李四", 80};
11.     x = y;                       //修改形参的值
12. }
13. int main()
14. {
15.     STU x = {"001", "张三", 70};
16.     printf("函数调用前:%s  %s  %d\n", x.num, x.name, x.score);
17.     fun(x);                      //结构体变量作实参,传值
18.     printf("函数调用后:%s  %s  %d\n", x.num, x.name, x.score);
19.     return 0;
20. }
```

程序二:结构体变量地址作实参。

```
1.  #include <stdio.h>
2.  typedef struct student
```

```
3.  {
4.      char num[10];
5.      char name[10];
6.      int score;
7.  }STU;
8.  void fun(STU * x)                    //形参是结构体指针
9.  {
10.     STU y = {"002", "李四", 80};
11.     * x = y;                         //访问并修改主函数中的 x
12. }
13. int main()
14. {
15.     STU x = {"001", "张三", 70};
16.     printf("函数调用前:%s  %s  %d\n", x.num, x.name, x.score);
17.     fun(&x);                         //结构体变量地址作实参,传地址
18.     printf("函数调用后:%s  %s  %d\n", x.num, x.name, x.score);
19.     return 0;
20. }
```

程序一运行结果：　　　　　　　　　　　程序二运行结果：

函数调用前：001　　张三　　70
函数调用后：001　　张三　　70

函数调用前：001　　张三　　70
函数调用后：002　　李四　　80

分析：

（1）主函数中变量 x 的值在程序一中未被修改,在程序二中被修改了。

（2）程序一第 17 行"fun(x);"的实参是传值方式；程序二第 17 行"fun(&x);"的实参是传地址方式。

结论：①结构体变量作实参（传值）,子函数内对形参的修改不会影响主函数内的实参。②结构体变量地址作实参（传地址）,子函数内可以借助形参指针间接访问并修改主函数内的实参。

【例 9.6】　阅读以下两个程序,思考调用 fun() 函数后,主函数内 x[0] 的值能否被修改。

程序一：结构体数组元素的地址作实参。

结构体数组与函数参数

```
1.  #include <stdio.h>
2.  typedef struct student
3.  {
4.      char num[10];
5.      char name[10];
6.      int score;
7.  }STU;
8.  void fun(STU * p)                    //形参是结构体指针
9.  {
10.     STU y = {"004", "赵六", 100};
11.     * p = y;                         //访问并修改主函数中的 x[0]
12. }
13. int main()
14. {
15.     STU x[3] = {{"001", "张三", 70},
16.                 {"002", "李四", 80},
```

```
17.            {"003", "王五", 90}};
18.     int i;
19.     printf("函数调用前:\n");
20.     for(i = 0; i < 3; i++)
21.         printf("%s  %s  %d\n", x[i].num, x[i].name, x[i].score);
22.     fun(&x[0]);                      //数组元素的地址作实参,传地址
23.         printf("\n函数调用后:\n");
24.     for(i = 0; i < 3; i++)
25.         printf("%s  %s  %d\n", x[i].num, x[i].name, x[i].score);
26.     return 0;
27. }
```

程序二：结构体数组名作实参。

```
1.  #include <stdio.h>
2.  typedef struct student
3.  {
4.      char num[10];
5.      char name[10];
6.      int score;
7.  }STU;
8.  void fun(STU * p)                    //形参是结构体指针
9.  {
10.     STU y = {"004", "赵六", 100};
11.     * p = y;                         //访问并修改主函数中的 x[0]
12. }
13. int main()
14. {
15.     STU x[3] = {{"001", "张三", 70},
16.             {"002", "李四", 80},
17.             {"003", "王五", 90}};
18.     int i;
19.     printf("函数调用前:\n");
20.     for(i = 0; i < 3; i++)
21.         printf("%s  %s  %d\n", x[i].num, x[i].name, x[i].score);
22.     fun(x);                          //数组名作实参,传地址
23.     printf("\n函数调用后:\n");
24.     for(i = 0; i < 3; i++)
25.         printf("%s  %s  %d\n", x[i].num, x[i].name, x[i].score);
26.     return 0;
27. }
```

程序一运行结果：   程序二运行结果：

```
函数调用前:                  函数调用前:
001   张三   70             001   张三   70
002   李四   80             002   李四   80
003   王五   90             003   王五   90

函数调用后:                  函数调用后:
004   赵六   100            004   赵六   100
002   李四   80             002   李四   80
003   王五   90             003   王五   90
```

分析：

(1) 主函数内 x[0] 的值在程序一、程序二中都被修改了。

（2）程序一第 22 行"fun(&x[0]);"和程序二第 22 行"fun(x);"的实参都属于传地址方式。两个程序 fun()函数的形参指针 p 都指向了主函数内的数组元素 x[0]，因此借助形参指针 p 可以访问并修改 x[0]的值。

结论：结构体数组元素的地址、结构体数组名作实参，都是传地址方式，子函数的形参指针指向主函数内对应的数组元素，可借助形参指针访问并修改数组元素的值。

【例 9.7】　阅读以下程序，思考 fun()函数调用后，主函数变量 x 各成员的值能否被修改。比较不同类型的结构体成员作实参有何区别。

结构体不同
类型的成员
作实参

```
1.  #include <stdio.h>
2.  #include <string.h>
3.  typedef struct student
4.  {
5.      char num[10];
6.      char name[10];
7.      char gender;
8.      int score;
9.  }STU;
10.
11. //fun()函数的前两个形参是指针变量,后两个形参是普通变量
12. void fun(char * num, char * name, char gender, char score)
13. {
14.     STU y = {"002", "李四", 'F', 80};
15.     strcpy(num, y.num);              //间接修改了主函数变量 x 的成员 num
16.     strcpy(name, y.name);            //间接修改了主函数变量 x 的成员 name
17.     gender = y.gender;               //形参被修改了,但是不会影响实参
18.     score = y.score;                 //形参被修改了,但是不会影响实参
19. }
20.
21. int main()
22. {
23.     STU x = {"001", "张三", 'M', 70};
24.     printf("函数调用前:%s  %s  %c  %d\n", x.num, x.name, x.gender, x.
score);
25.     fun(x.num, x.name, x.gender, x.score);  //前两个实参传地址,后两个实参
传值
26.     printf("函数调用后:%s  %s  %c  %d\n", x.num, x.name, x.gender, x.
score);
27.     return 0;
28. }
```

程序运行结果：

```
函数调用前：001   张三   M   70
函数调用后：002   李四   M   70
```

分析：

程序第 25 行"fun(x.num，x.name，x.gender，x.score);"的前面两个实参是数组名（传地址），后面两个实参是普通变量（传值）。因此 fun()函数调用后，num、name 成员的值被修改了，gender、score 成员的值未被修改。

结论：结构体成员作实参，需根据成员的类型确定其属于传值方式，还是传地址

方式。

2. 结构体作函数返回值

结构体作函数返回值有两种情况：①函数返回值为结构体类型；②函数返回值为结构体指针。

【例 9.8】　阅读以下两个程序,思考能否实现查找最高分学生的功能。

程序一：函数返回值为结构体类型。

结构体与函
数返回值

```
1.  #include <stdio.h>
2.  #define  N  10
3.  typedef struct student
4.  {
5.      char num[10];
6.      int score;
7.  }STU;
8.
9.  STU find(STU * p)                    //函数返回值是结构体类型
10. {   //max 保存最高分,n 保存最高分学生的下标
11.     int i, max, n = 0;
12.     max = p[0].score;
13.     for(i = 1; i < N; i++)
14.     {
15.         if(p[i].score > max)
16.         {
17.             max = p[i].score;
18.             n = i;
19.         }
20.     }
21.     return p[n];                     //返回最高分学生的数据
22. }
23.
24. int main()
25. {
26.     STU x[N] =
27.       {{"GA001", 85},{"GA002", 76},
28.        {"GA003", 69},{"GA004", 85},
29.        {"GA005", 93},{"GA006", 72},
30.        {"GA007", 66},{"GA008", 87},
31.        {"GA009", 85},{"GA010", 91}};
32.     STU top;                         //定义结构体变量
33.     top = find(x);
34.     printf("最高分学生:\n");
35.     printf("学号:%s  成绩:%d\n", top.num, top.score);
36.     return 0;
37. }
```

程序二：函数返回值为结构体指针。

```
1.  #include <stdio.h>
2.  #define  N  10
3.  typedef struct student
4.  {
5.      char num[10];
```

```
6.        int score;
7.    }STU;
8.
9.    STU * find(STU * p)                        //函数返回值是结构体指针
10.   {
11.       int i, max, n = 0;
12.       max = p[0].score;
13.       for(i = 1; i < N; i++)
14.       {
15.           if(p[i].score > max)
16.           {
17.               max = p[i].score;
18.               n = i;
19.           }
20.       }
21.       return &p[n];                           //返回最高分学生的数组元素的地址
22.   }
23.
24.   int main()
25.   {
26.       STU x[N] =
27.           {{"GA001", 85},{"GA002", 76},
28.            {"GA003", 69},{"GA004", 85},
29.            {"GA005", 93},{"GA006", 72},
30.            {"GA007", 66},{"GA008", 87},
31.            {"GA009", 85},{"GA010", 91}};
32.       STU * top;                              //定义结构体指针
33.       top = find(x);
34.       printf("最高分学生:\n");
35.       printf("学号: %s  成绩: %d\n", top->num, top->score);
36.       return 0;
37.   }
```

程序一运行结果：　　　　　　　　　　程序二运行结果：

```
最高分学生
学号：GA005   成绩：93
```

```
最高分学生
学号：GA005   成绩：93
```

分析：

（1）程序一第 21 行"return p[n];"是返回最高分学生的数据。程序二第 21 行"return &p[n];"是返回最高分学生的地址。两种方法都能实现查找最高分学生的功能。

（2）由于返回值类型不同，程序一主函数中的 top 为结构体变量，获得最高分学生的数据；程序二主函数中的 top 为结构体指针，获得最高分学生的数组元素的地址。

9.3　共　用　体

9.3.1　定义共用体类型

1. 共用体类型定义的格式

共用体（union）是指将不同类型的数据组织在一起，共享同一段内存空间的构造类型。以下为共用体类型的定义格式：

```
        union <共用体名>
        {
            数据类型 1    成员名 1;
            数据类型 2    成员名 2;
                            ...
            数据类型 n    成员名 n;
        };
```

不能遗漏此分号

共用体类型名由关键字 **union** 和共用体名组成，**union** 表示共用体类型定义的开始，分号表示结束。共用体名为用户标识符，可缺省。共用体类型的定义格式类似于结构体类型的定义。

共用体的各成员之间在逻辑上是互斥的，每个时刻只有一个成员起作用。

敲重点：

（1）关键字 union 不能缺省，共用体名可缺省。

（2）共用体成员是共用体类型中的一分子，不是普通变量，不能单独使用。

（3）共用体各成员同占一段内存空间，任何时刻该内存空间里只有一个成员。

2. 共用体类型定义的五种方法

类似于结构体类型定义，共用体类型定义的写法也有很多种，如表 9-3 所示。

表 9-3　共用体类型的定义方法

定 义 格 式	说　　明

union data
{
　　char a;
　　int b;
　　double c;
};
	共同体类型名是 union data；该共用体类型中包含三个成员，其中 double 型成员占用字节数最多，为 8B，因此共用体三个成员共同使用 8B 的内存空间

union
{
　　char a;
　　int b;
　　double c;
};
	类似于上一行方法，仅缺省了共用体名

union data
{
　　char a;
　　int b;
　　double c;
};
typedef union data　DATA;
	先定义共用体类型，再使用 typedef 为共用体命名新名 DATA

续表

定 义 格 式	说　　明
typedef union data { 　　char a; 　　int b; 　　double c; }DATA;	定义共用体类型 union data 的同时就用 typedef 为其命名新名 DATA
typedef union { 　　char a; 　　int b; 　　double c; }DATA;	类似于上一行方法，仅缺省了共用体名

9.3.2　共用体变量

1. 共用体变量定义的多种方法

共用体类型定义后，仅仅是通知编译系统这种模型的存在，而不能在计算机内存中占用存储空间，无法存放数据。只有在定义了共用体变量后，编译系统才会为变量分配内存单元。下面是共用体变量定义的六种方法。

方法一：　　　　　　　　　方法二：　　　　　　　　　方法三：

```
union data          union               union data
{                   {                   {  char a;
   char a;             char a;             int b;
   int b;              int b;              double c;
   double c;           double c;        };
}x;                 }x;                 union data  x;
```

方法四：　　　　　　　　　方法五：　　　　　　　　　方法六：

```
union data               typedef  union data      typedef  union
{  char a;               {                        {
   int b;                   char a;                  char a;
   double c;                int b;                   int b;
};                          double c;                double c;
typedef union data DATA; }DATA;                   }DATA;
DATA x;                  DATA x;                  DATA x;
```

注意区分以下概念：

union data——共用体类型名　　　　　　DATA——共用体类型的别名

a、b、c——共用体成员名　　　　　　　　x——共用体变量名

2. 共用体成员的引用

类似于结构体成员，共用体成员可以通过共用体变量或共用体指针进行引用。

方法一：

> 共用体变量**.**成员名

方法二：

> 共用体指针**->**成员名

方法三：

> (＊共用体指针)**.**成员名

3. 比较结构体和共用体

以下从两方面对比结构体与共用体。

（1）结构体变量占用内存空间的字节数是所有成员的字节数之和（不考虑内存字节对齐问题）；共用体变量占用内存空间的字节数取决于最大容量的成员。

假设有如下定义：

```
struct data                union data
{                          {
    char a;                    char a;
    int b;                     int b;
    double c;                  double c;
}x;                        }y;
```

以上定义了结构体变量 x 和共用体变量 y。已知 char 型占 1B，int 型占 4B，double 型占 8B，则结构体变量 x 占用内存单元的字节数是 $1 + 4 + 8 = 13B$（不考虑内存字节对齐问题），如图 9-7（a）所示；共用体变量 y 占用内存单元的字节数是 8B，如图 9-7（b）所示。

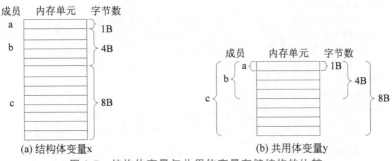

图 9-7 结构体变量与共用体变量存储结构的比较

（2）结构体成员各自占用独立的内存单元，每个成员的值存放在各自占用的内存单元里；共用体所有成员共享同一段内存单元，任意时刻只保存其中一个成员的值，因此共用体变量中起作用的是最后一次赋值的成员。

【例 9.9】 阅读以下两个程序，根据运行结果，理解共用体成员占用内存空间的特点。

程序一：每个共用体成员赋值后立即输出其数值。

```
1.  #include <stdio.h>
2.  #include <string.h>
3.  union data                              //定义共用体类型
```

共用体

```
4.  {
5.      int a;
6.      char b[10];
7.      double c;
8.  };
9.  int main()
10. {
11.     union data x;                              //定义共用体变量
12.     x.a = 10;
13.     printf("成员 a: %d\n", x.a);
14.     strcpy(x.b, "HELLO");
15.     printf("成员 b: %s\n", x.b);
16.     x.c = 12.3;
17.     printf("成员 c: %.1f\n", x.c);
18.     return 0;
19. }
```

程序二：所有共用体成员赋值后再输出它们的数值。

```
1.  #include <stdio.h>
2.  #include <string.h>
3.  union data
4.  {
5.      int a;
6.      char b[10];
7.      double c;
8.  };
9.  int main()
10. {
11.     union data x;
12.     x.a = 10;
13.     strcpy(x.b, "HELLO");
14.     x.c = 12.3;
15.     printf("成员 a: %d\n", x.a);
16.     printf("成员 b: %s\n", x.b);
17.     printf("成员 c: %.1f\n", x.c);
18.     return 0;
19. }
```

程序一运行结果：　　　　　　　　程序二运行结果：

```
成员a: 10
成员b: HELLO
成员c: 12.3
```

```
成员a: -1717986918
成员b: 殯櫃櫃(@$
成员c: 12.3
```

分析：

（1）程序一第 12～17 行是一边为共用体各成员赋值，一边输出其数值，可以看到，成员 a、b、c 的值都能正常输出。

（2）程序二第 12～17 行是先集中为各成员赋值，再集中输出各成员的值，最终仅能正常输出成员 c 的值。程序二很好地说明了共用体各成员共用一段内存空间的特点，即任意时刻共用体存储空间里仅能存放一个成员的值，因此后面赋值的成员会覆盖前面的数值。

9.4　枚 举 类 型

如果一个变量只有几种可能的取值,可将其定义为枚举类型。枚举(enumeration)是指将变量的值一一列举出来的构造类型,变量的取值范围仅限于列举出来的值。

枚举类型定义的一般格式:

> **enum <枚举名>**
> **{　　枚举成员　};**

例如:

```
enum week
{ Sunday,  Monday,  Tuesday,  Wednesday,  Thursday,  Friday,  Saturday };
```

该语句定义了一个枚举类型 enum week,包含 7 个成员,其中 Sunday 默认代表数值 0,Monday 代表数值 1,Tuesday 代表数值 2,……,Sunday 代表数值 6。

如果执行以下语句,则输出 0, 1, 2, 3, 4, 5, 6。

```
printf("%d, %d, %d, %d, %d, %d, %d\n", Sunday,  Monday,  Tuesday,
Wednesday,  Thursday,  Friday,  Saturday);
```

注意:

(1) 枚举类型中的成员称为枚举常量,在定义时使它们的值默认从 0 开始递增。

(2) 枚举常量代表的值不一定从 0 开始,可以根据需要设定。例如:

```
enum week
{ Monday = 1,  Tuesday,  Wednesday,  Thursday,  Friday,  Saturday,  Sunday };
```

以上将枚举常量 Monday 的值定义为 1,则 Tuesday 的值为 2,以此类推。

编程时常用到真与假的判断,在 C 语言中,用 0 代表假,1 代表真。为了增加程序的可读性,可使用枚举将 FALSE、TRUE 定义为枚举常量,模拟其他计算机语言中常见的布尔类型。

【例 9.10】　定义 isLeapYear() 函数,判断某年是否为闰年。如果是就返回真,不是就返回假。

```
1.   #include <stdio.h>
2.   typedef enum
3.   {  FALSE = 0,  TRUE = 1    }BOOL;         //定义枚举类型 BOOL
4.
5.   BOOL isLeapYear(int y)                    //函数返回值为枚举类型
6.   {
7.       if((y % 4 == 0 && y % 100 != 0) || y % 400 == 0)
8.           return TRUE;
9.       else
10.          return FALSE;
11.  }
12.
```

枚举

```
13. int main()
14. {
15.     int y;
16.     printf("请输入一个年份:");
17.     scanf("%d", &y);
18.     if(isLeapYear(y) == TRUE)
19.     {
20.         printf("%d年是闰年\n", y);
21.     }
22.     else
23.     {
24.         printf("%d年是平年\n", y);
25.     }
26.     return 0;
27. }
```

程序运行结果：

请输入一个年份：2022 2022年是平年	请输入一个年份：2024 2024年是闰年

9.5 构造类型综合实例

【例 9.11】 对候选人得票数进行统计。假设有 3 个候选人，有 10 个选民，每个选民输入一个候选人的编号，统计各候选人的得票数并输出结果。

统计候选
人得票数

```
1.  # include <stdio.h>
2.  typedef struct candidate              //声明候选人结构体类型
3.  {
4.      int num;                          //候选人编号
5.      char name[20];                    //候选人姓名
6.      int count;                        //候选人得票数
7.  }CAND;
8.
9.  int main()
10. {
11.     int i, j, n;
12.     CAND candidates[3] ={{1, "李炎", 0}, {2, "张霞", 0}, {3, "王鑫", 0}};
13.     for (i = 0; i < 10; i++)          //外循环 10 次,模拟 10 个人投票
14.     {
15.         printf("模拟投票(输入候选人编号): ");
16.         scanf("%d", &n);
17.         for (j = 0; j < 3; j++)       //内循环 3 次,判断投票对应哪个候选人
18.         {
19.             if (n == candidates[j].num) //比较投票号 n 与候选人的编号 num
20.             {
21.                 (candidates[j].count)++; //将对应候选人的票数加 1
22.             }
23.         }
24.     }
```

```
25.        printf("\n 选票结果：\n");
26.        for (i = 0; i < 3; i++)
27.        {
28.            printf("%s: %d\n", candidates[i].name,    candidates[i].count);
29.        }
30.        return 0;
31. }
```

程序运行结果：

```
模拟投票（输入候选人编号）：1
模拟投票（输入候选人编号）：3
模拟投票（输入候选人编号）：2
模拟投票（输入候选人编号）：2
模拟投票（输入候选人编号）：3
模拟投票（输入候选人编号）：2
模拟投票（输入候选人编号）：1
模拟投票（输入候选人编号）：2
模拟投票（输入候选人编号）：1
模拟投票（输入候选人编号）：2

选票结果：
李炎：3
张霞：5
王鑫：2
```

9.6 本 章 小 结

第 9 章知识
点总结

1. 结构体

（1）定义格式：

> **struct <结构体名>{   结构体成员列表   };**

- 结构体类型名由关键字 struct 和结构体名组成。
- 花括号中是组成该结构体类型的诸多成员项，以分号结束。
- 结构体成员不是普通变量，不能单独使用。

（2）使用 typedef 命名新类型名。

命名格式：

> **typedef   结构体类型名   新类型名；**

注意：typedef 是为已有数据类型取一个简单易记的别名。

（3）结构体变量与指针。

声明了结构体类型，仅是通知编译系统一种数据模型的存在，系统并不会为结构体类型分配内存单元，只有定义了该类型的变量、指针、数组等，系统才会为其分配内存单元。

结构体变量的定义格式：

> **结构体类型   结构体变量名；**

结构体指针的定义格式：

> **结构体类型   *指针变量名；**

（4）结构体成员的引用方法。

① 结构体变量.成员。

② 结构体指针－＞成员。

③（＊结构体指针）.成员。

（5）结构体数组。

结构体数组的存储结构相对复杂，使用时要注意区分结构体数组与成员数组。结构体数组元素类似于一般的数组元素，可以单独使用；而成员数组元素不能单独使用，必须通过结构体数组元素或者结构体指针进行引用。

（6）结构体与函数。

结构体可以作函数参数，也可以作函数返回值。

注意区分结构体变量、结构体数组元素的地址、结构体数组名、结构体成员作实参的区别，使用时需分清楚是属于传值方式还是传地址方式。

结构体作函数返回值有两种情况：①函数返回类型为结构体类型；②函数返回类型为结构体指针类型。

2. 共用体

（1）结构体与共用体的区别。

- 结构体各成员占用不同的内存单元，各成员的值互不影响。
- 共用体各成员占用同一段内存单元，只保留最后一次赋值的成员数值，后面赋值的成员将覆盖前面的数值。

（2）定义格式：

union <共用体名>{　共用体成员列表　};

- 共用体类型名由关键字 union 和共用体名组成。
- 共用体成员不是普通变量，不能单独使用。

（3）共用体成员的引用方法。

① 共用体变量.成员。

② 共用体指针－＞成员。

③（＊共用体指针）.成员。

3. 枚举

（1）定义格式：

enum <枚举名>{　枚举成员列表　};

（2）枚举类型是把可能的值一一列举出来，枚举成员也称枚举常量，是用户自定义的标识符。

（3）枚举变量的取值只能是所有枚举常量中的一个。

9.7　习　　题

一、选择题

1. 当定义一个结构体变量时，系统分配给它的内存是（　　　）。

A. 各个成员所需内存容量之和

B. 结构体中第一个成员所需的内存容量

C. 各个成员占用内存最大者所需的内存容量

D. 结构体中最后一个成员所需的内存容量

2. 设有如下结构体类型说明：

```
typedef struct ST
{    long a;        int b;      char c[2];      } NEW;
```

则下面叙述中正确的是（   ）。

    A. 以上的结构体类型说明形式非法　　B. ST 是一个结构体类型

    C. NEW 是一个结构体类型　　　　　　D. NEW 是一个结构体变量

3. 以下结构体类型说明和变量定义中正确的是（   ）。

    A. typedef struct

      { int n; char c; }REC;

      REC t1, t2;

    B. struct REC;

      { int n; char c; };

      REC t1,t2;

    C. typedef struct REC ;

      { int n=0; char c='A'; }t1, t2;

    D. struct

      { int n; char c; }REC t1, t2;

4. 以下对结构体变量 td 的定义中，错误的是（   ）。

    A. typedef struct aa

      { int n; float m; }AA;

      AA td;

    B. struct aa

      { int n;   float m; }

      struct aa td;

    C. struct

      { int n; float m; }aa;

      struct aa td;

    D. struct

      { int n; float m; }td;

5. 以下程序的运行结果是（   ）。

```
#include <stdio.h>
int main()
{
    struct STU {    char name[9];    char sex;    double score[2];    };
    struct STU  a = {"Zhao", 'm', 85.0, 90.0}, b = {"Qian", 'f', 95.0, 92.0};
    b = a;
    printf("%s, %c, %2.0f, %2.0f\n", b.name, b.sex, b.score[0], b.score[1]);
    return 0;
}
```

    A. Qian，f，95，92　　　　　　　B. Qian，m，85，90

    C. Zhao，f，95，92　　　　　　　D. Zhao，m，85，90

6. 有以下程序段：

```
struct st
{ int x;   int * y;     }* pt;
int a[ ] = {1, 2}, b[ ] = {3, 4};
struct st c[2] = {10, a, 20, b};
pt = c;
```

以下选项中表达式的值为 11 的是(　　)。

　　A. * pt—＞y　　　　B. pt—＞x　　　　C. ＋＋(pt—＞x)　　D. (pt＋＋)—＞x

7. 以下程序的运行结果是(　　)。

```
#include <stdio.h>
struct ord
{       int x, y;      }dt[2] = {1, 2, 3, 4};
int main()
{
    struct ord * p = dt;
    printf ("%d, ", ++p->x);
    printf("%d\n", ++p->y);
    return 0;
}
```

　　A. 1, 2　　　　　　B. 2, 3　　　　　　C. 3, 4　　　　　　D. 4, 1

8. 有以下程序：

```
#include <stdio.h>
struc STU
{   char name[10];    int num;        };
void f1(struct STU c)
{
    struct STU b = {"LiSiGuo", 2042};
    c = b;
}
void f2(struct STU * c)
{
    struct STU b = {"SunDan", 2044};
    * c = b;
}
int main()
{
    struct STU a = {"YangSan", 2041}, b = {"WangYin", 2043};
    f1(a);
    f2(&b);
    printf("%d  %d\n", a.num, b.num);
    return 0;
}
```

程序的运行结果是(　　)。

　　A. 2041 2044　　　　B. 2041 2043　　　　C. 2042 2044　　　　D. 2042 2043

9. 当定义一个共用体变量时，系统分配给它的内存是(　　)。

　　A. 各个成员所需内存容量之和

　　B. 结构体中第一个成员所需的内存容量

　　C. 成员中占用内存最大者所需的内存容量

　　D. 结构体中最后一个成员所需的内存容量

10. 设有以下定义：

```
union data
{  int  d1;    float  d2;           }demo;
```

则下面叙述中错误的是( )。

 A. 变量 demo 与成员 d2 所占的内存字节数相同

 B. 变量 demo 中各成员的地址相同

 C. 变量 demo 和各成员的地址相同

 D. 若给 demo.d1 赋值 99 后,demo.d2 中的值是 99.0

11. 在 32 位编译系统中,若有下面的说明和定义:

```
struct   test
{
    int m1;    char m2;      float m3;
    union uu{  char u1[5];     int u2[2];   }ua;
}myaa;
int main()
{
    printf("%d\n", sizeof(struct test));
    return 0;
}
```

则输出结果是( )。

 A. 12   B. 20   C. 14   D. 9

二、填空题

1. 结构体变量引用成员的格式为 ① ,结构体指针引用成员的格式为 ② 或 ③ 。

2. 设"union student { int n;   char a[100]; } x;",则 sizeof(x) 的值是_____。

3. 设有说明"struct DATE{   int year;   int month;   int day;   };"。写出定义 d 为上述结构体变量,并为其成员 year、month、day 依次赋初值 2016、10、1 的语句:_____。

4. 设有说明"struct student{   int num; char name[10];   float score;   };"。"struct student * p = (_____)malloc(sizeof(struct student));"语句完成开辟一个用于存放 struct student 数据的内存空间,并让 p 指向该空间。

三、编程题

1. 编写输出 12 个月及其对应天数的程序,要求使用结构体形式,月份名称用英文单词表示。

2. 有 5 名学生,每名学生的数据包括学号、姓名和三门课程的成绩。定义 input()和 output()函数实现学生数据的输入输出。

3. 以第 2 题为基础,在学生记录中新增加一个数据域:平均分。要求输出每名学生三门课程的平均分,以及平均分最高的学生数据。

第 10 章

chapter 10

文　件

文件是对存储在外部介质上的数据集合的一种抽象,C 语言提供了对文件的打开、关闭、读写等操作的相关函数,可以简单、高效地访问文件中的数据。使用文件可对数据进行长期保存,并方便其他程序共享数据。

内容导读:

- 了解文件的不同类型。
- 掌握文件的打开与关闭函数,能够根据实际需要选用正确的方式打开文件。
- 掌握文件的各种读写函数。
- 掌握文件定位函数。

10.1　文　件　概　述

10.1.1　为什么要使用文件

在前面章节的学习中,数据总是从键盘输入的,通过程序(内存)处理,最后输出到屏幕,一旦程序运行结束,内存中的数据就会丢失。因为程序运行过程中的数据是存放在变量和数组中的,程序运行结束后,变量和数组的内存空间会被释放,导致数据不能永久保存,每次运行程序都要重新输入、重新计算。如果数据量大,将给用户带来很大不便。

文件是解决此类问题的有效方法,通过文件操作,可将数据保存到硬盘、光盘等外部存储介质上,以达到永久保存的目的。程序运行结束后,可将有用的数据和计算结果等写入文件,当程序再次运行时,从文件直接读取数据,也可以将新的运算结果再次存入文件中。

将数据存储于文件中有如下优点。

(1) 数据可以在文件中永久保存,并反复使用。

(2) 通过文件,可以实现不同程序之间数据的传递和共享。

10.1.2　文件分类

1. 文件

文件(file)一般指存在外部介质上数据的集合。C 语言把文件看作字节序列,即由一连串的字符组成,称为流(stream),以字节为单位进行访问,没有记录的界限。输入输出字符流的开始和结束只由程序控制而不受物理符号(如回车符)的控制。因此也把这种文件称为流式文件。

2. 文本文件和二进制文件

按文件中数据组织形式的分类,可分为文本文件(即 ASCII 码文件)和二进制文件。

(1) 文本文件。

文本文件的每字节存放一个 ASCII 码,代表一个字符,文本文件也称 ASCII 码文件。文本文件的输入输出与字符一一对应,一字节代表一个字符,便于对字符进行逐个处理,也便于输出字符。

文本文件由文本行组成,每行中可以有 0 个或多个字符,并以回车换行符 '\n' 结尾,文本文件的结束标志是 0x1A。

(2) 二进制文件。

二进制文件是把数据按其在内存中的存储形式原样存放在磁盘上,一字节并不对应一个字符,不能直接输出字符形式。

(3) 文本文件与二进制文件的差异。

由于一个字符在内存中的形式和在文件中的形式是相同的,都是 ASCII 码。因此,如果以单个字符(1B)为单位对文件进行读写,使用二进制文件和使用文本文件效果相同。如字符 A,内存中的形式是 01000001 ,文件中的形式也是 01000001 ,用记事本打开文件看到字符 A 是因为记事本根据 ASCII 码显示字符。

但对于某些数据,如整数 1234,如果将其转换为二进制形式,在内存中占用 2B,其存储格式如图 10-1(a)所示;如果将其转换为文本形式,在内存中占 4B,其存储格式如图 10-1(b)所示。

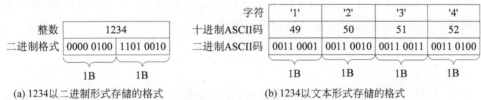

(a) 1234以二进制形式存储的格式　　(b) 1234以文本形式存储的格式

图 10-1　整数 1234 分别以二进制形式和文本形式存储的格式

文本文件和二进制文件各有优缺点。文本文件的一字节对应一个字符,便于对字符逐个处理,同时方便被其他程序读取,包括文本编辑器、office 办公软件等,但是一般占用的存储空间大,且需花费时间在内存的二进制数与文件的字符之间进行转换。二进制文件的一字节并不对应一个字符,不能直接输出其对应的字符形式,但是一般占用的存储空间小,且转换时间少。在实际应用中,往往根据需要和存储目标来决定使用文本文件还是二进制文件。

一般来说,文件读出与写入的格式需保持一致,才能恢复其本来面目,即二者需约定为同一种文件格式。

10.1.3　文件指针

文件操作时,通常关心文件的属性,如文件名、文件状态和文件当前读写位置等信息。

ANSI C 为每个被使用的文件在内存开辟一小块区域，利用一个结构体类型的变量存放上述信息。该变量的结构体类型由系统取名为 FILE，在头文件 stdio.h 中定义如下：

```
#ifndef _FILE_DEFINED
struct _iobuf
{
    char * _ptr;                    //文件当前读写位置
    int   _cnt;                     //缓冲区中剩下的字符数
    char * _base;                   //文件缓冲区的起始位置
    int   _flag;                    //文件状态标志
    int   _file;                    //文件号
    int   _charbuf;
    int   _bufsiz;                  //文件缓冲区的大小
    char * _tmpfname;               //临时文件名指针
};
typedef  struct _iobuf  FILE;
#define _FILE_DEFINED
#endif
```

在 C 语言中，定义 FILE 结构体类型的指针变量存储被打开文件的信息，将该指针变量视为指向被打开的文件，这样的指针变量称为文件指针（file pointer）。通过文件指针可对它所指文件进行各种操作。

以下为文件指针变量的定义格式：

FILE * 文件指针变量名；

例如：

FILE * fp;

注意 FILE 必须大写，这是系统定义的文件结构体类型，fp 是文件指针变量，可将其指向被打开的文件并通过它对文件进行读写操作。

10.1.4　文件操作步骤

在 C 程序中操作文件类似于在 Windows 系统中操作文件，都要经过打开文件、读写文件、关闭文件三个步骤，C 语言提供了各种文件操作函数完成以上步骤。

（1）打开文件。使用 fopen() 函数打开文件，建立用户程序与文件之间的联系，文件打开成功后，fopen()函数返回文件指针，指向被打开的文件。

（2）读写文件。使用 fscanf()、fprintf()、fread()、fwrite()等函数对文件进行读写操作。读操作时，从文件读取数据到内存中；写操作时，将内存的数据写入文件中。

（3）关闭文件。使用 fclose() 函数关闭文件，切断用户程序与文件之间的联系，释放文件缓冲区。

10.2　文件的打开与关闭

任何一个文件在进行读写操作之前都必须先被打开，使用完毕后再关闭。

打开文件实际上是获取文件的各种有关信息，并将这些信息存入文件指针变量中，称文件指针指向了被打开的文件。关闭文件则是断开文件指针与文件之间的联系,从而禁止再对文件进行任何操作。

10.2.1 文件打开

1. fopen()函数原型

fopen()函数用于打开文件,以下为 fopen()函数原型及调用形式:

> 函数原型:**FILE** * **fopen(char** * **filename, char** * **type);**
> 调用形式:**文件指针变量 = fopen(文件名,文件打开方式);**

fopen()函数的返回值是一个 FILE 类型的指针,第一个实参 filename 是被打开文件的文件名,可包含路径和文件名两部分;第二个实参 type 是文件打开方式,其取值范围如表 10-1 所示。

注意:fopen()函数的两个参数都是字符串。

例如:

```
FILE * fp;
fp = fopen("file1.txt", "r");        //以只读方式打开 file1.txt 文件
```

fopen()函数的第一个参数 "file1.txt" 是文件名字符串,此时未包含路径,默认该文件在工程目录下;第二个参数 "r" 表示 read,即只读模式。如果文件打开成功,返回一个指向该文件信息区起始地址的指针;如果文件打开失败,返回一个空指针 NULL。

如果文件打开需要指定路径,有以下两种写法。

例如:

```
FILE * fp;
fp = fopen("C:\\file1.txt", "r");       //使用双右斜杠
```

或者

```
fp = fopen("C:/file1.txt", "r");        //使用一个左斜杠
```

说明:文件路径不能写成 "C:\myfile\file1.txt",因为字符串中的右斜杠字符需用转义字符 '\\' 来表示。

2. 文件打开方式

表 10-1 为 fopen()函数的第二个参数"文件打开方式"的含义及说明。

表 10-1　fopen()函数的第二个参数"文件打开方式"的含义及说明

文件类别	打开方式	含义及说明
文本文件	"r"	以**只读**方式打开一个文本文件。 如果文件存在,则**从开头读**;如果文件不存在,则会出错
	"w"	以**只写**方式打开一个文本文件。 如果文件存在,则**擦除原文件**所有内容,**从开头写**;如果文件不存在,则新建一个文件
	"a"	以**追加**方式打开一个文本文件。 如果文件存在,则**保留原文件**内容,将文件位置指针移动到文件末尾,**从末尾写**;如果文件不存在,则新建一个文件

续表

文件类别	打开方式	含义及说明
文本文件	"r+"	以**读写**方式打开一个文本文件。 如果文件存在，默认从开头读，一次打开文件也可以进行写操作；如果文件不存在，则会出错
	"w+"	以**读写**方式打开一个文本文件。 如果文件存在，则擦除原文件所有内容，默认从开头写，一次打开文件也可以进行读操作；如果文件不存在，则新建一个文件
	"a+"	以**读写**方式打开一个文本文件。 如果文件存在，则保留原文件内容，默认从末尾写，一次打开文件也可以进行读操作；如果文件不存在，则新建一个文件
二进制文件	"rb"	操作规则同"r"
	"wb"	操作规则同"w"
	"ab"	操作规则同"a"
	"rb+"	操作规则同"r+"
	"wb+"	操作规则同"w+"
	"ab+"	操作规则同"a+"

敲重点：

（1）打开方式"r"（read）表示只读。如果文件存在就从开头读；如果文件不存在则报错。

（2）打开方式"w"（write）表示擦除写。如果文件存在就擦除原文件所有内容，从开头写；如果文件不存在，就新建一个文件。

（3）打开方式"a"（append）表示追加写。如果文件存在就保留原文件内容，从末尾写；如果文件不存在，就新建一个文件。

（4）打开方式带上 b（binary）表示二进制文件。

（5）打开方式带上＋表示既可读、也可写。文件存在与否的处理等同于"r"、"w"、"a"各自的规定。

（6）文件被成功打开后，会有一个属于该文件的文件位置指针指向文件中默认的读写位置，以"r"/"r+"/"rb"/"rb+"、"w"/"w+"/"wb"/"wb+"方式打开文件时，文件位置指针默认指向文件开头，以"a"/"a+"/"ab"/"ab+"方式打开文件时，文件位置指针默认指向文件末尾。

注意区分文件指针和文件位置指针：

（1）文件指针是定义为 FILE 类型的指针变量。用于指向保存文件信息的内存空间，常形象地称文件指针指向打开的文件，借助文件指针可对文件进行读写操作。

（2）文件位置指针是一个形象化的概念，用于表示文件读写的当前位置（好比读书时，眼睛落在书上的位置；或者写字时，笔尖落在纸上的位置）。在文件读写过程中，每读写完一个数据项，文件位置指针自动指向下一个数据项。

3. 文件打开的常见错误

文件打开的常见错误如下。

（1）试图以读方式（带 "r" 或 "rb" 的方式）打开一个不存在的文件。

（2）新建一个文件，而磁盘上没有足够的剩余空间或磁盘被写保护。

（3）试图以写方式（带 "w" 或 "a" 的方式，"r＋" 或 "rb＋" 方式）打开被设置为"只读"属性的文件。

为避免因上述原因造成文件打开失败，进而引起程序运行出错，常用以下方法打开文件，通过检查 fopen() 函数的返回值，确保文件被正常打开后再对其进行读写操作。

```
if ((fp = fopen("C:\\myfile.txt", "r")) == NULL)
{
    printf("Cannot open the file! ");
    exit(0);                          //退出程序
}
...                                   //此处编写文件打开后,对文件读写操作的代码
```

以上代码判断当 fopen() 函数返回空指针（NULL）时，提示用户该文件打开失败，并退出应用程序；否则表示文件打开成功，后续可对其进行读写操作。

10.2.2　文件关闭

文件完成读写操作后，为确保其中的数据不丢失，应使用 fclose() 函数关闭被打开的文件。以下为 fclose() 函数原型及调用形式：

函数原型：fclose(FILE ＊ fp);
调用形式：fclose(文件指针变量);

fopen() 函数的实参是文件指针变量 fp，表示脱离 fp 与被打开文件之间的关联，同时刷新文件的输入输出缓冲区。

注意：文件的打开 fopen() 与关闭 fclose() 应成对出现。

10.3　文件读写函数

文件被成功打开后，就可对其进行读写。读操作是从文件中读取数据到计算机内存（程序）中；写操作是将内存（程序）中的数据写入文件中。

C 语言中提供了多种文件读写函数。

（1）文件的格式化读写函数：fscanf() 和 fprintf()。

（2）文件的字符读写函数：fgetc() 和 fputc()。

（3）文件的字符串读写函数：fgets() 和 fputs()。

（4）文件的数据块读写函数：fread() 和 fwrite()。

通常，根据文本文件和二进制文件的不同性质，可采用不同的读写函数。对文本文件来说，可以按字符读写或按字符串读写；对二进制文件来说，可进行数据块读写或格式化读写。

初学者容易将本节学习的文件输入输出函数与之前学习的键盘输入/屏幕输出函数相混淆，表 10-2 对这些函数进行了比较。

表 10-2　比较文件输入输出函数和键盘输入/屏幕输出函数

比较内容	文件输入输出函数	键盘输入/屏幕输出函数
输入函数	文件输入函数 fscanf( )、fgetc( )、fgets( )、fread( ) 文件（磁盘） —数据→ 程序（内存）	键盘输入函数 scanf( )、getchar( )、gets( ) 键盘 —数据→ 程序（内存）
输出函数	文件输出函数 fprintf( )、fputc( )、fputs( )、fwrite( ) 程序（内存） —数据→ 文件（磁盘）	屏幕输出函数 printf( )、putchar( )、puts( ) 程序（内存） —数据→ 屏幕

10.3.1　文件的格式化读写

1. 格式化输入函数 fscanf( )

以下为 fscanf( )函数原型及调用形式：

> 函数原型：**int fscanf(FILE * fp, char * format, &arg1, &arg2, …, &argn);**
> 调用形式：**fscanf(文件指针变量，格式控制串，地址列表);**

函数功能：从 fp 所指文件中读取数据，存到地址列表的变量中。若读文件错误，则函数返回 EOF(EOF 是在头文件 stdio.h 中定义的符号常量，其值为 −1)。

注意区分 fscanf( )和 scanf( )函数，前者从文件读取格式化数据，后者从键盘输入格式化数据。

例如：

```
fscanf(fp, "%d", &x);
```

表示从 fp 所指文件中读取一个整数，存到变量 x 中。

【例 10.1】　创建文件 D：\test\file1.txt，在其中存入一名学生的数据（包括学号、姓名、性别、三门课成绩），编程从文件中读取学生数据，并输出到屏幕上。

fscanf( )
函数

```
1.  # include <stdio.h>
2.  # include <stdlib.h>
3.  int main()
4.  {
5.      char num[10], name[20], gender;
6.      int s[3];
7.      FILE * fp;
8.      if ((fp = fopen("D:\\test\\file1.txt", "r")) == NULL)
                                            //以只读方式打开文本文件
9.      {
10.         printf("无法打开文件!\n");
11.         exit(0);
12.     }
13.     fscanf(fp, "%s %s %c %d %d %d", num, name, &gender, &s[0], &s[1], &s[2]);
14.     fclose(fp);
15.     printf("%-10s%-10s%-8s%s\n", "学号", "姓名", "性别", "三门课成绩");
16.     printf("%-10s%-10s%-8c%d  %d  %d\n", num, name, gender, s[0], s[1],
    s[2]);
```

```
17.     return 0;
18.  }
```

D:\test\file1.txt 文件的内容：　　　　　　程序运行结果：

file1.txt - 记事本
文件(F) 编辑(E) 格式(O) 查看(V) 帮助(H)
001 ZhaoLei M 78 80 83

学号	姓名	性别	三门课成绩		
001	ZhaoLei	M	78	80	83

分析：程序第 8 行为打开文本文件，程序第 13 行为格式化读文件，程序第 14 行为关闭文件。

注意：以 "r" 方式打开文件，必须是一个已经存在的文件，否则打开不成功。

2. 格式化输出函数 fprintf()

以下为 fprintf() 函数原型及调用形式：

函数原型：int fprintf(FILE * fp, char * format, arg1, arg2, …, argn);
调用形式：fprintf(文件指针变量，格式控制串，输出项列表);

函数功能：将输出项列表的数据，按控制格式写到 fp 所指文件中。若函数调用成功则返回实际写入文件的字节数，若函数调用错误则返回一个负数。

注意区分 fprintf() 和 printf() 函数，前者将格式化数据写入文件，后者将格式化数据输出到屏幕。

例如：

```
fprintf(fp, "%f", 1.23);
```

表示将实数 1.23 写到 fp 所指文件中。

【例 10.2】　随机产生 20 个 [0，49] 中的整数，将这些数写入文件 D:\test\file2.txt 中。

fprintf() 函数

```
1.  #include <stdio.h>
2.  #include <stdlib.h>
3.  int main()
4.  {
5.      FILE * fp;
6.      int a[20], i;
7.      printf("随机产生的 20 个 [0, 49] 中的整数：\n");
8.      for(i=0; i<20; i++)
9.      {
10.         a[i] = rand() % 50;          //产生 [0, 49] 中的随机数
11.         printf("%d  ", a[i]);
12.     }
13.     if ((fp = fopen("D:\\test\\file2.txt", "w")) == NULL)
                                    //以只写方式打开文本文件
14.     {
15.         printf("无法打开文件!\n");
16.         exit(0);
17.     }
18.     for(i=0; i<20; i++)
19.     {
```

```
20.         fprintf(fp, "%d ", a[i]);        //格式化写文件,数据之间加空格
21.     }
22.     fclose(fp);                          //关闭文件
23.     return 0;
24. }
```

程序运行结果：

```
随机产生的20个[0,49]中的整数:
41   17   34   0   19   24   28   8   12   14   5   45   31   27   11   41   45   42   27   36
```

D:\test\file2.txt 文件的内容：

```
file2.txt - 记事本
文件(F) 编辑(E) 格式(O) 查看(V) 帮助(H)
41 17 34 0 19 24 28 8 12 14 5 45 31 27 11 41 45 42 27 36
```

注意：以 "w" 方式打开文件，如果文件不存在则新建一个文件；如果文件存在则擦除文件已有内容，然后从开头写。

10.3.2　文件的字符读写

1. 字符输入函数 fgetc()

以下为 fgetc()函数原型及调用形式：

```
函数原型:int fgetc(FILE * fp);
调用形式:字符变量 = fgetc(文件指针变量);
```

函数功能：从 fp 所指向的文件中读取一个字符作为函数返回值；如果读文件错误则返回 EOF。

注意区分 fgetc() 和 getchar()函数，前者从文件读取字符，后者从键盘输入字符。

例如：

```
c = fgetc(fp);
```

表示从 fp 所指文件中读取一个字符，赋给变量 c。

2. 字符输出函数 fputc()

以下为 fputc()函数原型及调用形式：

```
函数原型:char fputc(char ch,  FILE * fp);
调用形式:fputc(字符,文件指针变量);
```

函数功能：向 fp 所指文件输出一个字符。该函数也有返回值，如果写文件成功就返回输出的字符，否则返回 EOF 表示写操作失败，但一般不关心该函数的返回值。

注意区分 fputc()和 putchar()函数，前者是将字符写入文件，后者是将字符输出到屏幕。

例如：

```
fputc('A', fp);
```

表示将字符 'A' 输出到 fp 所指文件中。

【例 10.3】 使用文件的字符读写函数将 D:\test\file3_1.txt 文件的内容复制到 D:\test\file3_2.txt 文件中。

fgetc( )、
fputc( )
函数

```
1.  #include <stdio.h>
2.  #include <stdlib.h>
3.  int main()
4.  {
5.      FILE * fp1, * fp2;
6.      char x;
7.      if((fp1 = fopen("D:\\test\\file3_1.txt", "r")) == NULL || (fp2 = fopen
    ("D:\\test\\file3_2.txt", "w")) == NULL)  //打开文件 file3_1.txt 和 file3_2.txt
8.      {
9.          printf("无法打开文件 1!\n");
10.         exit(0);
11.     }
12.     while((x = fgetc(fp1)) != EOF) //读文件 file3_1.txt,每次循环读取一个字符
13.     {
14.         fputc(x, fp2);              //将读取的字符写入文件 file3_2.txt
15.         putchar(x);                //将读取的字符同时显示到屏幕
16.     }
17.     fclose(fp1);                   //关闭文件 file3_1.txt
18.     fclose(fp2);                   //关闭文件 file3_2.txt
19.     return 0;
20. }
```

D:\test\file3_1.txt 文件的内容: D:\test\file3_2.txt 文件的内容: 程序运行结果:

file3_2.txt - 记事本	file3_1.txt - 记事本	
文件(F) 编辑(E) 格式(O) 查看(V) 帮助(H)	文件(F) 编辑(E) 格式(O) 查看(V) 帮助(H)	床前明月光，疑是地上霜。
床前明月光，疑是地上霜。 举头望明月，低头思故乡。	床前明月光，疑是地上霜。 举头望明月，低头思故乡。	举头望明月，低头思故乡。

说明:从运行结果可知,源文件 file3_1.txt 的内容被成功复制到了目标文件 file3_2.txt 中。

10.3.3 文件的字符串读写

1. 字符串输入函数 fgets( )

以下为 fgets( )函数原型及调用形式:

```
函数原型:char * fgets(char * string, int n, FILE * fp);
调用形式:fgets(字符数组名或字符指针变量, n, 文件指针变量);
```

函数功能:从文件中读取若干字符直到遇见回车符或 EOF 为止,或直到读入了所限定的字符数(至多 n−1 个字符)为止,末尾自动添加 '\0',将读入的字符串放到字符数组中。读操作成功返回字符指针,失败返回空指针 NULL。

注意区分 fgets( ) 和 gets( )函数,前者从文件读取字符串,后者从键盘输入字符串。

例如:

```
fgets(str, n, fp);
```

表示从 fp 所指文件中读取长度不超过 n−1 个字符，末尾添加 '\0'，放到数组 str 中。

2. 字符串输出函数 fputs()

以下为 fputs() 函数原型及调用形式：

> 函数原型：**int fputs(char * string, FILE * fp);**
> 调用形式：**fputs(字符数组名或字符指针变量, 文件指针变量);**

函数功能：将字符数组中的字符串，或字符指针所指字符串写到 fp 所指文件中。该函数也有返回值，如果写操作成功，返回一个非负数；若出错，返回 EOF。

注意区分 fputs() 和 puts() 函数，前者将字符串输出到文件，后者将字符串输出到屏幕。

例如：

> fputs("China", fp);

表示将字符串 "China" 输出到 fp 所指文件中。

【例 10.4】 从键盘输入字符串，追加到 D:\test\file4.txt 文件末尾（注意：追加新字符串不能影响文件已有内容），然后读取文件的内容显示在屏幕上。

思路：按题意应对文件先写后读，第一次以 "a" 方式打开文件，调用 fputs() 函数在文件末尾追加写字符串；第二次以 "r" 方式打开文件，调用 fgets() 函数从文件开头读字符串，fgets() 函数要求提供读字符的数量，该数值即文件末尾距离开头的字节数，可调用 ftell() 函数获取。ftell() 函数的使用见 10.4.2 节。

fgets()、
fputs()
函数

```
1.  #include <stdio.h>
2.  int main()
3.  {
4.      FILE * fp;
5.      char x[50], y[50];
6.      int len;
7.      printf("请输入一个字符串,添加到文件末尾:");
8.      gets(x);                                    //从键盘输入字符串
9.      fp = fopen("D:\\test\\file4.txt", "a");     //以追加写方式第一次打开文件
10.     fputs(x, fp);                               //在文件末尾追加写字符串
11.     len = ftell(fp);                            //获取文件存储的总字符数
12.     fclose(fp);
13.     fp = fopen("D:\\test\\file4.txt", "r");     //以只读方式第二次打开文件
14.     fgets(y, len + 1, fp);                      //读取文件存储的所有字符
15.     fclose(fp);
16.     printf("文件中存储的内容:%s\n", y);
17.     return 0;
18. }
```

第一次程序运行结果：

> 请输入一个字符串，添加到文件末尾：
> Hello everyone!
>
> 文件中存储的内容：
> Hello everyone!

第一次程序运行后的文件内容：

> 📄 file4.txt - 记事本
> 文件(F) 编辑(E) 格式(O) 查看(V) 帮助(H)
> Hello everyone!

第二次程序运行结果：　　　　　　　　　　第二次程序运行后的文件内容：

请输入一个字符串，添加到文件末尾：
Let's learn C language.

文件中存储的内容：
Hello everyone!Let's learn C language.

file4.txt - 记事本
文件(F) 编辑(E) 格式(O) 查看(V) 帮助(H)
Hello everyone!Let's learn C language.

分析：

（1）程序第 9～12 行为第一次打开文件，在末尾进行追加写操作。写操作完成后，文件位置指针位于文件末尾，此时调用 ftell() 函数可获得文件长度，即文件中存储字符的总数。

（2）程序第 13～15 行为第二次打开文件，从开头进行读操作。读取字符个数为刚才调用 ftell() 函数的返回值，可控制将文件存储的所有字符一次性全部读出。

10.3.4　文件的数据块读写

1. 数据块读函数 fread()

fread() 函数可从文件批量读取数据，以下为 fread() 函数原型及调用形式：

函数原型：**fread(void * pt, unsigned size, unsigned n, FILE * fp);**
调用形式：**fread(buffer, size, count, fp);**

函数功能：从 fp 所指文件读取 count 个数据块，每个数据块大小为 size，将读取的数据存入 buffer 所指内存空间里。

其中，buffer 是指针，可以是数组名，代表数据存储在内存中的起始地址；size 是每个数据块字节数；count 是数据块个数；fp 是文件指针变量。

例如：

```
fread(x, sizeof(STU), 10, fp);
```

表示从 fp 所指文件读取 10 个 STU 型数据块（STU 可能是结构体类型）存入数组 x 中。

2. 数据块写函数 fwrite()

fwrite() 函数用于向文件批量写入数据，以下为 fwrite() 函数原型及调用形式：

函数原型：**fwrite(void * pt, unsigned size, unsigned n, FILE * fp);**
调用形式：**fwrite(buffer, size, count, fp);**

函数功能：向 fp 所指文件中写入 count 个数据块，每个数据块字节数为 size，数据在内存中的首地址是 buffer。

例如：

```
fwrite(x, sizeof(STU), N, fp);
```

将数组 x 中的 N 个大小为 sizeof(STU) 的数据块写入 fp 所指文件中。

【例 10.5】　定义学生结构体数组，存储 5 名学生的数据（包含学号、姓名、三门课成绩），将这些数据存入 D:\test\file5.dat 文件中，再从该文件读取学生数据并显示在屏幕上。

fread()、
fwrite()
函数

```
1.  #include <stdio.h>
2.  #include <stdlib.h>
3.  #define  N  5
4.  typedef struct student
5.  {
6.      char num[20];
7.      char name[20];
8.      int score[3];
9.  }STU;
10. int main()
11. {
12.     STU a[N] = {{"10001", "张凯", {95, 80, 88}}, {"10002", "李乡", {85, 70, 78}},
13.                 {"10003", "曹佳", {75, 60, 88}}, {"10004", "方瑜", {90, 82, 87}},
14.                 {"10005", "马超", {91, 92, 77}}},  b[N];
15.     FILE * fp;
16.     int i;
17.     if((fp = fopen("D:\\test\\file5.dat", "wb+")) == NULL)
                                            //以读写方式打开二进制文件
18.     {
19.         printf("无法打开文件!");
20.         exit(0);
21.     }
22.     fwrite(a, sizeof(STU), N, fp);          //将数组 a 中的学生数据写入文件中
23.     rewind(fp);                             //设置文件位置指针
24.     fread(b, sizeof(STU), N, fp);           //从文件读出学生数据放到数组 b 中
25.     fclose(fp);
26.     printf("从文件读入的 5 名学生数据：\n");
27.     printf("%-10s%-10s%s\n", "学号", "姓名", "三门课成绩");
28.     for(i=0; i<5; i++)                      //输出数组 b 中的学生数据
29.     {
30.         printf("%-10s%-10s%-5d%-5d%-5d\n", b[i].num, b[i].name, b[i].
    score[0], b[i].score[1], b[i].score[2]);
31.     }
32.     return 0;
33. }
```

程序运行结果：

```
从文件读入的5名学生数据:
学号        姓名        三门课成绩
10001      张凯         95    80    88
10002      李乡         85    70    78
10003      曹佳         75    60    88
10004      方瑜         90    82    87
10005      马超         91    92    77
```

分析：

（1）程序第 22 行"fwrite(a, sizeof(STU)，N，fp)；"将数组 a 中的数据写入 fp 所指文件中，这些数据被分为 N 个数据块，每个数据块大小为 sizeof(STU)字节。

（2）程序第 23 行"rewind(fp)；"将文件位置指针指向文件开头。fwrite()函数调用结束时文件位置指针指向文件末尾，接下来要从文件开头读，因此重新设置文件位置指针。

（3）程序第 24 行"fread(b, sizeof(STU)，N，fp)；"从 fp 所指文件中读取 N 个数据

块,每个数据块大小为 sizeof(STU)字节,将读取的数据块放到数组 b 中。

(4) 该程序创建的 D:\test\file5.dat 为二进制文件,用记事本打开后无法看懂文件内容,这里不对文件内容进行截图,读者可自行运行程序查看效果。

10.3.5　文件结束判断

文本文件的结束标志是 EOF(其值为−1),但是二进制文件没有 EOF 的结束标志。因此,对于二进制文件,只能使用系统提供的 feof()函数判断文件是否结束。

以下为 feof()函数原型及调用形式:

函数原型:int feof(FILE ∗ fp);
调用形式:x = feof(文件指针变量);

函数功能:判断如果文件没有结束就返回 0,结束就返回非 0 值。

对于二进制文件,判断文件是否结束的方法如下:

```
while(!feof(fp))
{
    ...                              //此处为文件读写操作的语句
}
```

说明:文本文件也可按以上形式使用 feof()函数来判断文件是否结束。

10.4　文件的定位

文件读写分为顺序读写和随机读写,前面介绍的文件操作属于顺序读写,是指将文件的数据项一个接一个地读取或写入。例如,要读取文件的第 10 个数据项,使用顺序读写就必须先读取前面 9 个数据项,才能读取第 10 个数据项。每个数据项的读写都伴随着文件位置指针的移动,如果能将文件位置指针定位到被读写的位置,则可实现随机读写。

C 语言提供了一组对文件位置指针操作的函数,可定位文件位置指针,或者获取文件位置指针的当前值,从而实现对文件的随机读写。

10.4.1　文件定位函数

文件定位函数 fseek()可设置文件位置指针到指定的位置,便于对文件进行随机读写。

以下为 fseek()函数原型及调用形式:

函数原型:int fseek(FILE ∗ fp,　long offset,　int base);
调用形式:fseek(fp, offset, base);

函数功能:函数操作成功时返回 0,失败时返回非 0。其中,fp 是文件指针变量;offset 是位移量,要求长整型数据(正数表示向后移动文件位置指针,负数表示向前移动文件位置指针);base 是位移的起始点。

base 有以下取值。

（1）SEEK_SET（或数值 0）：表示文件开头。

（2）SEEK_CUR（或数值 1）：表示文件位置指针的当前位置。

（3）SEEK_END（或数值 2）：表示文件末尾。

举例：

```
fseek(fp, 50L, SEEK_SET);        //定位文件位置指针到距离文件开头后移 50B 的位置
fseek(fp, 2L, SEEK_CUR);         //定位文件位置指针到距离当前位置后移 2B 的位置
fseek(fp,-2L, SEEK_END);         //定位文件位置指针到距离文件末尾前移 2B 的位置
```

其中，数字后加 L 表示位移量是 long 型。

10.4.2　获取位置函数

获取位置函数 ftell() 可返回文件位置指针的当前位置，即当前位置距离文件开头的字节数。当文件位置指针位于文件末尾时，ftell() 的返回值即为文件大小。

以下为 ftell() 函数原型及调用形式：

函数原型：long ftell(FILE * fp);
调用形式：len = ftell(文件指针变量);

函数功能：返回文件位置指针的当前值，这个值是从文件开头算起，到当前读写位置的字节数，返回值为一个长整数。当返回 -1 时，表示出现错误。

【例 10.6】　读取 D:\test\file6.txt 文件中的第二个字符和倒数第二个字符，并在每次读取字符后，显示文件位置指针的当前位置。

fseek()、
ftell()
函数

```
1.   #include <stdio.h>
2.   #include <stdlib.h>
3.   int main()
4.   {
5.       FILE * fp;
6.       char c1, c2;
7.       long len1, len2;
8.       if((fp = fopen("D:\\test\\file6.txt", "r"))==NULL)
9.       {
10.          printf("无法打开文件!");
11.          exit(0);
12.      }
13.      fseek(fp, 1, SEEK_SET);          //设置文件位置指针指向第二个字符
14.      c1 = fgetc(fp);                  //读取第二个字符
15.      len1 = ftell(fp);                //获取文件位置指针的当前位置
16.      printf("文件存储的第二个字符:%c,文件位置指针距离文件开头:%ldB\n", c1,
         len1);
17.      fseek(fp, -2, SEEK_END);         //设置文件位置指针指向倒数第二个字符
18.      c2 = fgetc(fp);                  //读取倒数第二个字符
19.      len2 = ftell(fp);                //获取文件位置指针的当前位置
20.      printf("文件存储的倒数第二个字符:%c,文件位置指针距离文件开头:%ldB\n",
         c2, len2);
21.      fclose(fp);
22.      return 0;
23. }
```

D:\file6.txt 文件的内容：　　程序运行结果：

```
📄file6.txt - 记事本
文件(F) 编辑(E) 格式(O) 查看(V)
abcdefghijk
```

```
文件存储的第二个字符：b，文件位置指针距离文件开头：2B
文件存储的倒数第二个字符：j，文件位置指针距离文件开头：10B
```

分析：

(1) 程序第 13～15 行为读取文件存储的第二个字符 'b'，然后获取文件位置指针距离文件开头 2B。

(2) 程序第 17～19 行为读取文件存储的倒数第二个字符 'j'，然后获取文件位置指针距离文件开头 10B。

10.4.3　反绕函数

反绕函数 rewind() 用于把文件位置指针定位到文件开头，该函数又称反绕函数。

以下为 rewind() 函数原型及调用形式：

> 函数原型：**void rewind(FILE * fp);**
> 调用形式：**rewind(文件指针变量);**

例如：

> rewind(fp);　　　　　　等价于　　　　　　fseek(fp, 0, SEEK_SET);

【例 10.7】　文件打开方式选用 "a+"，D:\test\file4.txt 文件仅打开一次，完成与例 10.4 相同的功能。

思路：文件打开方式 "a+" 表示一次打开文件可同时进行读写操作。先调用 fputs() 函数在文件末尾追加写字符串，然后调用 rewind() 函数将文件位置指针定位到文件开头，再调用 fgetc() 函数逐一读取文件中的字符，直到文件结束，此过程中调用 feof() 函数判断文件是否结束，以确定文件中存储的字符是否被全部读取。

```
1.   #include <stdio.h>
2.   #include <stdlib.h>
3.   int main()
4.   {
5.       FILE * fp;
6.       char str[50];
7.       int i = 0;
8.       printf("请输入一个字符串,添加到文件中:\n");
9.       gets(str);                          //(1) 从键盘输入字符串
10.      if((fp = fopen("D:\\test\\file4.txt", "a+")) == NULL)
                                             //(2) 以"a+"方式打开文件
11.      {
12.          printf("无法打开文件!\n");
13.          exit(0);
14.      }
15.      fputs(str, fp);                     //(3) 在文件末尾追加写字符串
16.      rewind(fp);                         //(4) 定位文件位置指针到文件开头
17.      while(!feof(fp))                    //(5) 判断文件是否结束
18.      {
19.          str[i++] = fgetc(fp);          //(6) 逐一读取文件中的字符
```

rewind()、
feof()
函数

```
20.      }
21.      str[i] = '\0';
22.      fclose(fp);
23.      printf("\n 文件中存储的内容是:\n");
24.      puts(str);                                    //(7) 将读取的文件内容显示到屏幕上
25.      return 0;
26. }
```

10.5　文件综合实例

【例 10.8】　设计一个简易打字练习程序,在工程目录下预先存放了五个练习打字的文件,选择并打开其中一个文件,按照文件内容练习打字。要求计算打字用时、统计输入的字符总数、正确的字符数和错误的字符数。

简易打字
练习程序

```
1.  #include <stdio.h>
2.  #include <stdlib.h>
3.  #include <string.h>
4.  #include <time.h>
5.  #include <direct.h>
6.  char buf[20];
7.  #define  FILENAME(path, n)  sprintf(buf, "%s\\%d.txt", path, n)
8.
9.  void print Practise()
10. {
11.     FILE * fp;
12.     char r[500], w[500], ch;
13.     int i = 0, j = 0, right = 0, wrong = 0;
14.     time_t now;
15.     long begin, end, t;
16.     if((fp = fopen(buf, "r")) == NULL)              //以只读方式打开文件
17.     {
18.         printf("无法打开文件!\n");
19.         exit(0);
20.     }
21.     while((r[i] = fgetc(fp)) != EOF)                //读取文件中的所有内容
22.         i++;
23.     r[i] = 0;
24.     puts(r);                                        //将文件内容显示在屏幕上
25.     fclose(fp);
26.     printf("\n 打字练习开始,按任意键继续...\n");
27.     ch = getchar();
28.     begin = time(NULL);      //获取 1970 年 1 月 1 日 0 时 0 分 0 秒到当前时刻的秒数
29.     time(&now);                                     //获取打字开始的时间
30.     printf("打字开始:%s\n", ctime(&now));           //显示打字开始的时间
31.     while((w[j] = getchar()) != '\n')              //用户输入字符,直到输入换行符
32.         j++;
33.     w[j] = 0;
34.     end = time(NULL);        //获取 1970 年 1 月 1 日 0 时 0 分 0 秒到当前时刻的秒数
35.     time(&now);                                     //获取打字结束的时间
36.     printf("\n 打字结束:%s\n", ctime(&now));        //显示打字结束的时间
```

```
37.        t = end - begin;                            //计算打字用时
38.        printf("打字用时:%ld 秒\n", t);
39.        printf("输入字符数:%d 个\n", j);
40.        for(i = 0; i < j; i++)                       //统计正确和错误的字符数
41.        {
42.            if(r[i] == w[i])
43.                right++;
44.            else
45.                wrong++;
46.        }
47.        printf("正确字符数:%d 个\n", right);
48.        printf("错误字符数:%d 个\n", wrong);
49. }
50.
51. int main()
52. {
53.        int n;
54.        char path[100];
55.        printf("请选择需要进行打字练习的文件序号 1~5:");
56.        scanf("%d", &n);
57.        getcwd(path, 100);
58.        FILENAME(path, n);
59.        printPractise();
60.        return 0;
61. }
```

1.txt 文件内容: 程序运行结果:

分析:

(1) 程序第 7 行 #define FILENAME(path, n)   sprintf(buf, "%s\\%d.txt", path, n) 为带参数的宏定义,将工程路径和选中序号的文件名合并为文件目录。

(2) 程序第 28 行调用 time() 函数,函数原型为 time_t time(time_t * t),作用是返回 1970 年 1 月 1 日 0 时 0 分 0 秒到现在所经历的秒数。如果 t 为非空指针,函数还会将返回值存放到 t 所指存储空间里;如果 t 为 NULL,则函数仅通过返回值返回秒数。头文件为 time.h。

(3) 程序第 30 行调用 ctime() 函数,函数原型为 char * ctime(const time_t * timep),作用是将参数 timep 所指的 time_t 类型中的信息转换为时间日期格式,并将结果以字符串形式返回。头文件为 time.h。

（4）程序第 57 行调用 getcwd()函数，函数原型为 char * getcwd(char * buffer，int maxlen)，作用是获取当前工作目录的绝对路径，得到的路径中包含盘符。头文件为 direct.h。

第 10 章知识点总结

10.6　本章小结

1. 文件概述

（1）文件的概念。

一般指存在外部介质上数据的集合。C 语言把每个文件都当作一个有序的字节流，按字节进行处理。

（2）文件的分类。

按文件中数据的组织形式可分为文本文件和二进制文件。

（3）文件指针的概念。

在 C 语言中，定义 FILE 结构体类型的指针变量存储被打开文件的信息，称为文件指针。通过文件指针实现用户程序与文件的关联，以及对文件的各种操作。

（4）区分文件指针与文件位置指针。

文件指针是一个真实的指针变量，定义为 FILE 类型，fopen()函数返回 FILE 类型的指针，将文件指针与某个文件建立联系，而后对文件的操作就是通过文件指针来完成的。

文件位置指针是一个抽象的概念，用于表示文件读写的当前位置，文件位置指针不需要定义。

（5）文件操作的步骤。

文件操作分为三个步骤：打开文件、读写文件、关闭文件。

2. 常用文件处理函数

C 语言使用库函数实现对文件的操作，常用文件处理函数如表 10-3 所示。

表 10-3　常用文件处理函数

类别	函　数　名	功　　　能
文件打开	fopen()	打开文件
文件关闭	fclose()	关闭文件
文件读写	fscanf()、fprintf() fgetc()、fputc() fgets()、fputs() fread()、fwrite()	文件的格式化读写函数 文件的字符读写函数 文件的字符串读写函数 文件的数据块读写函数
文件定位	fseek() ftell() rewind()	定位文件位置指针到指定位置 返回文件位置指针的当前位置（距离文件开头的字节数） 定位文件位置指针到文件开头
文件状态	feof()	判断文件是否结束，其中二进制文件必须使用该函数判断结束

10.7 习　　题

一、选择题

1. 将一个整数 10001 存入文件,以 ASCII 码和二进制形式存储,占用字节数是( )。

　　A. 2B 和 2B　　　　　B. 2B 和 5B　　　　　C. 5B 和 2B　　　　　D. 5B 和 5B

2. 关于文件的打开方式,下列说法正确的是( )。

　　A. 以 "r+" 方式打开的文件只能用于读

　　B. 不能试图以 "w" 方式打开一个不存在的文件

　　C. 若以 "a" 方式打开一个不存在的文件,则会报错

　　D. 以 "w" 或 "a" 的方式打开文件时,可以对该文件进行写操作

3. 要在 C:\MyDir 目录下新建一个 MyFile.txt 文件用于写,正确的 C 语句是( )。

　　A. FILE * fp = fopen("C:\MyDir\Myfile.txt", "w");

　　B. FILE * fp;　　fp = fopen("C:\\MyDir\\MyFile.txt", "w");

　　C. FILE * fp;　　fp = fopen("C:\MyDir\MyFile.txt", "w");

　　D. FILE * fp = fopen("C:\\MyDir\\MyFile.txt", "r");

4. C 语言中,下列说法不正确的是( )。

　　A. 顺序读写中,读多少字节,文件读写位置指针相应也向后移动多少字节

　　B. 要实现随机读写,必须借助文件定位函数,把文件读写位置指针定位到指定的位置,再进行读写

　　C. fputc()函数可以从指定的文件读入一个字符,fgetc()函数可以把一个字符写到指定的文件中

　　D. 格式化写函数 fprintf()中格式化的规定与 printf()函数相同,所不同的只是 fprintf()函数是向文件中写入,而 printf()函数是向屏幕输出

5. 下列可以将 fp 所指文件中的内容全部读出的是( )。

　　A. ch = fgetc(fp);

　　　　while(ch == EOF) ch = fgetc(fp);

　　B. while(! feof(fp)) ch = fgetc(fp);

　　C. while(ch != EOF)　ch = fgetc(fp);

　　D. while(feof(fp))　ch = fgetc(fp);

6. 以下与函数 fseek(fp, 0L, SEEK_SET)有相同作用的是( )。

　　A. feof(fp)　　　　　B. ftell(fp)　　　　　C. fgetc(fp)　　　　　D. rewind(fp)

7. 以下程序执行后,abc.dat 文件的内容是( )。

```
#include <stdio.h>
int main()
{
    FILE * pf;
    char * s1 = "China", * s2 = "Beijing";
    pf = fopen("abc.dat", "wb+");
    fwrite(s2, 7, 1, pf);
```

```
    rewind(pf);                                    //文件位置指针回到文件开头
    fwrite(s1, 5, 1, pf);
    fclose(pf);
    return 0;
}
```

    A. China   B. Chinang   C. ChinaBeijing   D. BeijingChina

8. 下面程序运行后的结果是（　　）。

```
#include <stdio.h>
int main()
{
    FILE * fp;
    int i, m = 9;
    fp = fopen("d:\\test.txt", "w");
    for(i=1; i<5; i++)
        fprintf(fp, "%d", i);
    fclose(fp);
    fp = fopen("d:\\test.txt", "r");
    fscanf(fp, "%d", &m);
    fclose(fp);
    printf("m=%d\n", m);
    return 0;
}
```

    A. m＝1   B. m＝9   C. m＝1234   D. m＝12345

9. 若 fp 是指向某文件的指针，且已读到此文件末尾，则库函数 feof(fp) 的返回值是
（　　）。

    A. EOF   B. 0   C. 非 0 值   D. NULL

10. 若文本文件 filea.txt 原有内容为 hello，运行以下程序，文件 filea.txt 的内容为
（　　）。

```
#include <stdio.h>
int main()
{
    FILE * f;
    f = fopen("filea.txt", "w");
    fprintf(f, "%s", "abc");
    fclose(f);
    return 0;
}
```

    A. helloabc   B. abclo   C. abc   D. abchello

二、填空题

1. 在 C 语言中，根据数据的存储方式，可将文件分为　①　和　②　。

2. 在 C 语言中，打开文件的函数是　①　，关闭文件的函数是　②　。

3. 按指定格式输出数据到文件中的函数是　①　，按指定格式从文件读取数据的函数是　②　，判断文件位置指针是否指到文件末尾的函数是　③　。

4. 输出一个数据块到文件的函数是　①　，从文件读取一个数据块的函数是　②　。

输出一个字符串到文件的函数是　③　,从文件读取一个字符串的函数是　④　。

5. foef()函数用于判断文件是否结束,如果遇到文件结束,函数返回值为　①　,否则为　②　。

三、编程题

1. 声明一个结构体类型,其中包含姓名和出生日期两个成员(都是字符串)。输入 3 位家人的姓名和出生日期,调用 fwrite()函数,将这些信息写入二进制文件 D:\my\family.dat 中。调用 fread()函数,读取文件中的记录,并显示到终端屏幕上。

2. 修改二进制文件 D:\my\family.dat 的第三条记录,再通过 fread()函数读取文件的全部记录,并显示在终端屏幕上。

3. 通过文本编辑器(如记事本)在 D 盘根目录下建立一个文件,并写入一串大小写英文字母,调用相关函数,读取文件内容,并显示在终端屏幕上。

4. 输入 5 个用户名和密码,用户名为 20 个字符以内的字符串,密码为 6 个字符的定长字符串。新建一个文件,将用户名和密码以结构体的形式存入文件,要求密码存放时将每个字符的 ASCII 码加 1,进行简单的加密处理。

第 11 章

位 运 算

计算机处理的各种信息,包括数据、文字、声音、图像等都是以二进制形式存储的,位运算是指对二进制位的运算。正因为 C 语言支持位运算,才使得它有别于其他语言,既具有高级语言的特点,又具有低级语言的功能。C 语言可以直接操作硬件,编写操作系统、编译器、加密程序、检测与控制程序等一些需要高速执行和高效利用存储空间的程序。

内容导读:

- 掌握六种位运算符:&、|、^、~、<<、>>。
- 了解各种位运算符的应用场合。

11.1 位 运 算 符

11.1.1 为什么需要位运算

例如,在数据传输过程中,计算机 A 要将一个字节的二进制数 10101110 以串行方式传送给计算机 B,计算机 B 接收到数据后,如何判断接收到的数据与发送的数据是否一致。即判断传输过程是否正确。这就要使用校验机制,一种简单的校验机制是奇偶校验法,即计算机 A 在发送 10101110 的同时添加一位(bit)的校验位,该校验位是将 10101110 中的每个二进制位相异或后得到的值。计算机 B 接收到数据后,也在内部用相同的方法计算一个校验位,然后对比自行计算的校验位与接收到的校验位是否吻合。如果吻合则表示数据传输正确,否则表示错误。产生校验位的异或运算如何实现呢? 对二进制数还有其他哪些运算? 带着这些问题进行本章的学习。

11.1.2 位运算符分类

位运算是指对二进制位进行的运算。在计算机进行检测和控制的领域里,经常需要对二进制位进行处理。C 语言提供了位运算的功能,使得它可以直接操作硬件,与其他高级语言相比,具有很大的优越性。C 语言提供六种位运算符,如表 11-1 所示。

表 11-1　C语言提供的位运算符

类　型	位运算符	含　义	操作数个数	结合方向
按位逻辑运算	&	按位与	2(双目)	自左向右
	|	按位或	2(双目)	自左向右
	^	按位异或	2(双目)	自左向右
	~	按位取反	1(单目)	自右向左
移位运算	<<	按位左移	2(双目)	自左向右
	>>	按位右移	2(双目)	自左向右

说明：

（1）C语言的位运算对象只能是整型或字符型数据，不能是其他类型的数据。

（2）在这六种位运算符中，按位取反～是单目运算符，只有一个运算对象；其他均为双目运算符，有两个运算对象。

（3）两个不同长度的数据进行位运算时，系统会将二者按右端对齐。

以上各双目位运算符与赋值运算符结合，可组成复合赋值运算符，如表 11-2 所示。

表 11-2　扩展的复合赋值运算符

复合赋值运算符	表达式举例	等价的表达式
&=	a &= b	a = a & b
|=	a |= b	a = a | b
^=	a ^= b	a = a ^ b
<<=	a <<= n	a = a << n
>>=	a >>= n	a = a >> n

11.1.3　按位逻辑运算

1. 按位与运算

& 是双目运算符，其运算规则：如果两个操作数都为 1，则相与结果为 1；如果两个操作数中有一个为 0，则相与结果为 0。具体如下：

```
0 & 0 = 0        0 & 1 = 0        1 & 0 = 0        1 & 1 = 1
```

例如，求整数 29、195 按位与的结果，计算过程如下。

```
  0001 1101  ── 十进制29，即十六进制 0x1d
& 1100 0011  ── 十进制195，即十六进制 0xc3
  0000 0001  ── 十进制1，即十六进制 0x01
```

特别地，利用按位与运算符（&）可以实现以下功能。

（1）数据位和 0 相与，可以将该位清 0。

（2）数据位和 1 相与，不会改变该位的值，即保留原值。

【例 11.1】　使用按位与运算符，屏蔽数据的指定位（即清 0），其余位保留。

```
1.  #include <stdio.h>
```

按位与
运算

```
2.  int main()
3.  {
4.      unsigned char a = 0x37, b;
5.      b = a & 0xF0;
6.      printf("原数:%#x\n", a);
7.      printf("高 4 位保留,低 4 位屏蔽后的结果:%#x\n", b);
8.      return 0;
9.  }
```

程序运行结果：

```
原数：0x37
高4位保留，低4位屏蔽后的结果：0x30
```

分析：

（1）变量 a 定义为 unsigned char 型，占 1B。

（2）程序第 5 行"b = a & 0xF0;"将变量 a 的高 4 位均与 1 相与，低 4 位均与 0 相与，结果为变量 a 的高 4 位保持不变，低 4 位清 0。

2. 按位或运算

|是双目运算符，其运算规则：如果两个操作数都为 0，则相或结果为 0；如果两个操作数中有一个为 1，则相或结果为 1。具体如下：

0 | 0 = 0	0 | 1 = 1	1 | 0 = 1	1 | 1 = 1

例如，求整数 29、195 按位或的结果，计算过程如下。

```
    0001 1101  ──→ 十进制29，即十六进制0x1d
  | 1100 0011  ──→ 十进制195，即十六进制0xc3
    1101 1111  ──→ 十进制223，即十六进制0xdf
```

特别地，利用按位或运算符（|）可以实现以下功能。

（1）数据位和 1 相或，可以将该位置 1。

（2）数据位和 0 相或，不会改变该位的值，即保留原值。

【例 11.2】　使用按位或运算符，将数据的指定位置 1，其余位保留。

按位或运算

```
1.  #include <stdio.h>
2.  int main()
3.  {
4.      unsigned char a = 0x37, b;
5.      b = a | 0x0F;
6.      printf("原数:%#x\n", a);
7.      printf("高 4 位保留,低 4 位置 1 的数:%#x\n", b);
8.      return 0;
9.  }
```

程序运行结果：

```
原数：0x37
高4位保留，低4位置1后的结果：0x3f
```

分析：程序第 5 行"b = a | 0x0F;"将变量 a 的高 4 位均与 0 相或，低 4 位均与 1 相或，结果为变量 a 的高 4 位保持不变，低 4 位置 1。

3. 按位异或运算

^是双目运算符,其运算规则:如果两个操作数相同(即都为 0 或者都为 1),则异或结果为 0;如果两个操作数不相同(即一个为 0,另一个为 1),则异或结果为 1。具体如下:

0 ^ 0 = 0	0 ^ 1 = 1	1 ^ 0 = 1	1 ^ 1 = 0

例如,求整数 29、195 按位异或的结果,计算过程如下。

```
    0001 1101  ──→ 十进制29,即十六进制 0x1d
^   1100 0011  ──→ 十进制195,即十六进制 0xc3
    1101 1110  ──→ 十进制222,即十六进制 0xde
```

特别地,利用按位异或运算符(^)可以实现以下功能。

(1) 数据位和 1 异或,可以将该位翻转。

(2) 数据位和 0 异或,不会改变该位的值,即保留原值。

【例 11.3】　使用按位异或运算符,将数据的指定位翻转,其余位保留。

```
1.   # include <stdio.h>
2.   int main()
3.   {
4.       unsigned char a = 0x37, b;
5.       b = a ^ 0x0F;
6.       printf("原数:%#x\n", a);
7.       printf("高 4 位保留,低 4 位翻转后的结果:%#x\n", b);
8.       return 0;
9.   }
```

程序运行结果:

```
原数:0x37
高4位保留,低4位翻转后的结果:0x38
```

分析:程序第 5 行"b = a ^ 0x0F;"将变量 a 的高 4 位均与 0 相异或,低 4 位均与 1 相异或,结果为变量 a 的高 4 位保持不变,低 4 位翻转。

4. 按位取反运算

～是单目运算符,其运算规则:0 取反为 1,1 取反为 0。具体如下:

~0 = 1	~1 = 0

例如,求整数 29 按位取反的结果,计算过程如下。

```
~   0001 1101  ──→ 十进制29,即十六进制 0x1d
    1110 0010  ──→ 十进制226,即十六进制 0xe2
```

说明:适当地使用取反运算符可增加程序的可移植性。例如,要将整数 x 的最低位置为 0,通常采用语句"x = x & (～1);"来完成,因为这样做不管 x 是 8 位、16 位还是 32 位数均能完成。

11.1.4　移位运算

1. 按位左移运算

<<是双目运算符,其运算规则:把<<左侧操作数的各二进制位全部左移若干位,

移动的位数由其右侧的操作数决定。移动过程使得高位丢弃,低位补 0。

例如,求整数 29 按位左移两位的结果,计算过程如下。

```
    0001 1101  ——→ 十进制29, 即十六进制 0x1d
<<          2
───────────────
    0111 0100  ——→ 十进制116, 即十六进制 0x74
```

特别地,利用按位左移运算符($<<$)可以实现乘法的功能。左移一位相当于该数乘以 2;左移 n 位相当于该数乘以 2^n。但此结论只适用于该数左移时被溢出舍弃的高位中不包含 1 的情况。按位左移运算比乘法运算快得多,有的 C 编译系统自动将乘以 2 运算用左移一位来实现。

按位左移
运算

【例 11.4】 使用按位左移运算符,将一个整数值乘以 8。

```c
1.  #include <stdio.h>
2.  int main()
3.  {
4.      int a = 6, b;
5.      b = a << 3;
6.      printf("a = %d, b = %d\n", a, b);
7.      return 0;
8.  }
```

程序运行结果:

```
a = 6,  b = 48
```

分析:程序第 5 行"b = a << 3;"将变量 a 的值左移 3 位,相当于将 a 的值乘以 8。

2. 按位右移运算

$>>$ 是双目运算符,其运算规则:把 $>>$ 左侧操作数的各二进制位全部右移若干位,移动的位数由其右侧的操作数决定。

对于无符号数,右移时低位丢弃,高位补 0。

对于有符号正数,右移时低位丢弃,高位补 0;对于有符号负数,右移时低位丢弃,高位补 0 还是补 1 取决于编译系统,如果补 0 称为逻辑右移,如果补 1 称为算术右移。其运算过程如下(其中有符号负数以补码表示):

```
    1001 0011  ——→ 十进制147, 即十六进制 0x93
>>          2
───────────────
    0010 0100  ——→ 十进制36, 即十六进制 0x24
   (a) 无符号数右移, 高位补0, 低位丢弃
```

```
    0001 0011  ——→ 十进制19, 即十六进制 0x13
>>          2
───────────────
    0000 0100  ——→ 十进制4, 即十六进制 0x04
  (b) 有符号正数右移, 高位补0, 低位丢弃
```

```
    1001 0011  ——→ 十进制-109, 即十六进制 0x93
>>          2
───────────────
    0010 0100  ——→ 十进制36, 即十六进制 0x24
 (c) 有符号负数逻辑右移, 高位补0, 低位丢弃
```

```
    1001 0011  ——→ 十进制-109, 即十六进制 0x93
>>          2
───────────────
    1110 0100  ——→ 十进制-28, 即十六进制 0xe4
 (d) 有符号负数算术右移, 高位补1, 低位丢弃
```

特别地,利用按位右移运算符($>>$)可以实现除法的功能。右移 1 位相当于该数除以 2;右移 n 位相当于该数除以 2^n。按位右移运算比除法运算快得多。

【例 11.5】 使用按位右移运算符,将一个整数除以 8。

按位右移
运算

```
1.   #include <stdio.h>
2.   int main()
3.   {
4.       unsigned char a1 = 0x80, b1;        //无符号数 0x80,即十进制 128
5.       char a2 = 0x70, b2;                 //有符号正数 0x70,即十进制 112
6.       char a3 = 0x80, b3;                 //有符号负数 0x80,即十进制-128
7.       b1 = a1 >> 3;
8.       b2 = a2 >> 3;
9.       b3 = a3 >> 3;
10.      printf("(1)十进制:a1 = %d, b1 = %d\t 十六进制:a1 = %#x, b1 = %#x\n", a1,
b1, a1, b1);
11.      printf("(2)十进制:a2 = %d, b2 = %d\t 十六进制:a2 = %#x, b2 = %#x\n", a2,
b2, a2, b2);
12.      printf("(3)十进制:a3 = %d, b3 = %d\t 十六进制:a3 = %#x, b3 = %#x\n", a3,
b3, a3, b3);
13.      return 0;
14.  }
```

程序运行结果:

```
(1)十进制: a1 = 128,  b1 = 16      十六进制: a1 = 0x80,  b1 = 0x10
(2)十进制: a2 = 112,  b2 = 14      十六进制: a2 = 0x70,  b2 = 0xe
(3)十进制: a3 = -128, b3 = -16     十六进制: a3 = 0xffffff80, b3 = 0xfffffff0
```

分析:

(1) 程序第 7 行是将无符号数右移,a1 的初值为 0x80(即十进制 128)是无符号数,右移 3 位得 0x10(即十进制 16)。

(2) 程序第 8 行是将有符号数右移,a2 的初值为 0x70(即十进制 112)是有符号正数,右移 3 位得 0x0e(即十进制 14)。

(3) 程序第 9 行是将无符号数右移,a3 的初值为 0x80(即十进制－128)是有符号负数,右移 3 位得 0xf0(即十进制－16)。可知 codeblocks 编译器对有符号数的右移是算术右移,高位补 1。

11.2　位运算综合实例

使用异或运
算交换两数

【例 11.6】 使用按位异或运算符,不使用中间变量,将两个整型变量的值互换。

```
1.   #include <stdio.h>
2.   int main()
3.   {
4.       unsigned char x = 5, y = 9;
5.       printf("变量的初值:x = %u, y = %u\n", x, y);
6.       x = x ^ y;
7.       y = x ^ y;
8.       x = x ^ y;
9.       printf("交换后的值:x = %u, y = %u\n", x, y);
10.      return 0;
11.  }
```

程序运行结果：

```
变量的初值：x = 5, y = 9
交换后的值：x = 9, y = 5
```

分析：程序第 6～8 行的计算过程如下所示。

0000 0101 → x：十六进制 0x05	0000 1100 → x：十六进制 0x0c	0000 1100 → x：十六进制 0x0c
^ 0000 1001 → y：十六进制 0x09	^ 0000 1001 → y：十六进制 0x09	^ 0000 0101 → y：十六进制 0x05
0000 1100 → x：十六进制 0x0c	0000 0101 → y：十六进制 0x05	0000 1001 → x：十六进制 0x09
第一步：执行 x = x ^ y	第二步：执行 y = x ^ y	第三步：执行 x = x ^ y

加密和解密

【例 11.7】　以下是一个加密和解密的简单小程序，在加密和解密过程中用到了按位异或功能。

加密过程：将字符串"C 语言程序设计"与字符串"1234561234561"进行异或操作，得到一个加密后的字符串。（说明：字母和数字字符占 1B，汉字占 2B）

解密过程：用加密后的字符串与字符串"1234561234561"进行异或操作，即可得到原始字符串"C 语言程序设计"。

```c
#include <stdio.h>
//函数功能:对指针 s1、s2 所指字符串中的字符依次进行异或操作
void password(char * s1, char * s2)
{
    int i = 0, j = 0;
    while(s1[i] != '\0')                    //判断 s1 所指字符串是否结束
    {
        s1[i] = s1[i] ^ s2[j];              //取出两个字符串中的字符做异或操作
        i++;
        j++;
        if(s2[j] == '\0')                   //判断 s2 所指字符串是否结束
        {
            j = 0;
        }
    }
}

int main()
{
    char s1[ ] = "C 语言程序设计", s2[ ] = "123456";;
    printf("原始字符串: %s\n", s1);
    password(s1, s2);                       //加密
    printf("加密字符串: %s\n", s1);
    password(s1, s2);                       //解密
    printf("解密字符串: %s\n", s1);
    return 0;
}
```

程序运行结果：

```
原始字符串: C语言程序设计
加密字符串: r彳遽耳饬　嫦
解密字符串: C语言程序设计
```

11.3　本章小结

第 11 章知识点总结

1. 位运算符

（1）位运算是指对二进制位进行的运算。

（2）C 语言提供了位运算功能，使得它除了具有高级语言的特点，还具有低级语言的功能，可以直接操作硬件。

（3）C 语言提供六种位运算符：&（按位与）、|（按位或）、^（按位异或）、~（按位取反）、<<（按位左移）、>>（按位右移）。

2. 按位逻辑运算

（1）按位与运算

运算规则：

| 0&0=0 | 0&1=0 | 1&0=0 | 1&1=1 |

特殊应用场合：按位与可以将数据的指定位清 0，其余位保持不变。

（2）按位或运算

运算规则：

| 0|0=0 | 0|1=1 | 1|0=1 | 1|1=1 |

特殊应用场合：按位或可以将数据的指定位置 1，其余位保持不变。

（3）按位异或运算

运算规则：

| 0^0=0 | 0^1=1 | 1^0=1 | 1^1=0 |

特殊应用场合：按位异或可以将数据的指定位翻转，其余位保持不变。

（4）按位取反运算

运算规则：

| ~0=1 | ~1=0 |

3. 移位运算

（1）按位左移运算

运算规则：把 << 左侧操作数的各二进制位全部左移若干位，移动的位数由其右侧的操作数决定。

左移过程：高位丢弃，低位补 0。

特殊应用场合：左移一位相当于该数乘以 2，左移 n 位相当于该数乘以 2^n。

（2）按位右移运算

运算规则：把 >> 左侧操作数的各二进制位全部右移若干位，移动的位数由其右侧的操作数决定。

右移过程：对于无符号数，低位丢弃，高位补 0。对于有符号正数，低位丢弃，高位补 0；对于有符号负数，低位丢弃，高位补 0 或者补 1（取决于编译系统，补 0 称为逻辑右移，补 1 称为算术右移）。

特殊应用场合：右移一位相当于该数除以 2；右移 n 位相当于该数除以 2^n。

11.4 习 题

一、选择题

1. 整型变量 x 和 y 的值相等且为非 0 值，则以下选项中结果为零的表达式是（　　）。

    A. x || y   B. x | y   C. x & y   D. x ^ y

2. 以下程序运行后的结果是（　　）。

```c
int main()
{
    int x = 3, y = 2, z = 1;
    printf("%d\n", x / y & ~z);
    return 0;
}
```

    A. 3   B. 2   C. 1   D. 0

3. 以下程序执行后的结果是（　　）。

```c
int main()
{
    unsigned char a, b;
    a = 4 | 3;
    b = 4 & 3;
    printf("%d %d\n", a, b);
    return 0;
}
```

    A. 7　0   B. 0　7   C. 1　1   D. 43　0

4. 设 char 型变量 x 中的值为二进制 10100111，则表达式 (2 + x) ^ (~3) 的值是（　　）。

    A. 10101001   B. 10101000   C. 11111101   D. 01010101

5. 以下程序运行后的结果是（　　）。

```c
int main()
{
    char  x = 040;
    printf("%o\n", x << 1);
    return 0;
}
```

    A. 100   B. 80   C. 64   D. 32

6. 以下程序运行后的结果是（　　）。

```c
int main()
{
    unsigned char a, b, c;
    a = 0x3;
    b = a | 0x8;
```

```
    c = b << 1;
    printf("%d  %d\n", b, c);
    return 0;
}
```

    A. -11 12   B. -6 -13 C. 12   24   D. 11   22

二、编程题

1. 编写程序，将一个 32 位（二进制表示）的数取出它的奇数位置的数（从最右边起第 1、3、5、……、31 位），即奇数位置保留原值，偶数位置清 0。

2. 定义一个函数实现左右循环移位。函数名为 fun()，调用方法为"fun(value, n, dire);"，其中 value 是要循环移位的数，n 表示从第几位开始移动，dire 表示循环移位的方向，如 dire$<$0 表示循环左移，dire$>$0 表示循环右移。

第 12 章

指针高级应用

chapter 12

第 7 章着重介绍指针的基础知识,第 12 章是进一步介绍指针的高级应用。通过学习指针的高级应用,将有助于读者解决较为复杂的问题。例如,利用动态存储分配可以建立表、树、图等复杂的链式存储结构。

内容导读:

- 理解指针的动态存储分配,以及动态一维数组和动态二维数组的概念。
- 掌握链表的创建、输出、插入、删除等操作。
- 理解函数指针是指向函数的指针变量。
- 理解主函数参数的用途及使用方法。

12.1 指针的动态存储分配

12.1.1 为何要使用动态存储分配

思考以下程序段的运行效果。

```
int main()
{
    int * p;
    * p = 10;
    printf("%d\n", * p);
    return 0;
}
```

该程序段在编译、链接时未提示错误,那么能否输出 10?读者可尝试运行以上程序,会发现运行时程序崩溃,原因何在?

分析:执行语句"* p = 10;"时,指针 p 未指向任何有效的内存空间,系统无法对数值 10 进行有效存储,于是程序崩溃,将这里的指针变量 p 称为野指针。

如何将指针指向有效的内存空间,避免其成为野指针。很容易想到以下方法:

```
int main()
{
    int a, * p = &a;
    * p = 10;
```

```
    printf("%d\n", * p);
    return 0;
}
```

以上程序中变量 a 的内存空间由系统自动分配,而后指针 p 指向该内存空间,这种将指针指向由系统自动分配内存空间的情况称为静态存储分配。

下面将介绍动态存储分配的方法,无须定义变量 a,也可以将指针 p 指向有效的内存空间。

动态存储分配(dynamic memory allocation)是指通过调用 malloc( )、calloc( )等库函数向系统动态申请一定大小的内存空间,而后将内存空间的首地址赋值给指针变量。这些动态申请的内存空间使用完毕后,应调用 free( )函数将其释放归还系统,释放后的内存空间可被重新利用。

12.1.2　动态存储分配与释放

内存空间动态分配的常用库函数:malloc( )、calloc( )、realloc( );内存空间动态释放的常用库函数:free( )。使用以上函数时须包含头文件 stdlib.h。

1. malloc( )函数

malloc( )函数原型:

void * malloc(unsigned size)

函数功能:动态申请一定大小的连续的内存空间,并将内存空间的首地址作为函数返回值。

说明:形参 size 用于设置动态申请的内存空间字节数。函数返回值为 void 型指针,可根据需要显式转换为指定类型的指针。

【例 12.1】　动态申请一个 char 型和一个 int 型的内存空间,并将字符 'A' 和整数 65 分别放入这两个内存空间里。

```
1.  #include <stdio.h>
2.  #include <stdlib.h>
3.  int main()
4.  {
5.      char * p1;
6.      int * p2;
7.      p1 = (char *)malloc(sizeof(char));      //动态申请字符型内存空间
8.      p2 = (int *)malloc(sizeof(int));        //动态申请整型内存空间
9.      * p1 = 'A';
10.     * p2 = 65;
11.     printf("p1 所指字符型内存空间的值: %c\n", * p1);
12.     printf("p2 所指整型内存空间的值: %d\n", * p2);
13.     return 0;
14. }
```

动态申请
malloc( )
函数

程序运行结果:

```
p1所指字符型内存空间的值: A
p2所指整型内存空间的值: 65
```

分析：

程序第 7 行"p1 ＝（char ＊）malloc(sizeof(char));"是动态申请了 1B 的内存空间，将其地址强制转换为（char ＊）型并赋值给指针 p1。程序第 8 行"p2 ＝（int ＊）malloc (sizeof(int));"是动态申请了 4B 的内存空间，将其地址强制转换为（int ＊）型并赋值给指针 p2。于是指针 p1,p2 分别指向字符型、整型的内存空间，而后执行程序第 9、10 行向这两个内存空间分别放入字符'A'和整数 65。图 12-1 为例 12.1 的存储结构示意图。

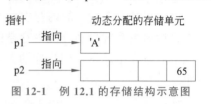

图 12-1　例 12.1 的存储结构示意图

2. calloc()函数

calloc()函数原型：

> **void＊ calloc(unsigned n, unsigned size)**

函数功能：calloc()函数与 malloc()函数功能类似，只是参数有所不同。

说明：形参 n 指定申请内存单元的个数，形参 size 指定每个内存单元的字节数。函数返回值是 void 型指针，可根据需要显式转换为指定类型的指针。

例 12.1 的第 7、8 行语句也可以替换为调用 calloc()函数，其调用形式如下：

```
p1 = (char *)calloc(1, sizeof(char));
p2 = (int *)calloc(1, sizeof(int));
```

3. realloc()函数

realloc()函数原型：

> **void＊ realloc(void ＊ p, unsigned newsize)**

函数功能：可以对已分配的内存空间进行重新分配，例如，在原内存空间的基础上进行增加或者缩小，将新分配的内存空间首地址作为函数返回值。

说明：形参 p 为原内存空间的首地址，形参 newsize 为新分配的内存空间字节数。

【例 12.2】　首先调用 calloc()函数动态申请一个 int 型的内存空间，存入整数 10。再调用 realloc()函数申请增加三个 int 型的内存空间，再存入整数 20、30、40。

动态申请
realloc()
函数

```
1.  #include <stdio.h>
2.  #include <stdlib.h>
3.  int main()
4.  {
5.      int * p;
6.      p = (int *)calloc(1, sizeof(int));
7.      printf("初次申请的内存空间首地址：%p\n", p);
8.      p[0] = 10;
9.      p = (int *)realloc(p, 4 * sizeof(int));
10.     printf("扩充申请的内存空间首地址：%p\n", p);
11.     p[1] = 20;
12.     p[2] = 30;
13.     p[3] = 40;
14.     printf("内存空间里存放的数值：%d, %d, %d, %d\n", p[0], p[1], p[2], p[3]);
15.     free(p);
16.     return 0;
17. }
```

程序运行结果：

```
初次申请的内存空间首地址：00000000007C1400
扩充申请的内存空间首地址：00000000007C1400
内存空间里存放的数值：10, 20, 30, 40
```

分析：

（1）程序第 6 行动态申请了一个 int 型（4B）的内存空间，并将其首地址赋给指针 p；第 9 行扩充到了四个 int 型（16B）的内存空间。

（2）调用 realloc() 函数重新分配的内存空间地址与原内存空间地址可能相同，也可能不相同。因为，重新分配使得内存空间可能发生移动。调用 realloc() 函数后，系统会自动将原内存空间里的内容复制到新内存空间里。

4. free() 函数

free() 函数原型：

void free(void * p)

函数功能：用于释放由 malloc()、calloc()、realloc() 函数动态申请的内存空间，这些释放后的内存空间可被重新分配。该函数无返回值。

说明：形参指针 p 指向由 malloc()、calloc()、realloc() 函数动态申请的内存空间首地址。

例 12.2 中第 15 行语句"free(p);"即表示释放指针 p 所指向的内存空间。

向系统动态申请的内存空间是不会自动释放的，因此，一定不要忘记释放不再使用的内存空间，否则将造成内存泄漏（**memory leak**）。

12.1.3　动态一维数组

第 5 章学习的一维数组为静态存储分配，假设有定义"int a[5];"，则系统为该数组自动分配 20B 的内存空间。本节将学习一维数组的动态存储分配。

【例 12.3】　创建一个动态一维整型数组，大小为 5，输入 5 个整数存入该动态数组中，并输出所有整数值。

思路：调用 malloc() 或 calloc() 函数创建动态一维数组，用指针 p 指向该一维数组，而后借助指针 p 对动态一维数组进行访问。

```
1.  #include <stdio.h>
2.  #include <stdlib.h>
3.  int main()
4.  {
5.      int * p, i;
6.      p = (int *)malloc(5 * sizeof(int));     //创建动态一维数组
7.      printf("请输入 5 个整数值:");
8.      for(i = 0; i < 5; i++)
9.      {
10.         scanf("%d", p+i);                    //将输入的整数值存入动态数组中
11.     }
12.     printf("动态一维数组中的值:");
13.     for(i = 0; i < 5; i++)
14.     {
```

动态一维
数组

```
15.            printf("%-4d", p[i]);            //输出动态数组中的值
16.        }
17.    printf("\n");
18.    free(p);
19.    return 0;
20. }
```

程序运行结果：

```
请输入5个整数值：10 20 30 40 50
动态一维数组中的值：10   20   30   40   50
```

分析：程序第 6 行也可替换为"p ＝（int ＊）calloc（5，sizeof(int)）；"，该语句在内存中创建了一个大小为 5 的 int 型动态一维数组，指针 p 指向数组的首地址，如图 12-2 所示。

动态分配的一维数组

图 12-2　例 12.3 的存储结构示意图

12.1.4　动态二维数组

第 5 章学习的二维数组为静态存储分配，假设有定义"int a[3][4];"，则系统为该数组自动分配 48B 的内存空间。本节将学习二维数组的动态存储分配。

【例 12.4】　以下程序创建了一个 3 行 4 列的动态二维数组，并输出该二维数组中每个元素的地址，通过观察地址，可以得出什么结论？

动态二维
数组

```
1.  #include <stdio.h>
2.  #include <stdlib.h>
3.  int main()
4.  {
5.      int **p, i, j;
6.      p = (int **)calloc(3, sizeof(int *));
7.      for(i = 0; i < 3; i++)
8.          p[i] = (int *)calloc(4, sizeof(int));
9.      printf("动态二维数组元素的地址:\n");
10.     for(i = 0; i < 3; i++)
11.     {
12.         for(j = 0; j < 4; j++)
13.         {
14.             printf("%p  ", &p[i][j]);
15.         }
16.         printf("\n");
17.     }
18.     free(p);
19.     for(i=0;i<3;i++)
20.         free (p[i]);
21.     return 0;
22. }
```

程序运行结果：

```
动态二维数组元素的地址：
0000000000711420   0000000000711424   0000000000711428   000000000071142C
0000000000711440   0000000000711444   0000000000711448   000000000071144C
0000000000711460   0000000000711464   0000000000711468   000000000071146C
```

例 12.4 的存储结构如图 12-3 所示。

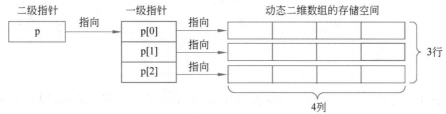

图 12-3 例 12.4 的存储结构示意图

分析：

（1）程序第 6 行"p ＝（int **）calloc(3，sizeof(int *));"动态申请了三个 int * 型的内存空间用于存放指针，并将二级指针变量 p 指向该内存空间，如图 12-3 左半部分所示。

（2）程序第 8 行"p[i] ＝（int * ）calloc(4，sizeof(int));"动态申请了四个 int 型的内存空间用于存放整数，并将一级指针变量 p[i]指向该存储空间，如图 12-3 右半部分所示。

（3）根据运行结果输出的动态二维数组中各元素的内存地址可知，每行中四个元素的地址是连续的，但是各行之间的地址是离散的。

12.2 链 表

链表是一种线性表数据结构，借助指针将一组零散的内存单元串联起来使用。我们熟悉的数组也是一种线性表数据结构，但是数组与链表有很大区别，数组属于静态存储分配，各存储单元的地址连续，数组大小固定；链表属于动态存储分配，各存储单元的地址离散，链表长度不固定。二者适用不同的场合，各有其优缺点。

链表主要适用于存储数据个数不确定的场合。例如，有一个公司员工的信息需要存储，由于公司员工常有入职、离职的情况，人数不固定。如果选择数组进行存储，则需将数组定义得足够大，这样会造成存储空间的浪费。如果选择链表进行存储，则可以根据实际需要申请内存空间，有人员入职时，动态申请内存空间进行存储，有人员离职时，释放相应的内存空间。因此将链表应用于这种存储数据个数不确定的场合，可避免内存空间的浪费。

12.2.1 链表概述

链表（linked table）是由若干结点组成的数据结构，当有数据需要存储时，动态申请用于存储数据的内存空间，称为结点（node）。将数据放入结点中，再将结点串联到链表中。这些结点的内存地址不连续，但是通过串联，便将它们构建为一个整体。结点之间借助

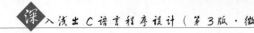

指针串联在一起，如同一条一环扣一环的链子，因此称为链表。

链表有单向链表、双向链表、循环链表等。本节主要介绍较简单且基础的单向链表。

单向链表由头结点和若干数据结点组成，其结构如图 12-4 所示。第一个结点称为头结点，中间的结点称为数据结点，最后的结点称为末尾结点。每个结点由两部分组成，存放数据的部分称为数据域，存放下一个结点地址的部分称为指针域。

图 12-4　带头结点的单向链表结构图

设置头结点的目的是标识一个链表的开始，头结点中无须存放数据，因此头结点的数据域为空，指针域中存放第一个数据结点的地址。设置末尾结点的目的是标识一个链表的结束，末尾结点之后再没有其他结点，因此末尾结点的指针域为空（NULL）。

链表的组成元素是结点，因此定义结点的数据结构是创建链表的关键。将结点定义为结构体类型，存放数值的成员为数据域，存放地址的成员为指针域。例如：

```
struct node                        //声明链表结点的结构体类型
{
    int data;                      //数据域成员
    struct node * next;            //指针域成员
};
typedef  struct node  NODE;
```

以上声明了一个链表结点的结构体类型 struct node（或者 NODE），其中 data 成员是数据域，用于存放数值；next 成员是指针域，用于存放地址。

注意：next 指针定义为 struct node *　型，对此，初学者常感到难以理解。因为 next 指针用于指向后续结点，而后续结点也是 struct node 型，根据指针变量必须与它所指对象同类型的原则，可知 next 指针的基础类型为 struct node * 类型。

12.2.2　链表的创建与输出

动态链表的创建过程：首先创建头结点，然后创建第一个数据结点，将第一个数据结点连接到头结点后面；再创建后续的数据结点，每创建一个新的数据结点，就连接到上一个结点的末尾；以此类推。

特别说明：

（1）动态链表的长度不定，为了标识链表何时结束，总是将链表当前的最后一个结点的指针域设置为 NULL，即加入链表的新结点总是末尾结点。

（2）新结点的创建需调用 malloc() 或 calloc() 函数来实现。

【例 12.5】　创建一个动态链表，将一维数组各元素的值依次放入链表的各结点中。

思路：每读取一个数组元素值，就创建一个新结点，并将数组元素值放入新结点的数据域中，再将新结点追加到链表末尾。

```
1.  #include <stdio.h>
2.  #include <stdlib.h>
3.  typedef struct node
4.  {
5.      int num;
6.      struct node * next;
7.  }NODE;
8.
9.  NODE * creatList(int * a, int num)
10. {
11.     int i;
12.     NODE * head, * new_node, * p;          //head指向头结点,p是活动指针,
                                                //new_node指向新结点
13.     head = (NODE *)malloc(sizeof(NODE));   //创建头结点
14.     p = head;                              //将活动指针p指向头结点
15.     for(i = 0; i < 4; i++)
16.     {
17.         new_node = (NODE *)malloc(sizeof(NODE));   //创建新结点
18.         new_node->num = a[i];              //为新结点的数据域填入数值
19.         new_node->next = NULL;             //将新结点的指针域设为NULL
20.         p->next = new_node;                //将新结点连接到链表末尾
21.         p = p->next;                       //将活动指针后移指向新结点
22.     }
23.     return head;
24. }
25.
26. void outputList(NODE * head)
27. {
28.     NODE * p;
29.     p = head->next;                        //将活动指针p指向第一个数据结点
30.     while(p != NULL)                       //判断链表是否结束
31.     {
32.         printf("%d -> ", p->num);          //输出活动指针p所指结点的数据域
33.         p = p->next;                       //将活动指针后移指向下一个结点
34.     }
35.     printf("NULL");
36. }
37.
38. int main()
39. {
40.     int a[4] = {10, 20, 30, 40}, i;
41.     NODE * head;
42.     printf("数组初值:");
43.     for(i=0; i<4; i++)
44.     {
45.         printf("%d\t", a[i]);
46.     }
47.     head = creatList(a, 4);                //创建链表
48.     printf("\n用数组元素创建的动态链表:");
49.     outputList(head);                      //输出链表
50.     printf("\n");
51.     return 0;
52. }
```

程序运行结果：

```
数组初值： 10    20    30    40
用数组元素创建的动态链表： 10 -> 20 -> 30 -> 40 -> NULL
```

分析：

（1）creatList()函数的功能是创建链表，使用了三个指针 head、new_node、p。其中，head 始终指向链表的头结点；new_node 始终指向新创建的结点；p 是一个活动指针，借助 p 将新结点连接到链表末尾，同时 p 总是指向链表的末尾结点。

（2）outputList()函数的功能是输出链表，首先获得链表的头指针 head，然后借助活动指针 p 依次指向链表的每个结点。

（3）动态链表的创建过程如图 12-5 所示。

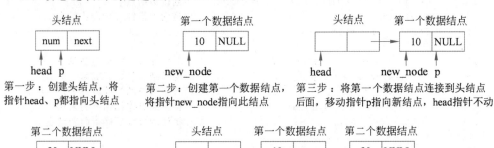

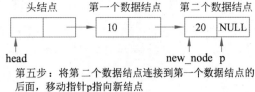

图 12-5 动态链表的创建过程

第一步：创建头结点。将指针 head、p 都指向头结点（对应程序第 13、14 行）；

第二步：创建第一个数据结点。将指针 new_node 指向此结点（对应程序第 17～19 行）；

第三步：将第一个数据结点连接到头结点后面，并移动指针 p 指向新结点（对应程序第 20、21 行）。以此类推，每创建一个新结点，就将新结点连接到链表末尾。

12.2.3 链表的插入操作

链表的插入操作是指将一个新结点插入链表的指定位置。

【例 12.6】 如图 12-6 所示，假设有一个链表，各结点数据域中的值已按升序排序，输入整数 26，将该数插入链表中，使链表所有结点数据域中的值仍保持升序排序。

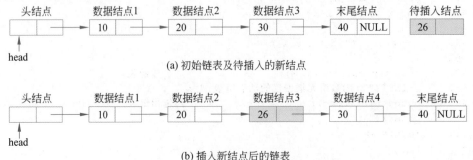

图 12-6 链表插入新结点前、后的示意图

思路：如图 12-6 所示，初始链表中各结点的值依次是 10、20、30、40，待插入结点的数值是 26，如果要保持链表仍然升序排序，26 应插在数据结点 2 和数据结点 3 之间。

下面仅给出插入结点的子函数 insertNode()，形参 head 为链表的头指针，x 为待插入链表的数值，基于该数值创建新结点，再将新结点插入链表中。

```
1.    void insertNode(NODE * head, int x)
2.    {
3.        NODE * ahead, * behind, * new_node;
4.        new_node = (NODE *)malloc(sizeof(NODE));    //创建新结点
5.        new_node->num = x;
6.        new_node->next = NULL;
7.        ahead = head;
8.        behind = ahead->next;
9.        while(behind != NULL)                        //判断链表是否结束
10.       {
11.           if(behind->num < x)                      //确定新结点插入的位置
12.           {
13.               ahead = behind;
14.               behind = behind->next;
15.           }
16.           else
17.           {
18.               break;
19.           }
20.       }
21.       ahead->next = new_node;                       //插入结点
22.       new_node->next = behind;
23.   }
```

右侧二维码：链表的插入操作

分析：以上代码定义了三个指针 ahead、behind、new_node 实现结点的插入操作，如图 12-7 所示。new_node 指针指向新结点，ahead 指针指向插入结点的前序结点，behind 指针指向插入结点的后继结点。程序第 9～20 行 while 循环的功能是确定 ahead、behind 所指结点的位置，程序第 21、22 行是将 new_node 所指新结点插入 ahead 和 behind 的中间。

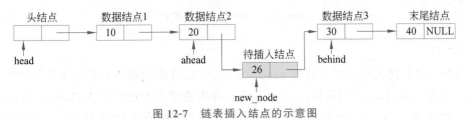

图 12-7　链表插入结点的示意图

12.2.4　链表的删除操作

链表的删除操作是指删除链表中某个指定结点，且删除操作不能将链表断开。

【例 12.7】　假设有一个链表，各结点的数据域中为唯一的整数值，输入一个整数，查找该数是否存在于链表的某个结点中。如果存在，就删除该结点，如图 12-8 所示。

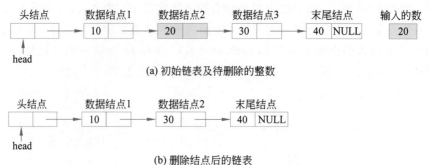

(a) 初始链表及待删除的整数

(b) 删除结点后的链表

图 12-8　链表删除结点前、后的示意图

下面仅给出删除结点的子函数 deleteNode()，形参 head 为链表的头指针，x 为待查找的数值。遍历链表的各个结点，如果找到与 x 数值相同的结点，就将其从链表中删除。

链表的删
除操作

```
1.  void deleteNode(NODE * head, int x)
2.  {
3.      NODE * ahead, * behind;
4.      int flag = 0;        //flag为标记变量,flag=0表示默认链表中没有要查找的数值
5.      ahead = head;
6.      behind = ahead->next;
7.      while(behind != NULL)
8.      {
9.          if(behind->num != x)
10.         {
11.             ahead = behind;
12.             behind = behind->next;
13.         }
14.         else
15.         {
16.             flag = 1;    //flag=1表示在链表中找到了需要删除的数值
17.             break;
18.         }
19.     }
20.     if(flag == 1)
21.     {
22.         ahead->next = behind->next;      //删除找到的结点
23.     }
24. }
```

分析：以上代码借助三个指针 head、ahead、behind 实现结点的删除操作，如图 12-9 所示。形参 head 指向链表头结点，ahead 指向待删除结点的前序结点，behind 指向后继结点。程序第 7～19 行 while 循环的功能是确定待删除结点的位置，第 22 行是删除结点的语句。

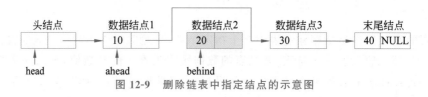

图 12-9　删除链表中指定结点的示意图

12.3 函 数 指 针

在 C 语言中，一个函数在内存中占用一段连续的内存空间，函数名代表了这段内存空间的首地址，称为函数的入口地址。如果用一个指针变量存放函数的入口地址（即函数名），这样的指针就称为函数指针（function pointer），也称指向函数的指针变量。

1. 函数指针定义

函数指针定义格式：

函数返回类型 (∗函数指针)(形参类型列表);

例如：

```
int (*fp)(float);
```

这里定义了函数指针 fp，该指针能够指向返回值为 int 型、形参为 float 型的函数。

注意：函数指针定义时，∗fp 两侧的圆括号不能省略。如果省略了，写成 int ∗ fp (float);，含义就变了，变成了一个函数声明。表示声明的函数名为 fp，函数返回类型为 int ∗，函数形参为 float 型。因此有无圆括号表达的是两种不同的含义。

2. 函数指针赋值

定义了函数指针，可为其赋值一个函数名，表示将函数指针指向该函数，而后便可利用函数指针调用其所指向的函数。

函数指针赋值格式：

函数指针 = 函数名;

例如：

```
int fun(float x);              //声明一个 fun()函数
int (*fp)(float);              //定义一个函数指针 fp
fp = fun;                      //将函数指针 fp 指向 fun()函数
```

注意：不能将语句"fp = fun;"错误地写成"fp = fun();"。前者表示将函数指针 fp 指向 fun()函数，而后者表示函数调用，并将函数返回值赋值给 fp 变量。两种写法是两种完全不同的含义。

3. 利用函数指针调用函数

为函数指针赋值函数名后，可以利用函数指针调用其所指向的函数，格式如下：

函数指针(实参列表);

【例 12.8】 定义 fun()函数，其功能是求 $1+2+\cdots+n$，然后定义一个函数指针指向 fun()函数，利用函数指针调用该函数。

```
1.  #include <stdio.h>
2.  int fun(int n)
3.  {
4.      int i, sum = 0;
5.      for(i=1; i<=n; i++)
```

利用函数指针调用函数

```
6.          sum += i;
7.      return (sum);
8.  }
9.
10. int main()
11. {
12.     int n, sum;
13.     int (* p)();                         //定义函数指针
14.     printf("请输入一个正整数:");
15.     scanf("%d", &n);
16.     p = fun;                             //将函数指针指向 fun()函数
17.     sum = p(n);                          //利用函数指针调用 fun()函数
18.     printf("1 + 2 + … + %d = %d\n", n, sum);
19.     return 0;
20. }
```

程序运行结果：

```
请输入一个正整数：100
1 + 2 + … + 100 = 5050
```

4. 函数名作实参

函数指针更多是应用于函数名作实参的场合，函数名作实参属于传地址方式，对应的形参是函数指针，在子函数里，可以利用函数指针调用实参对应的函数。

【例 12.9】　以下 fun() 函数定义时，参数为函数指针，通过实参传递不同的函数名，实现求正切 tan()、余切 cot() 的功能。

函数名作
实参

```
1.  #include <stdio.h>
2.  #include <math.h>
3.  /* fun()函数:求两个函数值相除的结果
4.    形参 f1、f2:函数指针,指向实参对应的函数
5.    返回值 double:返回双精度实数
6.  */
7.  double fun(double (* f1)(double), double (* f2)(double), double x)
8.  {
9.      return f1(x) / f2(x);
10. }
11.
12. int main()
13. {
14.     double x, v, tan, cot;
15.     printf("请输入角度: ");
16.     scanf("%lf", &x);                    //输入角度
17.     v = x * 3.14159 / 180.0;             //将角度转换为弧度
18.     tan = fun(sin, cos, v);              //求 tan(v)
19.     cot = fun(cos, sin, v);              //求 cot(v)
20.     printf("tan(%.0lf) = %.3f\n", x, tan);
21.     printf("cot(%.0lf) = %.3f\n", x, cot);
22.     return 0;
23. }
```

程序运行结果：

```
请输入角度: 30
tan(30.0) = 0.577
cot(30.0) = 1.732
```

分析：程序第 18、19 行的函数调用语句中，实参 sin、cos 是求正弦值、余弦值的库函数名。在 fun() 函数内，可借助形参指针 f1、f2 调用库函数 sin 和 cos。当 f1 指向 sin，f2 指向 cos 时，f1(x) / f2(x) 相当于 sin(x) / cos(x)，表示求正切值 tan；当 f1 指向 cos，f2 指向 sin 时，f1(x) / f2(x) 相当于 cos(x) / sin(x)，表示求余切值 cot。

12.4　main() 函数的参数

前面编写的程序中，main() 后面总是跟空圆括号，表示 main() 函数无参。实际上，在运行 C 程序时，根据需要，main() 函数是可以有参数的。这些参数可以由操作系统（如在 DOS 系统下）通过命令行传递给 main() 函数，因此 main() 函数的参数也称命令行参数。

如果在 DOS 命令提示符后面输入可执行程序的文件名，操作系统就会在磁盘上找到该程序并把该程序的文件调入内存，然后开始执行程序。如果在命令行中输入可执行程序文件名的同时，接着再输入若干字符串，所有这些字符串（包括文件名）便以参数的方式传递给 main() 函数。这里需要说明的是，main() 函数只有定义为以下形式时，才可以接收命令行参数。系统规定接收命令行参数的 main() 函数必须有两个形参，格式如下：

> **void main(int argc, char * argv[ ])**

或者

> **void main(int argc, char **argv)**

说明：

（1）argv 和 argc 是两个参数名，也可以由用户自己命名，但是参数类型固定。

（2）第一个参数 argc 必须是整型，它记录从命令行中输入的字符串个数（即参数个数）。例如，从命令行输入了三个字符串（包括可执行文件名），则系统自动为形参 argc 赋值为 3。

（3）第二个参数 argv 必须是一个字符指针数组或者是二级指针变量，指针数组中含有多个字符指针变量，分别指向命令行中的每个字符串。

（4）从命令行输入字符串时应遵循以下规则：①第一个字符串必须是可执行文件名；②如果有多个字符串，则各个字符串之间用空格隔开。

【例 12.10】　新建一个源文件，路径为 C:\test\prog.c，在源文件中定义一个带参数的 main() 函数，代码如下，编译链接源文件生成可执行文件 prog.exe。然后在 Windows 自带的 DOS 模拟器中运行 prog.exe 文件，方法是在命令提示符后面输入命令行，命令行由若干字符串组成，第一个字符串是 prog.exe，后续字符串是传递给 main() 函数的参数。

main()函数
的参数

```
1.   #include <stdio.h>
2.   int main(int argc, char * argv[ ])
3.   {
4.        int i;
5.        printf("main 函数的参数: \n");
6.        for(i=0; i<argc; i++)              //循环 argc 次,输出 argc 个字符串
7.        {
8.            puts(argv[i]);                 //每次循环 argv[i]指向一个字符串
9.        }
10.       return 0;
11.  }
```

在 DOS 模拟器下运行 prog.exe 文件的效果图:

分析:以上两个运行效果图都在 DOS 命令提示符 C:\test\Debug＞后输入了三个字符串,第一个字符串是被执行文件的文件名 prog.exe 或者 prog,其后是 Hello 和 world,三个字符串之间以空格隔开,这三个字符串都以参数的形式传递给 main()函数。于是 main()函数的第一个形参 argc 的值为 3,表示有三个字符串,第二个形参 argv 是一个指针数组,其中 argv[0]、argv[1]、argv[2]分别指向了三个字符串,如图 12-10 所示。

指针数组　　　　　　　　　　　　　main()函数的参数

argv[0]	指向 →	p	r	o	g	.	e	x	e	\0
argv[1]	指向 →	H	e	l	l	o	\0
argv[2]	指向 →	w	o	r	l	d	\0

图 12-10　main()函数的形参 argv 与字符串参数之间的指向关系

12.5　本 章 小 结

第 12 章知
识点总结

1. 指针的动态存储分配

(1)动态存储分配是指通过调用 malloc()、calloc()等库函数向系统动态申请一定大小的内存空间,而后将内存空间的首地址赋值给指针变量。

(2)动态申请的内存空间使用完毕后,应调用 free()函数将其释放归还系统,释放后的内存空间可被重新利用。

(3)动态存储分配的三个常用库函数的原型如下:

```
void * malloc(unsigned size)
void * calloc(unsigned n, unsigned size)
void * realloc(void * p, unsigned newsize)
```

（4）动态释放函数的原型如下：

```
void free(void * p)
```

2. 链表

（1）链表是由若干结点组成的数据结构，结点是通过动态存储分配申请的内存空间，将若干结点连接在一起便构成了链表。结点由数据域和指针域构成，数据域用于存储数据，指针域用于指向下一个结点。

（2）链表有单向链表、双向链表、循环链表等。本章主要掌握单向链表。单向链表一般由头结点和数据结点构成（其中，最后一个数据结点又称末尾结点）。

（3）头结点用于标识链表的开始，头结点的数据域为空，指针域指向第一个数据结点；数据结点的数据域中存储数据，指针域指向下一个结点；最后一个数据结点称为末尾结点，用于标识链表的结束，其指针域设置为 NULL。

（4）链表一般有创建、输出、查找、插入、删除等操作。对于每种操作，编程时根据需要可以定义不同数量、不同作用的指针变量。

3. 函数指针

（1）指向函数的指针称为函数指针。函数名代表了函数所占内存空间的首地址，因此可以定义函数指针指向函数。

（2）函数指针定义格式：

```
函数返回类型 ( * 函数指针)(形参类型列表);
```

（3）函数指针的作用：用于指向函数，而后可利用函数指针调用函数。

4. main() 函数的参数

（1）通常，main() 函数没有参数，但有时需要 main() 函数有参数，这些参数是由操作系统传递给 main() 函数的。

（2）带参数的 main() 函数首部：

```
void main(int argc, char * argv[ ]) 或者 void main(int argc, char **argv)
```

12.6 习　题

一、选择题

1. 若指针 p 已正确定义，要使 p 指向两个连续的整型动态存储单元，不正确的语句是（　　）。

    A. p = 2 * (int *)malloc(sizeof(int));

    B. p = (int *)malloc(2 * sizeof(int));

    C. p = (int *)malloc(2 * 4);

    D. p = (int *)calloc(2, sizeof(int));

2. 有以下程序：

```
#include <stdio.h>
#include <stdlib.h>
```

```
int main()
{
    char * p, * q;
    p = (char *)malloc(sizeof(char) * 20);
    q = p;
    scanf("%s%s", p, q);
    printf("%s %s\n", p, q);
    return 0;
}
```

若输入：abc def＜回车＞，则输出结果是（   ）。

A. def def   B. abc def   C. abc d   D. d d

3. 以下程序运行后的结果是（   ）。

```
#include <stdio.h>
#include <stdlib.h>
int fun(int n)
{
    int * p;
    p = (int *)malloc(sizeof(int));
    * p = n;
    return * p;
}
int main()
{
    int a;
    a = fun(10);
    printf("%d\n", a + fun(10));
    return 0;
}
```

A. 0   B. 10   C. 20   D. 出错

4. 有以下结构体说明和变量定义，如图 12-11 所示，指标 p、q、r 分别指向此链表中的三个连续结点。

```
struct node
{
    int  data;
    struct node  * next;
} * p, * q, * r;
```

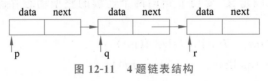

图 12-11　4 题链表结构

现要将 q 所指结点从链表中删除，同时要保持链表连续，以下不能完成指定操作的语句是（   ）。

A. p—＞next = q—＞next;   B. p—＞next = p—＞next—＞next;

C. p—＞next = r;   D. p = q—＞next;

5. 假定已建立以下链表结构,且指针 p 和 q 已指向如图 12-12 所示的结点。

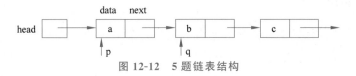

图 12-12　5 题链表结构

则以下选项中可以将 q 所指向结点从链表中删除并释放该结点的语句组是(　　)。

　　A. (＊p).next＝(＊q).next；　free(p)；　B. p＝q—＞next；　free(q)；

　　C. p＝q；　free(q)；　　　　　　　　D. p—＞next＝q—＞next；　free(q)；

6. 程序中若有如下说明和定义语句:

```
char fun(char *);
int main()
{
    char * s = "one", a[5] = {0}, (* f1)(char *) = fun, ch;
    …
}
```

以下选项中对函数 fun() 的正确调用语句是(　　)。

　　A. (＊f1)(a)；　　　　B. ＊f1(＊s)；　　　　C. fun(&a)；　　　　D. ch＝＊f1(s)；

7. 以下程序运行后的结果是(　　)。

```
int fa(int x)
{    return x * x;    }
int fb(int x)
{    return x * x * x;    }
int f(int (* f1)(), int (* f2)(), int x)
{    return f2(x) - f1(x);    }
int main()
{
    int i;
    i = f(fa, fb, 2);
    printf("%d\n", i);
    return 0;
}
```

　　A. －4　　　　　　　B. 1　　　　　　　C. 4　　　　　　　D. 8

8. 假定以下程序经编译和链接后生成可执行文件 PROG.EXE,如果在此可执行文件所在目录的 DOS 提示符下输入:

```
PROG  ABCDEFGH  IJKL<回车>
```

则输出结果为(　　)。

```
int main(int argc, char * argv[])
{
    while(--argc>0)
        printf("%s", argv[argc]);
    return 0;
}
```

　　A. ABCDEFG　　　　　　　　　　　　B. IJHL

    C. ABCDEFGHIJKL   D. IJKLABCDEFGH

9. 有以下程序：

```c
#include <stdio.h>
#include <string.h>
int main(int argc, char * argv[])
{
    int i, len = 0;
    for(i = 1; i < argc; i++)
        len += strlen(argv[i]);
    printf("%d\n", len);
    return 0;
}
```

程序编译和链接后生成的可执行文件是 ex1.exe，若运行时输入带参数的命令行：

```
ex1 abcd efg 10<回车>
```

则运行的结果是（　　　）。

    A. 22   B. 17   C. 12   D. 9

二、填空题

1. 为了建立链表结点的存储结构（每个结点包含 data 数据域和 next 指针域），请填空。

```c
typedef struct link
{
    char data;
    _____;
}node;
```

2. 以下程序中 fun() 函数的功能是构成一个如图 12-13 所示的带头结点的单向链表，在结点数据域中放入包含两个字符的字符串。disp() 函数的功能是输出该单向链表所有结点的字符串。请填空完成 disp() 函数。

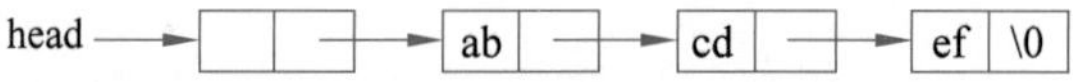

图 12-13　带头结点的单向链表

```c
#include <stdio.h>
#include <stdlib.h>
typedef struct node
{
    char sub[3];
    struct node * next;
}NODE;
NODE * fun(char s)                    //建立链表
{ ... }
void disp(NODE * h)
{
    NODE * p;
    p = h->next;
    while(_____①_____)
```

```
    {
        printf("%s\n", p->sub);
        p = (_____②_____);
    }
}
int main()
{
    NODE * hd;
    hd=fun();          disp(hd);          printf("\n");
}
```

3. 以下 create()函数的功能是创建一个带头结点的单向链表,新产生的结点总是插在链表末尾,单向链表的头指针作为函数返回值,请填空。

```
typedef  struct node
{
    char data;
    struct node  * next;
}NODE;
NODE * create()
{
    NODE * h, * p1, * p2;    char x;
    h = _____①_____ malloc(sizeof(_____②_____));
    p1 = p2 = h;
    scanf("%c", &x);
    while(x != '#')
    {
        p1 = _____③_____ malloc(sizeof(_____④_____));
        p1->data = x;        p2->next = p1;        p2 = p1;
        scanf("%c", &x);
    }
    p1->next = NULL
    _____⑤_____;
}
```

三、编程题

1. 编写程序,使用 malloc()函数开辟动态存储单元,存放输入的三个整数,然后按从小到大的顺序输出这三个数。

2. 编写程序,生成一个单向链表,链表结点中存储学生信息,要求生成的单链表按学号升序排序。

3. 在第 2 题的基础上,编写程序实现单向链表的插入和删除,要求插入后和删除后的单链表仍然保持按学号升序排序。

4. 已知 head 指向一个带有头结点的单向链表,链表中每个结点包含数据域和指针域,数据域为整型。分别编写函数,在链表中查找数据域值最大的结点。

(1) 由函数值返回找到的最大值。

(2) 由函数值返回最大值所在结点的编号。

5. 定义函数,求矩阵行和列的平均值,行的平均值和列的平均值用动态数组存放。

附录 A

常用字符及 ASCII 码表

ASCII 码（American Standard Code for Information Interchange，美国信息交换标准码）是美国信息交换标准委员会制定的 7 位二进制码，共有 128 个字符，其中包括 32 个通用控制字符、10 个十进制数、52 个英文大小写字母、34 个专用符号（如 $、%、+ 等）。除了 32 个通用控制字符不打印外，其余 96 个字符全部可以打印。

ASCII 码	字符	ASCII 码	字符	ASCII 码	字符	ASCII 码	字符	ASCII 码	字符	ASCII 码	字符
000	NUL	022	SYN	044	,	066	B	088	X	110	n
001	SOH	023	ETB	045	-	067	C	089	Y	111	o
002	STX	024	CAN	046	.	068	D	090	Z	112	p
003	ETX	025	EM	047	/	069	E	091	[	113	q
004	EOT	026	SUB	048	0	070	F	092	\	114	r
005	ENQ	027	ESC	049	1	071	G	093	]	115	s
006	ACK	028	FS	050	2	072	H	094	^	116	t
007	BEL	029	GS	051	3	073	I	095	_	117	u
008	BS	030	RS	052	4	074	J	096	`	118	v
009	HT	031	US	053	5	075	K	097	a	119	w
010	LF	032	Space	054	6	076	L	098	b	120	x
011	VT	033	!	055	7	077	M	099	c	121	y
012	FF	034	"	056	8	078	N	100	d	122	z
013	CR	035	#	057	9	079	O	101	e	123	{
014	SO	036	$	058	:	080	P	102	f	124	|
015	SI	037	%	059	;	081	Q	103	g	125	}
016	DLE	038	&	060	<	082	R	104	h	126	~
017	DC1	039	'	061	=	083	S	105	i	127	DEL
018	DC2	040	(	062	>	084	T	106	j		
019	DC3	041	)	063	?	085	U	107	k		
020	DC4	042	*	064	@	086	V	108	l		
021	NAK	043	+	065	A	087	W	109	m		

注：

NUL	空字符	VT	纵向制表	SYN	同步空转
SOH	标题开始	FF	换页键	ETB	信息组传送结束
STX	文件开始	CR	回车	CAN	作废
ETX	文件结束	SO	移出	EM	记录媒体结束
EOT	传送结束	SI	移入	SUB	代替
ENQ	请求	DLE	跳出数据通信	ESC	退出键
ACK	确认回答	DC1	设备控制 1	FS	字段分隔符
BEL	报警	DC2	设备控制 2	GS	字组分隔符
LF	换行键	NAK	否定回答		

C 语言关键字

关　键　字	用　　途	说　　明
char short long int float double void signed unsigned struct union enum	数据类型	字符型,数据占一字节 短整型 长整型 整型 单精度实型 双精度实型 空类型,用它定义的对象不具有任何值 有符号类型,最高位作符号位 无符号类型,最高位不作符号位 用于定义结构体类型的关键字 用于定义共用体类型的关键字 用于定义枚举类型的关键字
static auto extern register	存储类型	静态变量 自动变量 外部变量声明,外部函数声明 寄存器变量
if else for while do switch case default break continue return goto	控制语句	语句的条件部分 指明条件不成立时执行的部分 用于构成 for 循环结构 用于构成 while 循环结构 用于构成 do-while 循环结构 用于构成多分支选择 用于表示多分支中的一个分支 在多分支中表示其余情况 退出直接包含它的循环或 switch 语句 跳到下一轮循环 返回到调用函数 转移到标号指定的地方
const volatile typedef sizeof	其他	表明这个量在程序执行过程中不变 表明这个量在程序执行过程中可被隐式地改变 用于定义同义数据类型 计算数据类型或变量在内存中所占的字节数

续表

关　键　字	用　　途	说　　明
inline restrict _Bool _Complex _Imaginary	C99 新增的 五个关键字	内联函数 限制 布尔类型 复数 虚数

附录 C

appendix C

C 语言运算符优先级和结合性

优先级	运 算 符	含 义	结合性	类 别
16(最高)	[ ]	数组下标	从左到右	
	( )	函数调用		
	.	成员选择运算		
	—>	间接成员选择运算		
	(类型名)〈值列表〉	(C99)复合字面值		
15	++、——	自增、自减	从右到左	单目运算符
	&	求地址运算		
	*	间接访问		
	+	求原值		
	—	求负值		
	~	按位取反		
	!	逻辑非		
	sizeof	求字节数		
14	(类型名)	转换值类型	从右到左	单目运算符
13	/、%、*	除、求余、乘	从左到右	双目运算符
12	+、—	加、减	从左到右	双目运算符
11	<<、>>	左移、右移	从左到右	双目运算符
10	<、<=、>、>=	小于、小于或等于、大于、大于或等于	从左到右	双目运算符
9	==、!=	等于、不等于	从左到右	双目运算符
8	&	按位与	从左到右	双目运算符
7	^	按位异或	从左到右	双目运算符
6			按位或	从左到右	双目运算符
5	&&	逻辑与	从左到右	双目运算符
4	||	逻辑或	从左到右	双目运算符
3	? :	条件运算	从右到左	三目运算符

优先级	运　算　符	含　　义	结合性	类　　别
2	=、+=、-=、*=、/=、%=、<<=、>>=、&=、^=、|=	赋值	从右到左	双目运算符
1(最低)	,	顺序求值	从左到右	双目运算符

说明：相同优先级的运算次序由结合方向决定。例如：* 和/优先级相同,其结合方向为从左到右,因此 3 * 5 / 4 的运算次序是先乘后除。单目运算符 ++ 和 -- 具有同一优先级,因此表达式 --i++ 相当于 --(i++)。

附录 D

C 语言常用库函数

1. 数学函数

使用数学函数时应包含头文件 math.h。

函数名	函数原型	功能	返回值	说明
abs	int abs(int x);	求整数 x 的绝对值	计算结果	
acos	double acos(double x);	计算 $\cos^{-1}(x)$ 的值	计算结果	x 取值范围[−1,1]
asin	double asin(double x);	计算 $\sin^{-1}(x)$ 的值	计算结果	x 取值范围[−1,1]
atan	double atan(double x);	计算 $\tan^{-1}(x)$ 的值	计算结果	
atan2	double atan(double x, double y);	计算 $\tan^{-1}(x/y)$ 的值	计算结果	
cos	double cos(double x);	计算 $\cos(x)$ 的值	计算结果	x 的单位为弧度
cosh	double cosh(double x);	计算双曲余弦 cosh(x)的值	计算结果	
exp	double exp(double x);	计算 e^x 的值	计算结果	
fabs	double fabs(double x);	计算 x 的绝对值	计算结果	
floor	double floor(double x);	计算不大于 x 的双精度最大整数		
fmod	double fmod(double x,double y);	计算 x/y 后的双精度余数		
log	double log(double x);	计算 lnx 的值	计算结果	x>0
log10	double log10(double x);	计算 $\log_{10} x$ 的值	计算结果	x>0
modf	double modf(double val, double * ip);	把双精度数 val 分解成整数和小数部分，整数部分放在 ip 所指变量中	返回小数部分	
pow	double pow(double x, double y);	计算 x^y 的值	计算结果	
sin	double sin(double x);	计算 $\sin(x)$ 的值	计算结果	x 的单位为弧度
sinh	double sinh(double x);	计算 x 的双曲正弦函数 sinh(x)的值	计算结果	
sqrt	double sqrt(double x);	计算 x 的开方值	计算结果	x>=0
tan	double tan(double x);	计算 tan(x)的值	计算结果	

续表

函数名	函数原型	功　能	返回值	说　明
tanh	double tanh(double x)；	计算 x 的双曲正切函数 tanh(x)的值	计算结果	

2. 字符函数

使用字符函数时应包含头文件 ctype.h。

函数名	函数原型	功　能	返回值
isalnum	int isalnum(int ch)；	检查 ch 是否为字母或数字	是,返回 1;否,返回 0
isalpha	int isalpha(int ch)；	检查 ch 是否为字母	是,返回 1;否,返回 0
iscntrl	int iscntrl(int ch)；	检查 ch 是否为控制字符	是,返回 1;否,返回 0
isdigit	int isdigit(int ch)；	检查 ch 是否为数字	是,返回 1;否,返回 0
isgraph	int isgraph(int ch)；	检查 ch 是否为 ASCII 码,在 0x21~0x7e 的可打印字符	是,返回 1;否,返回 0
islower	int islower(int ch)；	检查 ch 是否为小写字母	是,返回 1;否,返回 0
isprint	int isprint(int ch)；	检查 ch 是否为包括空格在内的可打印字符	是,返回 1;否,返回 0
ispunct	int ispunct(int ch)；	检查 ch 是否为除了空格、字母、数字之外的可打印字符	是,返回 1;否,返回 0
isspace	int isspace(int ch)；	检查 ch 是否为空格、制表符或换行符	是,返回 1;否,返回 0
isupper	int isupper(int ch)；	检查 ch 是否为大写字母	是,返回 1;否,返回 0
isxdigit	int isxdigit(int ch)；	检查 ch 是否为十六进制数	是,返回 1;否,返回 0
tolower	int tolower(int ch)；	把 ch 中的字母转换成小写字母	返回对应的小写字母
toupper	int toupper(int ch)；	把 ch 中的字母转换成大写字母	返回对应的大写字母

3. 字符串函数

使用字符串函数时应包含头文件 string.h。

函数名	函数原型	功　能	返回值
strcat	char * strcat(char * s1, char * s2)；	把字符串 s2 连接到 s1 后面	s1 所指地址
strchr	char * strchr (char * s1, int ch)；	在 s 所指字符串中,找到第一次出现字符 ch 的位置	字符 ch 的地址,找不到返回 NULL
strcmp	char strcmp(char * s1, char * s2)；	比较字符串 s1 和 s2	s1<s2 返回负数;s1==s2 返回 0;s1>s2 返回正数
strcpy	char * strcpy(char * s1, char * s2)；	把字符串 s2 复制到 s1 所指的空间里	s1 所指地址
strlen	unsigned strlen(char * s)；	求字符串 s 的长度	返回字符中字符的个数(不含'\0')
strstr	char * strstr(char * s1, char * s2)；	在 s1 所指字符串中,找到字符串 s2 第一次出现的位置	返回找到的字符串的地址,找不到返回 NULL

4. 输入输出函数

使用输入输出函数时应包含头文件 stdio.h 和 conio.h。

函数名	函数原型	功　　能	说　　明
clearerr	void clearerr(FILE * fp);	清除文件出错标志和文件结束标志	调用该函数后，ferror 及 eof 函数都将返回 0
close	int close(int fp);	关闭文件	关闭成功返回 0，不成功返回 −1
creat	int creat (char * filename, int mode);	以 mode 指定的方式建立文件	成功返回正数，否则返回 −1
feof	int feof(int fp);	检测文件是否结束	文件结束返回 1，文件未结束返回 0
fclose	int fclose(FILE * fp);	关闭文件	关闭成功返回 0，不成功返回 −1
ferror	int ferror(FILE * fp);	检测 fp 指向的文件读写错误	返回 0 表示读写文件不出错，返回非 0 表示读写文件出错
fgetc	int fgetc(FILE * fp);	从 fp 指定的文件中取得下一个字符	成功返回 0，出错或遇文件结束返回 EOF
fgets	int fgets(char * buf ,int n, FILE * fp);	从 fp 指定的文件中读取 n−1 个字符（遇换行符终止）存入起始地址为 buf 的空间，并补充字符串结束符	成功返回地址 buf，出错或遇文件结束返回空
fopen	FILE * fopen (char * filename, char * mode);	以 mode 指定的方式打开文件	成功返回一个新的文件指针，否则返回 0
fprintf	int fprintf (FILE * fp, char * format，args，…);	把 args 的值以 format 指定的格式输出到 fp 指向的文件	返回实际输出的字符数
fputc	int fputc(char ch, FILE * fp);	把字符 ch 输出到 fp 指向的文件	成功返回该字符，否则返回 EOF
fputs	int fputs(char * s, FILE * fp);	把 s 指向的字符串输出到 fp 指向的文件，不加换行符，不复制空字符	成功返回 0，否则返回 EOF
fread	int fread (char * buf, unsigned size, unsigned n, FILE * fp);	从 fp 所指向的文件中读取长度为 size 的 n 个数据项，存到 buf 所指向的空间	成功返回所读的数据项个数（不是字节数），如出错返回 0
fscanf	int fscanf (FILE * fp, char * format，args，…);	从 fp 指向的文件中按 format 指定的格式把输入数据送到 args 指向的空间中	返回实际输入的数据个数
fseek	int fseek(FILE * fp, long offset, int base);	把 fp 指向的文件位置指针移到以 base 为基准，以 offset 为位移量的位置	成功返回 0，否则返回非 0
ftell	long ftell(FILE * fp);	返回 fp 指向的文件的读写位置	返回值为当前的读写位置距离文件起始位置的字节数

续表

函数名	函数原型	功　能	说　明
fwrite	int fwrite（char ＊ buf, unsigned size, unsigned n, FILE ＊ fp）；	把 buf 指向的空间中的 n ＊ size 字节输出到 fp 所指向的文件	返回实际输出的数据项个数
getc	int getc（FILE ＊ fp）；	从 fp 指向的文件中读一个字符	返回所读的字符,若文件结束或出错则返回 EOF
getchar	int getchar（）；	从标准输入流中读一个字符	返回所读的字符,遇文件结束符^z 或出错返回 EOF
gets	char ＊ gets（char ＊ s）；	从标准输入流中读一个字符串,放入 s 指向的字符数组中	成功返回地址 s,失败返回 NULL
getw	int getw（FILE ＊ fp）；	从 fp 指向的文件中读一个整数（即一个字）	返回读取的整数,出错返回 EOF
open	int open（char ＊ filename, int mode）；	以 mode 指出的方式打开已存在的文件	返回文件号,出错返回－1
printf	int printf（char ＊ format, args, …）；	把输出列表 args 的值按 format 中的格式输出	返回输出的字符个数,出错返回负数
putc	int putc（int ch, FILE ＊ fp）；	把一个字符输出到 fp 指向的文件中	返回输出的字符 ch,出错返回 EOF
putchar	int putchar（char ch）；	把字符 ch 输出到标准输出设备	返回输出的字符 ch,出错返回 EOF
puts	int puts（char ＊ s）；	把 s 指向的字符串输出到标准输出设备,并加上换行符	返回字符串结束符符号错误,出错返回 EOF
putw	int putw（int w,FILE ＊ fp）；	把一个整数（即一个字）以二进制方式输出到 fp 指向的文件中	返回输入的整数,出错返回 EOF
read	int read（int handle, char ＊ buf, unsigned n）；	从 handle 标识的文件中读 n 字节到由 buf 指向的存储空间中	返回实际读的字节数。遇文件结束返回 0,出错返回 EOF
rename	int rename（char ＊ oldname, char ＊ newname）；	把由 oldname 指向的文件名改为由 newname 指向的文件名	成功返回 0,出错返回－1
rewind	void rewind（FILE ＊ fp）；	把 fp 指向的文件的位置指针置于文件开始位置（0）。清除文件出错标志和文件结束标志	
scanf	int scanf（char ＊ format, args, …）；	从标准输入缓冲区中按 format 中的格式输入数据到 args 所指向的单元中	返回输入的数据个数,遇文件结束符返回 EOF,出错返回 0
write	int write（int handle, char ＊ buf, int n）；	从 buf 指向的存储空间输出 n 字节到 handle 标识的文件中	返回实际输出的字节数,出错返回－1

5. 动态存储分配函数等

使用动态存储分配函数、随机函数等以下常用函数时应包含头文件 stdlib.h。

函数名	函 数 原 型	功　　能	说　　明
calloc	void * calloc(unsigned n, unsigned size);	分配 n 个数据项的内存连续空间，每个数据项的大小为 size 字节	成功返回分配内存单元的起始地址，不成功返回 0
free	void free(void * p);	释放 p 指向的内存区	
malloc	void * malloc(unsigned n);	分配 n 字节的存储区	成功返回分配内存单元的起始地址，不成功返回 0
realloc	void * realloc(void * p, unsigned n);	把 p 指向的已分配内存区的大小改为 n 字节	返回新的内存区地址
atof	double atof(char * s);	把 s 指向的字符串转换成一个 double 型数	返回转换成的 double 型数
atoi	int atoi(char * s);	把 s 指向的字符串转换成一个 int 型数	返回转换成的 int 型数
atol	int atol(char * s);	把 s 指向的字符串转换成一个 long 型数	返回转换成的 long 型数
exit	void exit(int status);	使程序立即正常终止，status 传给调用程序	
rand	int rand( );	返回一个 0～RAND_MAX 的随机整数，RAND_MAX 是在头文件 stdlib.h 中定义的	

部分习题参考答案

第 1 章　C 语言程序设计入门

一、选择题

题号	1	2	3	4	5	6	7	8	9
答案	A	C	C	A	D	B	B	D	A

二、填空题

题号	1	2
答案	①机器语言 ②汇编语言 ③高级语言	把高级语言编写的程序变成计算机能识别的二进制语言
题号	3	4
答案	① .c ② .obj ③ .exe	①链接错误 ②运行错误

第 2 章　C 语言基础知识

一、选择题

题号	1	2	3	4	5	6	7	8	9
答案	A	A	A	D	A	A	C	D	C
题号	10	11	12	13	14	15	16	17	18
答案	A	D	C	A	B	B	A	B	B
题号	19	20	21	22	23	24	25	26	
答案	C	C	A	A	D	D	D	D	

二、填空题

题号	1	2	3	4	5
答案	随机数	$1.0 / (a * b)$ 或者 $1 / (double)(a * b)$	①7 ②2　③3	1	$sqrt((double)(x * x + y * y) / (x * y))$ 或 $sqrt((pow(x, 2) + pow(y, 2)) / (x * y))$

续表

题号	6	7	8
答案	123，173	运算符^使用错误	① x＜z ‖ y＜z　　　　② y％2！＝0 ③ (x＜0＆＆y＜0) ‖ (x＜0＆＆z＜0) ‖ (y＜0＆＆z＜0)

第 3 章　选择结构

一、选择题

题号	1	2	3	4	5	6	7	8
答案	A	B	C	D	D	C	C	C
题号	9	10	11	12	13	14	15	
答案	C	D	C	D	A	C	D	

二、填空题

题号	1	2	3	4	5
答案	① 1 ② 0	(y％4＝＝0＆＆y％100！＝0) ‖ (y％400＝＝0)	(x＜0＆＆y＜0) ‖ (x＜0＆＆z＜0) ‖ (y＜0＆＆z＜0)	1	① 1 ② 4

第 4 章　循环结构

一、选择题

题号	1	2	3	4	5	6	7
答案	D	B	C	A	C	B	B

二、填空题

题号	1	2	3	4
答案	a＝8	abc123DEF	① i＜10 或者 i＜＝9　　② j％3！＝0	m＝1　n＝3　k＝2

第 5 章　数组

一、选择题

题号	1	2	3	4	5	6	7	8	9
答案	C	C	C	B	D	D	D	A	B

二、填空题

题号	1	2	3	4
答案	0	4	① i＝1　② x[i-1]	30

第6章 函数

一、选择题

题号	1	2	3	4	5	6	7	8	9	10
答案	D	D	D	C	C	B	A	B	D	C

二、填空题

题号	1	2	3	4
答案	char fun(int, float);	(x % 2 == 0) ? (x / 2) : (x * x)	y = 19	55

第7章 指针

一、选择题

题号	1	2	3	4	5	6	7
答案	D	D	A	C	A	①A ②B ③C	B
题号	8	9	10	11	12	13	14
答案	B	B	C	C	D	D	A

二、填空题

题号	1	2	3	4	5
答案	① char * p;　② p = &ch; ③ scanf("%c", p);　④ * p = 'A'; ⑤ printf("%c", * p);	10	A	59	① * p++ ② printf("\n");

第8章 字符串

一、选择题

题号	1	2	3	4	5	6	7	8
答案	D	C	D	D	A	A	B	B
题号	9	10	11	12	13	14	15	
答案	C	C	D	C	D	C	B	

二、填空题

题号	1	2	3	4	5
答案	5　4	p[i]　或者　p[i] != '\0'　或者　p[i] != 0	4	1234ABC	efgh

第 9 章　构造类型

一、选择题

题号	1	2	3	4	5	6
答案	A	C	A	C	D	C
题号	7	8	9	10	11	
答案	B	A	C	D	B	

二、填空题

题号	1	2	3	4
答案	① 结构体变量.成员 ② 结构体指针－＞成员 ③（＊结构体指针）.成员	100B	struct DATE d ＝ {2016，10，1}；	struct student ＊

第 10 章　文件

一、选择题

题号	1	2	3	4	5	6	7	8	9	10
答案	C	D	B	C	B	D	B	C	C	C

二、填空题

题号	1	2	3	4	5
答案	① 文本文件 ② 二进制文件	① fopen() ② fclose()	① fprintf() ② fscanf() ③ feof()	① fwrite() ② fread() ③ fputs() ④ fgets()	① 非 0 ② 0

第 11 章　位运算

一、选择题

题号	1	2	3	4	5	6
答案	D	D	A	D	A	D

第 12 章　指针高级应用

一、选择题

题号	1	2	3	4	5	6	7	8	9
答案	A	A	C	D	D	A	C	D	D

二、填空题

题号	1	2	3
答案	struct link * next；	① p!＝NULL ② p→next	① （NODE＊） ② NODE ③ （NODE＊） ④ NODE ⑤ return h

参 考 文 献

[1] 李俊萩，张晴晖，强振平，等. 深入浅出 C 语言程序设计[M]. 2 版. 北京：清华大学出版社，2015.

[2] 薛非. 抛弃 C 程序设计中的谬误与恶习[M]. 北京：清华大学出版社，2012.

[3] 苏小红，王宇颖，孙志岗，等. C 语言程序设计教程[M]. 3 版. 北京：高等教育出版社，2017.

[4] 王娟勤，成宝国，任国霞，等. C 语言程序设计教程[M]. 2 版. 北京：清华大学出版社，2021.

[5] 丁亚涛. C 语言从入门到精通[M]. 北京：中国水利水电出版社，2020.